MANUEL ILLUS

DU

JARDINIER

OU

TRAITÉ DE LA CULTURE DES PLANTES

LES PLUS REMARQUABLES

DE PLEINE TERRE, DE SERRE TEMPÉRÉE

ET DE SERRE CHAUDE

PAR

RAGONOT GODEFROY

PARIS

LIBRAIRIE DE PASSARD, ÉDITEUR

7, RUE DES GRANDS AUGUSTINS.

—

ENCYCLOPÉDIE DU JARDINIER.

MANUEL ILLUSTRÉ

JARDINIER DE PLEINE TERRE

DE SERRE CHAUDE

ET DE SERRE TEMPÉRÉE.

DIVISION DE L'OUVRAGE PAR ORDRE DE MATIÈRES.

Tableau des plantes présentés dans l'ordre de leur utilité spéciale par la décoration des jardins.

ORDRE DES TRAVAUX POUR CHAQUE MOIS DE L'ANNÉE.

PREMIÈRF PARTIE — Principes généraux.

TABLEAU DES ABRÉVIATIONS.

Fig.	Figure.	Mult.	Multiplication.
M.	Mètre.	Multipl.	Multiplication.
C.	Centimètre.	Cult.	Culture.
Fl.	Fleurs.	Voy.	Voyez.
⊙	Annuel.	Bl.	Blanche.
♂	Bisannuel.	Var.	Variétés.
♃	Vivace.	Bout.	Boutures.
♄	Ligneux.	Arrosem.	Arrosement.
Fr.	France.	Print.	Printemps.
Mérid.	Méridionale.		

MANUEL ILLUSTRÉ

DU

JARDINIER

OU

TRAITÉ DE LA CULTURE DES PLANTES

LES PLUS REMARQUABLES

DE PLEINE TERRE, DE SERRE TEMPÉRÉE

ET DE SERRE CHAUDE

PAR

RAGONOT GODEFROY

PARIS

LIBRAIRIE DE PASSARD, ÉDITEUR

7, RUE DES GRANDS-AUGUSTINS.

Réserve de tous droits d'après les traités

1856

TABLEAU DES PLANTES

PRÉSENTÉES

Dans l'ordre de leur utilité spéciale pour la décoration des Jardins.

NOTA. Nous ne donnerons ici que le nom de la plante ; avec ce qu'elle a de plus remarquable quand cela sera nécessaire. Le lecteur recourra au texte de l'ouvrage pour connaître sa fleur et sa culture.

PLANTES PROPRES A LA DÉCORATION DES EAUX, BASSINS, MARRES, ÉTANGS, ETC.

PLANTES QUI DOIVENT ÊTRE DANS L'EAU.

Alisma flottant.
Cornille à fruit épineux.
Flechière aquatique.
Iris faux-acore.
Macre flottante.
Massette à feuilles larges.
   — à feuilles étroites.
Morrène grenouillette.
Ményanthe trèfle d'eau.
Naïade à feuilles lancéolées.
Nénuphar blanc.
Nénuphar jaune.
Nénuphar odorant.
Pesse d'eau.
Renouée amphibie.
Sparganium flottant.
Villarsie nymphoïde.

PLANTES CROISSANT SUR LE BORD DES EAUX.

1° Arbres et arbustes.

Airelle veinée.
   — caneberge.
Aulne commun.
   — maritime.
   — à grandes feuilles.
Cephalanthe occidental.
Chionanthe de Virginie.
Cyprès chauve.
   — faux-thuya.
Dirca des marais.
Galé de Pensylvanie.
   — piment royal.
Hortensia à feuilles d'obier.
Hamamelis de Virginie.
Morelle grimpante.
Noyer noir.
Peupliers (toutes les espèces).
Saules (toutes les espèces).
Tamarisc de Narbonne.
   — d'Allemagne.
Taxodier distique.
Tupélo aquatique.

Viorne obier.

2° Plantes herbacées.

Acore odorant.
Alisma, plantain d'eau.
Berle blanche.
Butôme ombellé.
Cardamine des prés.
Linaigrette à gaine.
Lysimachie à feuilles de saule.
   — ponctuée.
   — thyrsiflore.
Parnassie des marais.
Phalaris rubané.
Populage des marais.
Renoncule flammette.
   — à longues feuilles.
Renouée bistorte.
Roseau à quenouille.
Salicaire épilée.
Scorpionne des marais.
Spergule noueuse.
Spirée (toutes les espèces).

PLANTES POUR BORDURES.

A. Plantes ligneuses ou sous-ligneuses.

Buis toujours vert.
— nain.
Citronelle.
Hyssope officinal.
Lavande.
Marjolaine origan.
Santoline.
Romarin.
Rosiers de Bourgogne.
— pompon.
— de lawrence.
Thym.

B. Plantes annuelles.

Balsamine.
Dracocéphale d'Autriche.
Julienne de Mahon.
Pied d'Alouette.
Reine-marguerite.

C. Plantes vivaces.

Alysse-saxatile.
Amaryllis jaune.
Anémone hépatique.
Auricule ou oreille-d'ours.
Crocus printanier.
Glaieul commun.
Ibéride toujours verte.
Jacinthes.
Linaire à feuilles d'orchis.
Marguerite paquerette.
Narcisse des poëtes.
— jaune.
Œillet de la Chine.
Oxalide de deppe
Primevère.
Saxifrage.
Statice gazon d'Espagne.
Violette.

PLANTES POUR CONTRE-BORDURES.

Collinsie bicolore.
Collomié écarlate.
Crepis rose.
Cynoglosse à feuilles de lin.
Kaulfusie ameloïde.
Leptosiphon androsace.

Le-tosiphon à feuilles serrées.
Némesie floribonde.
Némophile remarquable.
Reine-marguerite hâtive.
Schizanthe à feuilles ailées.
Silène à fleurs roses.

PLANTES POUR MASSIFS ET PLATES-BANDES.

Annuelles et bisannuelles.

Adonide d'été.
Agerate bleu.
Amaranthe à queue.
— tricolore.
Améthiste bleue.
Argémone à grandes fleurs.
Athanasie annelle.
Balsamine des jardins.
— glanduleuse.
— à trois cornes.
Bartonie dorée.
Belle de jour.
— de nuit.
Browalle élevé.
— à tiges tombantes.
Cacalie hastée.
Calandrine en ombrelle.
Campanule violette marine.
— pyramidale.

Campanule miroir de Vénus.
Cantua piquetée.
Carthame des teinturiers.
Célosie à crête.
Centaurée odorante.
— d'Amerique.
— musquée.
— bleuet.
Chelidoine glaucienne.
— fauve.
Chrysantheme des jardins.
— à carène.
Clarkie à pétales découpés.
Cléome piquante.
Coquelourde des jardins.
— rose du ciel.
Coréopside des teinturiers.
— de Drummond.
Cosmos bipinné.
Cynoglosse argentée.

Daléa pourpre.
Dauphinelle des champs.
Digitale pourpre.
Distique bleu.
Dracocéphale de Moldavie.
Enothère odorant.
    —   à longues fleurs.
    —   à feuilles de pissenlit.
    —   de Lindley.
    —   agréable.
    —   pourpre.
Escholtie de Californie.
Euloca visqueuse.
Gaura bisannuelle.
Géranium musqué.
Gilie a fleurs en tête.
Giroflée jaune.
    —   des jardins.
    —   kiris.
    —   quarantaine.
Gomphrène globuleuse.
Gypsophile élégant.
Héraclée à larges feuilles.
Immortelle puante.
Isotome axillaire.
Ketmie vesiculeuse.
    —   d'Afrique.
Kitaibéle à feuilles de vigne.
Lavatère à grandes fleurs.
Lopezie à grappes.
Lotier rouge.
    —   Saint-Jacques.
Lunaire annuelle.
Lupin annuel.
Madia du Chili.
Malope à trois lobes.
    —   à grandes fleurs.
Mauve de Créte.
Melilot bleu.
Muflier des jardins.
Nigelle de Damas.
    —   d'Espagne.
Nolane à feuilles d'arroche.
Œillet de la Chine.
Onoporde acanthoïde.
Pavots.
Coquelicots.
Pentapétès pourpre.
Persicaire indigotier.
Pétunie odorante.
Picridie tingitane.
Prenanthe blanc.
Podolepsis carne.
Reine-marguerite.

Réséda odorant.
Rodanthe de Mangle.
Rose trémière de la Chine.
Sainfoin d'Espagne.
    —   capité.
Salpiglossis pourpre.
    —   variable.
Sarréte ailée.
Scabieuse fleur de veuve.
    —   étoilée.
Seneçon élégant.
Siléné fasciculé.
    —   attrape-mouche.
Souci commun.
    —   de Trianon.
    —   pluvial.
Stramoine fastueuse.
    —   cornue.
Tagéte étalé.
    —   élevé.
Thlaspi.
Tachelie bleu.
Valériane cornucopie.
Velar de Petrowski.
Verveine de Miquelon.
Violette tricolore.
Xeranthème annuelle.
Ximénésie encéloïde.
Zinnia élégant.
    —   multiflore.
Zœgée d'Orient.

** Vivaces et bulbeuses

Achillée dorée.
    —   mille feuilles.
    —   rose.
    —   bouton d'argent.
    —   visqueuse
    —   de Hongrie.
Aconit tue-loup.
    —   anthora.
    —   Napel.
    —   panaché.
    —   à grandes fleurs.
Actéa des Alpes.
    —   à grappes.
Adonide printanière.
Æthionéma du Liban.
Ail doré.
— sphérique.
— rose.
— odorant.
— de Tartarie.
— azuré.

oemière à fleurs tachées.
— perroquet.
sse deltoïde.
aryllis lis Saint-Jacques.
colie commune.
— du Canada
— de Sibérie.
émone des fleuristes.
— œil de paon.
— à fleurs bleues.
— en ombrelle.
— pulsatille.
Anthémis des teinturiers.
Apocin gobe-mouche.
— maritime.
Arum attrape-mouche.
— serpentaire.
Asclépiade à la ouate.
— agréable.
— tubéreuse.
— à feuilles de saule.
— incarnate.
Asphodèle jaune.
— rameuse.
Astère (toutes les espèces).
Astragale queue de renard.
— esparcette.
— varié.
Astrance à larges feuilles.
— petite.
— hétérophylle.
Balisier canne d'Inde.
Belladone d'automne.
— à longue feuille.
Benoîte écarlate.
— de Virginie.
— à feuilles de potentille.
Benoîte velue.
— à grandes fleurs ,
— d'Orient.
Bocconier à feuilles en cœur.
Boltonne astéroïde.
— à feuilles de pastelle.
Buglosse toujours verte.
Bugranne élevée.
— à feuilles rondes.
— épineuse.
Buphthalme à grandes fleurs.
— à feuilles en cœur.
Campanules (toutes les espèces)
Cardamine à fleurs doubles.
Centaurée jacée.
— de montagne.
— blanche.

Centaurée noire.
Chrysanthème des Indes.
Chrysocome à feuilles de lin.
Claytonie de Virginie.
— de Sibérie.
Colchique d'automne.
Coméline tubéreuse.
Consoude à feuilles rudes.
Coréope auriculé.
— à deux ailes.
Cortuse de Mathiole.
Corydale bulbeuse.
Cupidone bleue.
Cyclame d'Europe.
— à feuilles de lierre.
Cynoglosse printanière.
Dahlia.
Dauphinelle à grandes fleurs.
— élevée.
— azurée.
— de Barlow.
— à fleurs blanches.
— ponceau.
Dodécatéon de Virginie.
Doronic à feuilles en cœur.
Dracocéphale de Virginie.
— découpé.
— à feuilles linéaires.
— gracieux.
Echinops boulette azurée.
— paniculé.
— à quatre ailes.
Enothère frutiqueux.
— pompeux.
Epervière orangée.
Ephemérine de Virginie.
— rose.
Epilobe à épi.
— à feuilles étroites.
Epimèdes (toutes les espèces).
Erigerons (toutes les espèces).
Erine des Alpes.
Erodium des Alpes.
Erythrine crête de coq.
— à feuilles de laurier.
Erythrone dent de chien.
Eucomis couronné.
— ponctué.
Eupatoire (toutes les espèces).
Falsagelle commune.
Fraxinelle d'Europe.
Fritillaire damier.
— couronne impériale.
Fumeterre bulbeuse.

Fumeterre jaune.
Fumeterre odorante.
Gaillarde vivace (toutes les es-
    pèces .
Galane à épi (toutes les espèc.).
Galanthe d'hiver.
Galéga officinal.
    —   oriental.
Gentiane (toutes les espèces).
Geranium (toutes les espèces).
Glaïeuls (toutes les espèces.
Gypsophylle paniculée.
Hélenie d'automne.
Hellébore noire.
    —   d'hiver.
Hemerocale (toutes les espè-
    ces).
Hotteya du Japon.
Immortelle blanche.
Iris (toutes les espèces).
Jacinthe (toutes les espèces).
Julienne des jardins.
Ketmie des marais.
    —   rose.
    —   militaire.
    —   écarlate.
Lamier orvale.
Liatris en épi.
Lin vivace.
Linaires (toutes les espèces).
Lis blanc (toutes lés espèces).
Lobélie cardinale.
    —   écarlate.
    —   ignescente.
    —   syphilitique.
Lupin polyphylle.
Lychnide (toutes les espèces)
Matricaire mandiane.
Mélisse à grandes fleurs.
Melitte à feuilles de mélisse.
Menthe poivrée.
Marendère bulbocode.
Mimule (toutes les espèces).
Molène purpurine.
Monarde à fleurs rouges.
Morelle à fleurs de chêne.
Morine à longues feuilles.
Morée de la Chine.
Muguet (toutes les espèces).
Muscari monstrueux.
    —   odorant.
Narcisse (toutes les espèces).
Œillet (toutes les espèces).
Ornithogale pyramidale.

Orobe printanier.
    —   de deux couleurs.
    —   à feuilles de galega.
Pavot de Tournefort.
    —   à bractées.
Panicaut amethyste.
    —   des Alpes.
Pentstemon à feuilles lisses.
        —   à feuilles de gen-
    tiane.
            à fleur de digitale
Petunie odorante.
    —   à fleurs violettes.
Phacélie à feuilles de tanaisie.
Phalangère liliacée.
Phlomis tubereux.
    —   lacinié.
    —   herbe du vent.
    —   d'Ibérie.
    —   singe.
Phlox (toutes les espèces).
Pigamon à feuilles d'ancolie
    —   des prés.
    —   glauque.
Pivoines (toutes les espèces).
Podophylle en bouclier.
        —   palmé.
Polémoine bleue.
Potentille agréable.
    —   du Népaul.
    —   pourpre noir.
    —   à grandes fleurs.
Pulmonaire de Virginie.
    —   de Sibérie.
Ramonde des Alpes.
Renoncules (toutes les espèces)
Rindère ailée.
Rose trémière.
Rudbeckia pourpre.
    —   laciniée.
    —   velue.
    —   de Drummond.
Ruellie élastique.
Sainfoin d'Espagne.
    —   du Canada.
    —   du Caucase.
Saponaire officinale.
Sauge éclatante.
    —   cardinale.
    —   à fleurs larges.
Saxifrage pyramidale.
    —   de Sibérie.
Scabiouse du Caucase.
Scilles (toutes les espèces).

Scutellaire à grandes fleurs.
— élevée.
— du levant.
— des Alpes.
Seneçon à feuilles d'adonide.
— du levant.
— à larges feuilles.
Siléné de Virginie.
Siphocampilos bicolor.
Soleil multiflore.
— cotoneux.
— noir pourpre.
— élevé.
— très-élevé.
Spirées (toutes les espèces).
Spigélie du Maryland.
Stenactis agréable.
Stevia pourpre.
— à feuilles en scie.
Swertia vivace.

Tanaisie commune.
Tigridie à grandes fleurs.
Tourniforlie couchée.
Trolle d'Europe.
— d'Asie.
Tulipes (toutes les espèces).
Tussilage odorant.
Valeriane (toutes les espèces).
Velar de barbarie.
Varaire blanc.
— noir.
Verge d'or (toutes les espèces).
Vernonie de New-York.
— élevée.
Veroniques (toutes les espèces).
Verveine veinée.
— gentille.
— à feuilles de chamœdrys.
— teucrioïde.

PLANTES POUR DÉCORER LES ROCAILLES.

1o Arbrisseaux et arbustes.

Airelle myrtille.
Astragale adrogant.
Baguenaudier (toutes espèces).
Caprier commun.
Chêne au Kermès.
Cytis noirâtre.
Fontanésie à feuilles de filaria.
Groseillier stérile.
Jasmin jaune.
Lyciet d'Afrique.
— de la Chine.
— d'Europe.
Millepertuis à grandes fleurs.
Ronce commune.
— à fleurs roses.
— à fleurs blanches doub.
— à feuilles découpées.

2o Plantes herbacees.

Androsace rose.
— velue.
— lactée.
Drave des Pyrenées.
Erine des Alpes.
Gypsophylle des murs.
Iris (toutes esp. de terre sèche).
Joubarbe des toits.
Linaire cimbalaire.
Lychnide des Alpes.
Pervenche (toutes espèces).
Sabline de montagne.
— à grandes fleurs.
Saxifrage sarmenteuse.
Scolopendre officinale.
Sédum à feuilles de peuplier.
— des rochers.
— de Siebold.

PLANTES GRIMPANTES, PROPRES A COUVRIR
LES MURS, BERCEAUX ET TONNELLES.

Arbrisseaux.

Aristoloche siphon.
Asterie sarmenteuse.
Atragène des Alpes.
— de Siberie.
— de l'Inde.
— à vrille.
Bignone à vrille.

Bignone jasmin de Virginie.
— à grandes fleurs
Celastre grimpant
Chèvrefeuille des jardins.
— toujours vert.
— à fleurs rouges.
— à fleurs jaunes.
— à feuilles velues.

Chèvrefeuille des bois.
   —   de la Chine.
   —   du Japon.
Clématites (toutes les espèces).
Décumaire sarmenteux.
Gelsemier luisant.
Glycine de la Chine.
   —   frutescente.
Grenadille bleue.
   —   incarnate.
Jasmin blanc.
   —   triomphant.
Lierre grimpant.
   — d'Irlande.
Linnée boréale.
Ménisperme du Canada.
Mitchelle rampante.
Morelle grimpante.
Periploca de la Grèce.
Rosier de Macartney.
   —   Noisette.

Rosier de Banks.
   —   multiflore.
   —   sempervirens, et plusieurs autres.
Schizandre écarlate.
Vigne vierge
Vigne ordinaire.

**** Plantes herbacées.**

Capucine (grande).
Cobée grimpante.
Gesse odorante.
   — de Tanger.
   — à larges feuilles.
Haricot d'Espagne.
Houblon cultivé.
Ipomée pourpre.
   —   nil.
   —   écarlate.
Thunbergia à pétioles ailes.

ARBRES ET ARBRISSEAUX POUR HAIES ET PALISSADES.

Argousier rhamnoïde.
Buis commun.
  — de Mahon.
Charme commun, ou charmille.
   — à feuilles de chêne.
   — panaché.
   — d'Italie.
   — de Virginie.
Coronille des jardins.
Fontanésie à feuilles de filaria.
Groseillers (toutes les espèces.
Houx commun.
   — d'Amérique.
   — panaché.
   — du Canada.
   — de Minorque.
If commun.
Jasmin blanc.
   — jaune.
Lilas commun.
   — varin.
   — de Marly.
   — de Perse.
Liciet jasminoïde.
   — de l'Afrique

Liciet de l'Asie.
Néflier aubépine.
   — de Mahon.
   — à fruits jaunes.
   — très odorant.
   — azerolier.
   — petit corail.
   — buisson ardent.
   — à feuilles panachées.
   — à feuilles de tanaisie.
Nerprun alaterne.
   — panaché.
Philaria à feuilles étroites
   — à grandes feuilles.
   — à feuilles moyennes.
Ronces (toutes les espèces).
Rosiers (toutes les espèces grandes et épineuses).
Spirée à feuilles de millepertuis.
Syringa pubescent.
   — inodore.
   — odorant.
Thuya occidental.
   — de la Chine.
   — du Japon.

ARBUSTES POUR MASSIFS DE TERRE DE BRUYÈRE.

Andromède caliculée.
   —   du Maryland.
   —   marginee.

Andromède cotonneuse.
   —   pulvérulente.
   —   en arbre.

Andromède à grappe.
— axillaire.
— luisante.
— à feuille de cassiné.
— à feuilles de pouliot.
Arbousier commun.
— andrachné.
Azalées (toutes les espèces et variétés).
Badiane rouge.
Bruyère en arbre.
— de la Méditerranée.
— multiflore.
Céanothe d'Amérique.
Clethra à feuilles d'aulne.
Cnéorum des Alpes.
Comptonia à feuilles de céterac.
Cornouiller soyeux.
— rameux.

Daphné des collines.
— pontique.
— dauphin.
Epigée rampante.
Fothergille à feuilles d'aulne.
Gauthérie du Canada.
Hortensia à feuilles d'obier.
Kalmia (toutes les espèces)
Lédon à larges feuilles.
— des marais.
— incliné.
Menziézia à feuilles de polium.
Polygala à feuilles de buis.
Prinos verticillé.
— glabre.
Rosages (toutes les espèces).
Rhodora du Canada.
Zanthoriza à feuilles de persil.

ARBRES ET ARBRISSEAUX TOUJOURS VERTS, PROPRES AUX BOSQUETS D'HIVER.

§ I. Arbres résineux ou conifères.

Cèdre de Virginie.
— du Liban.
Cyprès commun.
— faux thuya
Genevrier commun.
— d'Espagne.
— cade.
— de Phénicie.
— sabine mâle.
— sabine femelle.
If commun.
Pin sylvestre.
— d'Écosse.
— de Genève.
— de Montagne.
— de la Tatarie.
— de Russie.
— grand maritime.
— mugho.
— à feuilles divergentes.
— nain.
— de Mathiole.
— à trochets.
— à pignons.
— de Corse.
— doux.
— résineux d'Alep.
— de Virginie.

Pin blanc du Canada.
— d'encens.
— rude.
— cembro.
Sapin commun.
— du Canada.
— blanc du Canada.
— baumier.
— noir.
— picéa
Thuya d'Occident.
— de la Chine.

§ II. Arbres et arbustes non résineux.

Ajonc du Népaul.
Alisier luisant.
— glauque.
— de la Chine.
Arbousier commun.
— busserole.
Bacchante de Virginie.
Badiane à petites fleurs.
— unie.
Bruyère cendrée.
— blanche.
— multiflore blanche.
— quaternée blanche.
— ciliée.
— de la Méditerranée.
— commune.

Bruyère à balais.
— multiflore rouge.
Budleja globuleux.
Buis arborescent.
— de Mahon.
Buisson ardent.
Buplèvre oreille de lièvre.
Camélée à trois coques.
Caroubier à siliques.
Cerisier laurier du Portugal.
— laurier cerise.
— laurier du Mississipi.
Chalef olivier de Bohême.
Ébène vert.
— de la Caroline.
— à feuilles panachées.
— coccifère.
— hétérophylle.
— liège.
— yeuse
Chèvrefeuille toujours vert.
— de Minorque.
Clématite toujours verte.
Fragon piquant.
— laurier alexandrin.
Fusain toujours vert.
Filaria à larges feuilles.
Galé à feuilles en cœur.
Genet blanchâtre.
Houx commun.
— à feuilles panachées.
— de Minorque.
— du Canada.

Jasmin jaune.
Lauréole commune.
Laurier franc.
Laurier tin.
Lierre grimpant.
Magnolier à grandes fleurs.
Mahonie à feuilles de houx.
Neflier buisson ardent.
— du Japon.
Nerprun alaterne.
— panaché.
Philaria à feuilles épineuses.
— à feuilles obliques.
— à feuilles de romarin.
— à feuilles moyennes.
— à feuilles de buis.
— à feuilles d'olivier.
— à feuilles de troëne.
— à grandes fleurs.
Phlomis frutescent.
Pommier toujours vert.
Romarin officinal.
— panaché.
Rosier sempervirens.
Rue de montagne.
— commune.
Santoline commune.
Seneçon en arbre.
Troëne du Japon.
— à feuilles panachées.
— du Népaul.
Viorne laurier-tin.
Yucca nain.

ARBRISSEAUX POUR BOSQUETS ET MASSIFS D'ÉTÉ.

*** Arbustes.**

Airelle (toutes les espéces).
Armoise citronelle.
Baguenaudier d'Ethiopie.
Bouleau nain.
Bruyères (toutes les espéces).
Bugrane frutescente.
Clematite droite.
Cytise à feuilles velues.
Dierville jaune.
Ephedra à un épi.
Germandrée à odeur de pomme.
— arbrisseau.
— de Marseille.
— jaunâtre.
— maritime.
Lauréole mezéréon.
Phlomis lichnite.

Phlomis frutescent.
— de la Daourie.
— de la Chine.
— barbu.
Santoline commune.
Spirée à feuilles lisses.

**** Arbrisseaux.**

A. _Fleurs au Printemps._

Amandier nain.
Amelanchier du Canada.
— à grappe.
— à épi.
Arbousier des Pyrenées.
Argousier rhamnoïde.
— du Canada.
Assiminier de Virginie.
— à grandes fleurs.

Assimlnier à petites fleurs.
Astragale adragant.
Atragène du Cap.
Aucuba du Japon.
Bibacier du Japon.
Bourgène.
— des Alpes.
— à feuilles étroites.
Bugrane frutescente.
Caragana arborescent.
— frutescent.
— argenté.
— de la Daourie.
— à grandes fleurs.
— de la Chine.
— pygmée.
— féroce.
— barbu.
Cerisier nain.
— odorant.
Chêne des teinturiers.
Chamecerisier xylostéon.
— de Tartarie.
— des Pyrénées.
Chevrefeuille des bois.
— des jardins et toutes les espèces.
Clavalier à feuilles de frène.
Clematite à feuilles entières.
— odorante.
Cognassier de la Chine.
— du Japon.
Comptonie à feuilles de fougère.
Corète du Japon.
Coronille des jardins.
Cytise à feuilles sessiles.
Daphné mézéréon.
— des Alpes.
Épine-vinette.
— à feuilles pourpres.
— panachées.
— d'Asie.
— du Canada.
— du Népaul.
Fusain commun.
Galé de Pensylvanie.
— cirier.
— piment royal.
— à feuilles de chêne.
Gattilier commun.
Groseiller doré.
— à fleurs rouges.
— pourpre-noir.
— de Sibérie.

Groseillier des Alpes.
— du Canada.
— lacustre.
— remarquable.
— à feuilles de mauve.
Halésie à quatre ailes.
— à deux ailes.
Ketmie des jardins.
— à fleurs doubles.
— à fleurs panachées.
Lilas (toutes les espèces).
— discolor.
Morillon à grappe.
Néflier cotonneux.
— azerolier.
— ergot de coq.
— à feuilles de sorbier.
Orme nain.
Paliure épineux.
Pivoine en arbre (toutes les espèces).
Pavier de l'Ohio.
— hybride.
— nain.
Pêcher à fleurs doubles.
Pistachier térébinthe.
Robinier caragana.
— féroce.
— satiné.
Rosiers.
Spirée à feuilles de sorbier.
— cotonneuses.
— à feuilles crénelées.
— à feuilles de millepertuis.
— d'orme.
— d'obier.
— de saule.
— de germandrée.
— lisses.
Staphylée à feuilles ailées.
— à feuilles ternées.
Sureau à grappe.
Syringa odorant.
— pubescent.
— inodore.
Viorne obier.
— boule de neige.
— laurier-tin.
— et toutes les espèces.
Zanthorhyze à feuilles de persil.

B. *Fleurs en Été.*

Acacie de Farnèze.

Aliboufier glabre.
— officinal.
Amorpha frutiqueux.
— de Ludwig.
— à feuilles glabres
Armoise en arbre.
— citronelle.
Azédarach bipinne.
Baguenaudier commun.
— d'Alep.
— du Levant.
Calycanthe de la Caroline
— nain.
Cephalanthe occidental.
Cestreau à fruits noirs.
Ciste pourpre.
— ladanifère.
— à feuilles de laurier.
— de peuplier.
— d'halime.
— de consoude.
Clethra à feuilles d'aulne.
Cornouiller sanguin.
Cytise à feuilles sessiles.
— noirâtre.
Deutsie crénelée.
— blanchâtre.
— en corymbe.
— grêle.
— ondulée.
Dierville jaune.
Ephedra à deux épis.
Genet d'Espagne.
— à fleurs blanches.

Genet blanchâtre.
Gordonie pubescente.
Hydrangée glauque.
— de Virginie
— à feuilles de chêne.
Itéa de Virginie.
— à grappes.
Kelmie des jardins.
Leycesterie élégante.
Magnolier glauque.
Millepertuis fétide.
Palme porte-chapeau.
Potentille frutescente.
Ptelea trifolié.
Rosiers (diverses variétés).
Spirée à feuilles de saule.
— bella.
Sumac fustet,
Stewartia à cinq styles.
— à un style.
Sureau commun.
— du Canada.

C. *Fleurs en Automne.*

Aralie épineuse.
Arbousier des Pyrénées.
Décumaire sarmenteuse.
Dierville jaune.
Ephédra à un épi.
Gordonia à feuilles glabres.
— pubescent.

D. *Fleurs en Hiver.*

Calycanthe précoce.

ARBRES REMARQUABLES PAR LEURS FLEURS.

1° *De première grandeur pour avenues.*

Cerisier de Virginie.
Magnolier acuminé.
Maronnier d'Inde.
— rubicond.
Robinier, acacia des jardiniers.
Sorbier domestique.
Tilleul commun.
— de Hollande.
du Canada
Tulipier de Virginie.

2° *De seconde grandeur pour petites avenues.*

Bignone catalpa.
Bonduc ou Chicot du Canada.
Cornouiller à grandes fleurs.

Magnolier à grandes fleurs.
Merisier à fleurs doubles.
Plaqueminier de Virginie.
Paulownia impérial.
Robinier visqueux.
Tilleul argenté.

3° *Troisième grandeur pour bosquets.*

Alisier torminal.
— de Fontainebleau.
— alouchier.
Cerisier à fleurs doubles.
— odorant ou mahaleb.
Chalef à feuilles étroites.
Cytise des Alpes.
Gainier arbre de Judée.
— du Canada

Laurier commun
Magnolier parasol
Merisier à grappes.
Plaqueminier lotus.
Poirier cotonneux.
Pommier à fleurs doubles.
Prunier à fleurs doubles.
Ptéléa à trois feuilles.
Robinier acacia rose.
    — sans épine.
Sophora du Japon.
Sorbier des oiseaux.
    — hybride.

Sorbier d'Amérique.
Virgitier à bois jaune.

4° *Quatrième grandeur, ou arbrisseaux.*

Magnolier (toutes les espèces).
Lilas   (id.).
Pivoines en arbre (id.).
Cytises   (id).
Obier, boule de neige.
Alisiers   (id.).
Rosages   (id.).

ARBRES A RAMEAUX PENDANTS.

Bouleau pleureur.
Frêne pleureur.

Saule pleureur
Sophora pleureur.

ARBRES ET ARBRISSEAUX REMARQUABLES PAR LEURS FRUITS.

Argalou épineux.
Assiminier de Virginie.
Badiane rouge.
Celastre grimpant.
Eccremocarpe rude.
Fothergille à feuilles d'aulne.

Fusain commun.
Gale cirier.
Ginkgo à deux lobes.
Halesie à quatre ailes.
Pistachier cultivé.
Staphillier à feuilles ailées

Imp Maulde et Renou,

GUIDE-MANUEL

DE

JARDINIER

DES OPÉRATIONS DE JARDINAGE

Pour chaque mois de l'année.

Rien ne simplifie les travaux comme l'ordre qu'on y met, rien n'en assure plus le succès que de les faire en temps opportun. Pour ces deux raisons nous donnons ici la succession régulière de toutes les opérations du jardinage et les époques précises où chacune doit se faire.

JANVIER.

Les *travaux généraux* varient en raison du plus ou moins de rigueur de la saison. On continue les labours, on défonce le terrain. S'il ne gèle pas, on peut planter les arbres fruitiers et même continuer la plupart des plantations de décembre. Si la saison est rigoureuse, on se borne aux ouvrages d'intérieur, comme de raccommoder les outils, faire des paillassons, etc.

Les *serres* exigent la plus grande surveillance, pour chasser l'humidité, entretenir la propreté et maintenir la température nécessaire à chacune. Si le temps le permet, on découvre pour donner de l'air et de la lumière. On peut y mettre, en pots, des tulipes hâtives, des narcisses, des jacinthes, des jonquilles et autres plantes à oguons, pour obtenir une floraison plus hâtive, ainsi que des rosiers de Bengale, rosages, azalées, jasmins, etc.

Sur *couche chaude* et sous cloches ou châssis, on sème : chou-fleur tendre, concombres et melons, pour repiquer quinze ou vingt jours après ; puis des laitues à couper ou pommées printanières, telles que gottes ou crêpes ; raves, radis ; fourniture de salade, comme cerfeuil, pourpier, oseille, cresson alénois, persil, chicorée sauvage, etc.

En *pleine-terre*, si la température est douce, on risque, à exposition chaude, des fèves de marais, des petits pois hâtifs et des ognons, et l'on recouvre les semis d'une espèce de couche de litière qu'on soulève toutes les fois qu'il fait beau temps. Il est encore temps de planter des anémones, renoncules, tulipes, jacinthes et autres plantes bulbeuses que l'on aurait oubliées en automne. On peut encore éclater les touffes de quelques plantes vivaces robustes, comme oseille, primevère, staticé, pour bordures. A la fin du mois on sème les graines d'une germination très lente, et que l'on n'aurait pas mis stratifier, par exemple celles de rosier, érable, aubépine, frêne, sorbier, et tous les noyaux.

On découvre les artichauts quand le temps est doux, mais on le plus grand soin de les recouvrir le soir.

FÉVRIER.

Les *travaux généraux* sont les mêmes que ceux du mois précédent. On échenille soigneusement les arbres fruitiers si on ne l'a pas fait le mois précédent , et l'on commence par la vigne, la taille des arbres, en la combinant dans l'ordre de leur précocité ; c'est-à-dire que l'on suit cet ordre : 1º l'abricotier, 2º les pruniers, 3º les poiriers, 4º les cerisiers, 5º les pommiers. On est dans l'usage de ne tailler les pêchers que pendant le moment de leurs fleurs. On taille aussi les groseillers, framboisiers et tous les autres arbrisseaux, les haies, les palissades. On ébranche les arbres quand cela est rigoureusement nécessaire.

Les travaux de la terre continuent comme dans le mois précédent, et on amende le sol avec des engrais convenables.

Dans les *serres*, mêmes soins que précédemment, mais il devient facile de donner plus souvent de l'air et de la lumière.

Sur *couche* on repique en place les laitues semées depuis décembre. On y sème : melongène, piment, tomate, concombre, rave, radis, carotte, pourpier, les premiers choux de Milan, laitue. On repique les choux-fleurs, concombres, etc., du mois précédent. Les couches que l'on fait en février peuvent être établies avec moitié de fumier neuf et moitié de celui des premières couches.

Pour obtenir des fleurs printanières on peut semer sur couche quelques plantes annuelles, comme quarantaines, giroflées, célosies, amarantes, et une foule d'autres plus délicates.

En *pleine-terre*, si le sol est léger et chaud, on peut semer : ognon, porreau, ciboule, laitue hâtive, pois, fève, carotte ordinaire ou hâtive, panais, persil, épinard; petits radis à exposition chaude avec bonne couverture de litière. Vers le 20 du mois, on sème des choux de Milan et des Vertus, même du cabu ordinaire si la saison est avancée; du cerfeuil, laitues romaine ou pommée, artichauts, chicorée sauvage, raifort, lentille, salsifis, scorsonère, spilante, roquette, gombo, perce-pierre, vesce blanche, tetragone.

On plante les topinambours, l'ail, la ciboule, l'échalotte. On repique les plants d'automne ou d'hiver; on fait, par séparation de touffes, des bordures d'oseille, thym, lavande, fraisier; et l'on multiplie de la même manière toutes les plantes vivaces, soit dans le potager, soit dans le fleuriste; par exemple : violettes, mignardises, œillets de poète. On replante les bordures de buis nain.

Les capucines, coquelicots, balsamines, pavots, thlaspi, pieds d'alouette, etc.

C'est le moment de greffer en fente et en approche les arbres fruitiers dont la végétation commence.

MARS.

Les *travaux généraux* se continuent comme dans les mois précédents. On se hâte d'enterrer les engrais et de finir les labours. On découvre tous les végétaux entourés de paille ou couverts de litière, tels que figuiers, grenadiers, lauriers, les artichauts, cardons et autres. On bine généralement toutes les planches et plates-bandes de légumes et on en prépare d'autres pour recevoir de nouveaux semis. On continue la transplantation des arbres fruitiers, la taille, la greffe en approche ou en fente.

On fait des marcottes et des boutures, soit en pleine-terre, soit en orangerie.

Les *serres* exigent de certaines précautions. Les plantes qui y ont passé l'hiver craignent singulièrement les rayons du soleil, qui les font périr très rapidement si elles y sont exposées, même à travers les vitraux. On les en garantit au moyen de toiles ou de paillassons, pendant une partie du jour, c'est-à-dire depuis neuf heures ou onze heures du matin jusqu'à trois ou quatre heures du soir, selon que les rayons sont plus ou moins ardents. Il faut aussi les accoutumer peu à peu au grand air, en ouvrant toutes les fenêtres de la serre, mais seulement pendant le jour, dans la crainte des gelées blanches de la nuit, et quand l'air est sec. On prend, du reste, les mêmes soins de propreté que les mois précédents, pour éviter la moisissure. On doit augmenter légèrement les arrosements.

Les *couches*, dans ce mois, reçoivent une grande quantité de melons, de pastèques et de concombres, soit qu'on les y sème ou qu'on les y repique. On plante des laitues gotte, des grosses crêpes et des chicons que l'on fait pommer sous cloche. Enfin on repique encore sur couche tiède différentes espèces de laitues, de choux, et différentes fleurs annuelles pour être replantées plus tard. Il est souvent nécessaire d'exhausser les coffres des châssis des choux-fleurs, haricots, pois et autres primeurs.

Enfin on repique sur nouvelle couche les tomates, aubergines et autres légumes qui exigent beaucoup de chaleur. On sème des fèves juliennes et autres, des panais rond hâtif, de la chicorée blanche ou sauvage, etc.

En *pleine-terre* les semis sont très nombreux, car presque toutes les plantes peuvent se semer dans ce mois; par exemple : les choux cabus hâtifs ou tardifs, les choux-fleurs tendres et demi-tendres, des salsifis, scorsonères, épinards, panais, fèves, pois, radis, salades de toute espèce, oseille, poirée, cresson, cerfeuil et autres herbes pour fourniture. On risque des navets hâtifs si l'on a de la vieille graine.

On plante des pommes de terre, des aulx et autres plantes bulbeuses, asperges, etc. On met en terre les racines et tubercules conservés depuis l'année précédente pour faire des porte-graines.

On continue à refaire les bordures, à œilletonner ou séparer les touffes des plantes vivaces, comme fraises, julienne, hépatique, lychnide, campanules, œillets d'Espagne, oreilles d'ours, primevères, paquerettes, boutons d'or et autres renoncules, etc. On sépare et plante les marcottes d'œillet.

On peut, vers la fin du mois, semer sur terreau, à exposition chaude, toutes les plantes indiquées pour la couche des mois précédents ; des reines-marguerites, crépis rose et barbu, nigelle, adonide, etc.

Les vignes qui n'auraient pas été taillées doivent l'être indispensablement dans ce mois.

AVRIL.

Les *travaux généraux* de ce mois consistent à finir les minages, labours, etc., du mois précédent. On peut encore planter des arbres fruitiers, quoique ce soit un peu tard ; cependant ces plantations réussissent très bien dans les terrains gras et humides. On éclaircit les semis, on les paille pour les préserver du hâle, on les bine et les sarcle pour empêcher l'invasion des mauvaises herbes.

Dans les *serres* les plantes sont déjà, en grande partie, accoutumées aux rayons du soleil, aussi peut-on, surtout à partir du 15 du mois, les en laisser jouir pendant tout le jour.

Déjà l'on peut commencer à mettre en plein air les grenadiers et autres arbustes défeuillés et à bois dur. Quant aux plantes feuillées qui commencent à entrer en végétation, il faut redoubler de précaution pour ne pas les laisser surprendre par le froid. Du reste on donne les mêmes soins que précédemment. On doit faire le rempotage des plantes que l'on sort de la serre lorsque leurs vases sont devenus trop petits ou que la terre en est usée.

Les *couches* ont perdu une grande partie de leur utilité; on ne les fait plus guère qu'avec un mélange de vieux fumiers mêlé à un tiers de neuf. On peut y semer encore, pour troisième saison, des melongènes, concombres et melons, qu'on y laisse en place. On y sème du piment, des potirons d'Espagne, et généralement toutes graines indiquées pour mars.

Sur une couche sourde on plante, vers la fin du mois, des patates, dont on recouvre chaque plant d'une cloche.

La *pleine-terre* est en pleine activité. On peut encore faire tous les semis du mois précédent, et, vers la fin du mois, on peut risquer, à exposition très chaude, quelques haricots hâtifs, en plate-bande bien terreautée. On sème sur place des concombres pour cornichons, des giraumons, potirons, piments, tomates, etc.

La plus grande partie des semis de ce mois consiste, outre ceux que nous venons d'indiquer, en betterave, carotte, choux-fleurs, choux de Bruxelles, choux-raves, choux-navets, choux-verts, choux-cavaliers, choux-frisés du nord, cardon, capucine, artichaut, basilic, arachide, pourpier, céleri, cerfeuil, chicorée sauvage, gesse blanche, fève, endive, anis, asperge, lentille, navet, moutarde, chicorée corne de cerf, pastèque, épinard, chicorée, ciboule, menthe, trique-madame, raifort, salsifis, roquette, scorsonère, pomme de terre, persil, pimprenelle, gros pois verts, pois sans parchemin, raves, radis, tétragone, et généralement toutes les plantes indiquées pour semis de printemps.

On plante l'ail, l'oseille, la rocambole, l'asperge, l'estragon, les œilletons d'artichaut, et l'on continue à séparer les touffes de toutes les plantes vivaces du potager et du parterre. Si la saison n'est pas trop avancée, on fait encore des greffes en fente; si, au contraire, elle l'est trop, on commence à écussonner à œil poussant, si on a eu le soin de couper des rameaux le mois précédent et de les conserver enterrés au frais, pour fournir les greffes. Certains arbres, par exemple les châtaignier, noyer, figuier, se greffent en flûte, et d'autres en couronne, dans ce mois.

C'est le moment de faire des boutures, des marcottes: de transplanter les arbres verts; de semer en pleine terre les graines des arbrisseaux et arbustes délicats, et de multiplier par œilletons ou par éclats les plantes de terre de bruyère.

MAI.

Les *travaux généraux* consistent à biner, sarcler, transplanter et mettre en place les plants de la plupart des semis; à ramer les premiers pois, à abriter de la fraicheur des nuits les jeunes plants au moyen de toiles et de paillassons. Les arrosements deviennent de plus en plus fréquents, et se font le matin. On commence à ébourgeonner les arbres vigoureux. On s'occupe activement à détruire les mauvaises herbes, les insectes et autres animaux nuisibles, comme souris, mulots, taupes, etc. On greffe encore en flûte les arbres mentionnés en avril, et l'on écusonne les autres à œil poussant.

Les *serres* se débarrassent peu à peu des végétaux qui les encombraient. On en sort d'abord les plus robustes;

puis, vers le 15, tous les autres. On choisit pour cela un jour pluvieux ou au moins nébuleux, et on place les végétaux à l'ombre, ou on les abrite du soleil avec des toiles, au moins pendant huit jours. On greffe les jeunes sujets d'orangers à l'anglaise ou à la pontoise; on taille ou rempote ceux qui en ont besoin.

On donne aux serres chaudes les mêmes soins que pendant les mois précédents, mais on donne de l'air plus souvent. C'est dans ce mois que l'on fait les marcottes et boutures de toutes les plantes que l'on y cultive, et particulièrement de celles qui n'en doivent jamais sortir.

Les *couches* ne peuvent plus servir qu'à la culture des melons, dans le jardin potager, mais on les utilise pour y élever quelques plantes délicates et annuelles des pays chauds, pour y faire des boutures, et pour y repiquer des fraises, afin d'obtenir des fruits tardifs, ou pour les repiquer sous chassis en automne, afin d'en avoir de primeurs. On y peut encore semer du piment, des mélangènes, des tomates, et des potirons et pastissons.

Les *travaux de pleine-terre* sont assez considérables. On renouvelle au moins deux fois tous les semis de plantes potagères dont un jardin ne doit jamais manquer, et principalement les choux-fleurs, brocolis blancs ou violets, choux de Milan, de Bruxelles, à grosses côtes, verts, et toutes les variétés qui ne pomment pas; des pois de Clamart, carrés blancs à cul noir, Marly sans pareil; toutes les variétés de haricots; endive, épinards, fenouil, ciboule, chicorée sauvage, basilic, cerfeuil, poirée, persil, céleri, rave, radis, arachide, betterave, concombres et cornichons, navets hâtifs, escarolle et chicorée d'été, pourpier, trique-madame, navets hâtifs, roquette, cardons d'Espagne et de mars, laitues pommées et romaines.

On plante la menthe poivrée, l'estragon et autres végétaux aromatiques; on continue de faire des boutures de plantes de terre de bruyère, étouffées sous cloche, par exemple celles de melaleuca, rhododendrum, géranium, bruyères, hortensia, datura, myrte, néliotrope, jasmin, grenadier, etc.

Il est encore temps de semer quelques fleurs d'automne, comme scabieuse, giroflée de Mahon, balsamine et pied d'alouette, en bordure; et, haricot d'Espagne, miroir de Vénus, liserons, campanule, quarantaine, nigelle et autres.

JUIN.

Les *travaux généraux* consistent principalement dans le palissage des arbres et de la vigne. On sarcle, on bine, on éclaircit les semis; on arrose, et à dater de ce mois, jusqu'en septembre, les meilleurs arrosements sont ceux du soir. On détruit les mauvaises herbes; on ratisse les allées, et surtout on s'attache à détruire les insectes et les autres animaux nuisibles. On tond les haies, les bordures, les palissades. On laboure les planches et carrés qui ont donné leurs récoltes, et on les prépare à recevoir de nouveaux semis.

Les *serres* tempérées ou orangeries sont entièrement vides; il ne reste plus qu'à donner aux serres-chaudes les soins qui se continueront pendant les deux mois suivants; ils consistent à enlever entièrement les panneaux vitrés, à éplucher les plantes de leurs feuilles mortes, moisissures, ordures, pucerons et autres insectes, etc.; on a soin, pour faire cette dernière opération, de sortir les pots de la serre. Vers la fin du mois on abrite les plantes des rayons du soleil, au moyen de toiles, de dix heures du matin à trois heures du soir. On arrose selon le besoin, et on laboure légèrement la terre des pots et des caisses.

Les *couches* étant devenues inutiles, on n'en fait plus de nouvelles, mais on se sert encore des anciennes pour faire quelques semis.

En *pleine-terre*, on sème encore des choux-fleurs, choux verts, de Bruxelles, brocolis, choux navets, à grosse côte, rutabaga; rave d'Augsbourg, ognons, porreaux, chicorées, cardons, céleri, poirée, chicorée sauvage, escarolle, laitues pommces, endive, romaine, gros radis noirs ; haricots suisse, flageolet ; pois de Clamart et d'automne ; à la fin du mois, des fèves, carottes, épinard, toutes les herbes et fournitures, persil, fenouil, raiponce, pourpier, cresson, petits radis ronds ; mais il faut donner à ces semis beaucoup d'arrosements, et les faire à exposition ombragée.

On repique en place les plantes des semis précédents, et l'on éclaircit ceux de carottes, betteraves, ognons, salsifis, etc. On choisit, pour les conserver, des porte-graines parmi les sujets les plus francs et les plus vigoureux.

On greffe en écusson à œil poussant, les églantiers dont la tige est grosse et vigoureuse, et quelques autres arbrisseaux ; il est encore temps de bouturer et marcotter plusieurs plantes tardives d'orangerie ; on rabat près de terre les tiges d'artichauts qui ont donné leurs fruits, on les sarcle et on les œilletonne. On effile les fraisiers, et l'on repique en place les fleurs d'automne semées dans les mois précédents.

JUILLET.

Les *travaux généraux* de ce mois sont, pour la plupart, les mêmes que ceux du mois précédent. On sarcle, on bine, on donne de copieux arrosements ; on arrache les pattes, griffes et ognons à fleurs, on conserve en lieu sec ceux qui doivent se replanter en automne, et après les avoir dépouillés de leurs caïeux on replante de suite les autres. On récolte une quantité de graines, et l'on prépare déjà des semis pour repiquer sur couche en automne.

Les *serres* n'exigent aucun soin particulier, seulement il est avantageux, pendant la grande chaleur, d'arroser le feuillage des plantes de serre-chaude, au moyen d'une seringue à pomme percée de trous très fins. On remanie les couches de tan, afin de leur conserver de la chaleur.

Les *couches* sont aussi inutiles dans ce mois que dans le précédent, excepté cependant chez les jardiniers qui font spécialement des primeurs.

La *pleine terre*, outre les travaux continuels d'arrosement, en nécessite beaucoup d'autres. On peut encore semer les espèces indiquées pour le mois de juin, si l'on en excepte les choux-fleurs et les choux à grosse côte. Quand les premiers jours du mois sont passés, il n'est plus temps de semer les brocolis et les choux navets.

On sème, vers le 15 du mois, de la ciboule et du porreau pour repiquer en septembre; on commence les semis d'ognons blancs si le sol est argileux, et on les repique en octobre; on continue les semis de chicorée, mâche, laitue, poirée, persil, épinard, endive, scorsonère et de haricots pour manger en vert. Pour être repiqués à exposition chaude, en automne, on peut encore semer des choux, des panais et des carottes.

On écussonne à œil dormant, vers le milieu du mois, des églantiers, pommiers, poiriers, pruniers et cognassiers, et l'on continue activement l'ébourgeonnement des arbres fruitiers.

On marcotte les œillets, et une grande partie des fleurs bisannuelles se sèment dans ce mois-ci pour en obtenir des fleurs le printemps suivant; par exemple, les lychnides, digitales, sain-foin d'Espagne, nigelle, rose trémière, mauve, giroflées, onagre et campanule. Dans des terrines et en bonne terre préparée avec du terreau de feuille, on sème les tulipes, jacinthes, renoncules et anémones.

AOUT.

Les *travaux généraux* de ce mois sont les mêmes que ceux du mois précédent. On s'empresse de recueillir les graines parvenues en maturité, afin qu'elles ne soient pas gâtées par les pluies qui peuvent survenir en septembre.

Pour *les serres*, même chose que dans le mois précédent. Quelquefois les pucerons, si on n'y prend garde, envahissent les ananas et autres plantes de serre-chaude; on les étouffe avec de la fumée de tabac et on les saupoudre avec de la fleur de soufre.

Quant aux *couches*, si on n'en a pas de vieilles on peut préparer une couche sourde, c'est-à-dire établie dans une profonde tranchée, en terrain sec, pour y semer des quarantaines à repiquer de bonne heure. On y fait aussi, ainsi qu'en terre de bruyère, des boutures d'un grand nombre de plantes et arbustes délicats, et on les recouvre d'une cloche de verre dépoli, jusqu'à parfaite reprise.

Pleine-terre. A exposition chaude on peut risquer encore, pour cueillir en vert, des pois et des haricots. Les semis ordinaires consistent en gros choux pommés et cabus, épinards, raiponce, laitues et romaines d'hiver, oseille, radis noirs, radis d'Augsbourg, navets, ognons blancs; vers la fin du mois, pour passer l'hiver, chou d'York, chou pain de sucre, carotte hâtive et ordinaire, scorsonère, mâche, panais, persil, cerfeuil et beaucoup d'autres fournitures. Parmi les fleurs, on sème pour fleurir au printemps, immortelle, thlaspi, adonide, pied d'alouette, pavot, coquelicot, bleué, etc.

C'est le moment de semer, en pots enfoncés dans la couche chaude d'un châssis, des fraisiers pour obtenir des primeurs.

On continue à greffer en écusson à œil dormant toutes les espèces d'arbres, arbrisseaux et arbustes; on continue aussi le palissage des arbres; on effeuille sur les fruits pour les faire jouir du soleil, mais peu à peu; on effile les fraisiers; et enfin on entretient la propreté par l'ésherbage et les ratissages.

SEPTEMBRE.

Les *travaux généraux* se compliquent un peu. On replace les panneaux des serres chaudes, on modère les arrosements; on prépare les plates-bandes par des labours et des amendements; on n'arrose plus que le matin, et l'on continue la récolte des graines.

La *serre chaude* exige les mêmes soins que les mois précédents, à cette différence que l'on ferme les panneaux chaque soir ; on remanie encore les couches et tannées si elles se sont refroidies ; on prépare l'orangerie à recevoir les plantes qu'on en avait sorties au mois de mai, et on les y remet vers la fin du mois, si l'on se croit menacé de quelques petites gelées hâtives.

Couches. Elles ne commencent à prendre de l'importance que pour les jardiniers qui font des primeurs, et le plus souvent ils les établissent dans des bâches ou sous des châssis.

Pleine terre. Tout ce que nous avons indiqué pour les deux derniers mois peut encore se semer, surtout dans l commencement de celui-ci ; par exemple : choux hâtifs ; choux-fleurs pour repiquer sur ados au midi ; épinards e radis, carotte, angélique, chervis, cerfeuil, panais, raves, navets, raifort, roquette, ciboule, endive, mâche.

Si on veut obtenir des fraises au printemps, c'est dans ce mois qu'il faut planter les fraisiers. On empaille les cardons ; on lie les chicorées et l'on butte le céléri ; vers la fin du mois on plante les tulipes, jacinthes, narcisses, jonquilles et autres végétaux bulbeux ; on en sème des graines, ainsi que de celles d'anémones et de renoncules. On peut encore marcotter des œillets pour ne lever les marcottes qu'au printemps ; on sème encore des quarantaines, pieds d'alouette, pavot, coquelicot, immortelle, adonide, thlaspi, et autres plantes qui résistent bien à l'hiver.

Les jeunes sujets de pruniers, cerisiers et amandiers, d'une végétation vigoureuse, peuvent encore se greffer dans ce mois.

OCTOBRE.

Les *travaux généraux* deviennent considérables. On rentre les plantes dans les serres ; on fait le labour général d'hiver. On commence à couvrir de litière ou de feuilles sèches les semis de plantes sensibles au froid ; on empaille ou butte plusieurs végétaux délicats ; on défait toutes les vieilles couches et on amende le jardin avec leurs vieux fumiers ; on en refait de neuves. Dès ce mois, jusqu'en mars, on tond les charmilles, les haies, les tonnelles et les palissades ; enfin, on trace les jardins nouveaux, on les défonce et on les plante.

Serres. Dans la serre chaude on refait entièrement et à neuf, toutes les couches et tannées. Dans le commencement du mois, si cela n'a été fait plustôt, on rentre les plantes d'orangerie, et l'on a eu pour cela la précaution de cesser leur arrosement huit jours à l'avance. L'arrangement des plantes dans la serre n'est pas du tout arbitraire: les plantes à feuillage persistant, charnu, et les plantes grasses, sont mises sur le premier rang, près des verres, afin de les faire jouir de la plus grande somme possible de lumière; celles qui sont d'une substance herbacée tiennent le second rang; celles à feuillage également persistant, et à bois tendre, moelleux et spongieux, tiennent le troisième rang; au quatrième rang on mettra celles dont le feuillage est persistant mais coriace, et le bois sec et dur. Enfin, sur le dernier rang seront les arbrisseaux à feuilles caduques et à bois sec.

Si quelques végétaux paraissent en avoir besoin, on leur fera un rempotage ou demi-rempotage. Tous seront visités et épluchés de manière à ne leur laisser ni bois mort, ni feuilles sèches, ni moisissure.

Couches. Tout ce que nous avons dit sur ce sujet dans le mois précédent, et tout ce que nous en dirons dans les deux mois qui vont suivre, trouve ici son application.

Pleine-terre. On risque encore, à exposition chaude, l'épinard, pour produire en mars ; la mâche, le cerfeuil ; les laitues, crêpes et de la passion, romaine, gotte, coquille et romaine hâtive pour replanter ; on sème au midi, sur ados, des pois d hiver et des pois michaux ; on fait des semis plus certains avec l'artichaut, l'asperge, ciboule, raifort et radis, raves, roquette, panais, pimprenelle, coriandre ; on plante des fraisiers, de l'oseille, de la lavande et de l'hyssope.

O met en place les jeunes choux d'York et autres pommés des semis d'août; on repique les choux-fleurs semés en septembre, les laitues d'hiver et l'ognon blanc.

Vers la fin du mois, si la saison est avancée, on peut commencer, en terrain sec et léger, la plantation des arbres fruitiers, et l'on peut continuer si le temps le permet. On peut déjà les élaguer et snrtout enlever leurs branches mortes ou mal placées.

On risque quelques plantes annuelles rustiques, comme réséda, immortelles, etc., et, si elles résistent, ce qui arrive souvent, on aura des fleurs dès le premier printemps. On lève les marcottes d'œillet et on les met en pot, ainsi que les marcottes et boutures d'un très grand nombre d'autres plantes. On continue à œilletonner et éclater les végétaux vivaces, à séparer les caïeux des plantes bulbeuses. Les ognons à fleurs, griffes et pattes, que l'on aurait oubliés, peuvent encore très bien se planter, et paraissent même mieux résister à la gelée.

NOVEMBRE.

Travaux généraux. On nettoie les mousses et lichens des arbres, on amende les planches ou plates bandes qui doivent recevoir au printemps des plantations de plantes bulbeuses, ce qui ne doit jamais se faire plus tard. On continue le labour général d'hiver. On achève de récolter les graines, on les fait sécher à l'ombre et à l'air, et on les renferme dans des sacs de papier. On ensable dans la serre aux légumes les racines potagères, comme carottes, navets, scorsonères et autres, ainsi que les cardons, choux, choux fleurs, brocolis, chicorées, salades, etc. On met stratifier les noyaux, pepins, et autres graines d'une germination très lente. On fait, dans des caves, des couches à champignons.

Serres. Les couches et tannées qui n'auraient pas encore été refaites, doivent se faire au plus tard dans le commencement de ce mois, et l'on commence à faire du feu dans les poëles et fourneaux, dans la serre-chaude, pour maintenir la température nécessaire, mais sans plus ; on donne de l'air toutes les fois qu'on peut le faire sans danger ; on modère les arrosements, avec le soin de ne pas mouiller les couches, ni de laisser tomber de l'eau dans le cœur des plantes. On arrose moins encore dans l'orangerie, et seulement assez pour ne pas laisser sécher la terre des pots. On n'allume le feu que pour empêcher la gelée de pénétrer dans l'orangerie, car le grand art consiste à maintenir les plantes dans un état de repos qui suspend toute végétation, et cela pendant tout le temps qu'elles restent dans la serre.

Du reste, les mêmes soins que dans les mois de décembre et janvier.

Couches. Elles deviennent indispensables dans ce mois pour repiquer les laitues que l'on a semées en octobre, en août et en septembre, ces dernières pour pommer du 15 décembre au 15 janvier. On y sème de nouvelles laitues, des raves, radis, cerfeuil et cresson. On y transplante des asperges, de l'oseille, du persil, de l'estragon, pour en avoir tout l'hiver.

En *pleine-terre*, on sème des asperges qui réussissent mieux que celles du printemps. On risque, à exposition très chaude et sur cotières, des poids michaux. On peut encore planter, sans inconvénient, de l'ail et de la rocambole. On met en pleine terre, les griffes, pattes et ognons que l'on aurait oubliés.

Beaucoup de graines d'arbres et arbrisseaux doivent être semées dans ce mois si on veut qu'elles lèvent au printemps ; par exemple, celle de merisier, Sainte-Lucie, érable, aubépine, etc., si on ne les met pas stratifier. On couvre de litière ou de feuilles sèches, les artichauts, laitues d'hiver, et autres légumes qui craignent les grands froids. On arrache le céleri pour le replanter près à près dans de profondes tranchées ; on butte beaucoup d'autres plantes, et on continue à empailler les lauriers, figuiers, grenadiers ; enfin, on donne des tuteurs aux arbres verts exposés au vent, et aux jeunes arbres fruitiers.

DECEMBRE.

Les *travaux généraux* deviennent considérables, quant aux plantations d'arbres et de haies. A l'exception des graines des arbres résineux (qui ne se stratifient jamais), on met stratifier toutes les autres. On soigne les serres, particulièrement celles à légumes pour livrer à la consommation les légumes qui menacent de ne pas se conserver. On continue les grands travaux de défoncement des terres, labours, et tous ceux indiqués pour le mois précédent.

Serres. On les surveille avec grand soin pour en maintenir la température au moyen des fourneaux, et pour leur donner de l'air et de la lumière toutes les fois qu'on le peut, afin d'éviter l'étiolement. On tient, autant qu'on le peut, le thermomètre centigrade à 11 ou 12 degrés dans la serre chaude, à 6 ou 7 degrés dans la serre tempérée, à 2 ou 3 dans l'orangerie. Quand le froid est intense, on couvre les vitraux avec des paillassons ou de la litière, que l'on retire toutes les fois que paraît le soleil ou que le froid diminue, mais que l'on replace chaque soir. Peu d'arrosements, et seulement ceux indispensables à la végétation.

Il n'est pas nécessaire de faire du feu dans l'orangerie, tant que le froid ne menacera pas d'y pénétrer.

Les *couches*, dans ce mois-ci, doivent être assez étroites pour qu'on puisse leur communiquer une nouvelle chaleur au moyen de *réchauds*, c'est-à-dire, d'épaisses bordures de fumier chaud, sortant de l'écurie. On y fait les mêmes semis qu'en novembre.

On commence à semer quelques concombres hâtifs, quelques pieds de melons, qui ne réussissent que lorsqu'on n'a pas été forcé de tenir les châssis couverts trop longtemps, ce qui les étiole et les fait pourrir. On peut semer avec eux de la laitue à couper, dont la chance est plus sûre. On peut chauffer quelques vieilles griffes d'asperges et d'autres légumes, ou des oguons à fleurs, pour obtenir des produits de primeur. On utilise parfaitement les fumiers des réchauds et des couches qui ont servi à élever la laitue à couper et à repiquer, à faire de nouvelles couches, en y mêlant moitié de fumier neuf sortant de l'écurie.

Dans la *pleine terre*, on peut déjà risquer à exposition chaude au midi, des fèves de marais. On plante encore, quoique un peu tardivement, des ognons de jacinthes, tulipes, narcisses et autres; des pattes de renoncules, anémones, etc. On avance la végétation de l'oseille et autres plantes potagères vivaces, en amendant le sol avec de la colombine. Du reste, on continue tous les travaux du mois précédent.

PREMIÈRE PARTIE.

PRINCIPES GÉNÉRAUX.

DE L'EXPOSITION.

Il y a des expositions plus ou moins bonnes : les meilleures sont celles qui ont le plus d'air et le plus de soleil, avec un abri naturel ou artificiel au nord. Cependant, pour peu qu'un terrain ne soit pas absolument encaissé entre quatre hautes murailles, on peut toujours en tirer parti pour en faire un jardin.

Il y a autant d'expositions franches que de points cardinaux : celles du nord, du midi, du couchant et du levant. Elles donnent, en se combinant, quatre autres expositions mixtes : celles du nord-est, du nord-ouest, du sud-est et du sud-ouest.

La meilleure, parce que c'est la plus chaude, est celle du midi; vient après celle du sud-est, et enfin celle du sud-ouest.

La plus mauvaise est celle du nord, puis celle du nord-est, et enfin celle du nord-ouest.

L'exposition du midi convient fort bien à tous les arbres fruitiers et principalement aux pêchers, abricotiers, figuiers ; elle convient également à un grand nombre de plantes potagères, mais pour ces dernières, elle est moins importante, parce qu'on peut leur créer une exposition artificielle en plaçant au nord de la plate-bande ou de la couche où on les cultive, des paillassons dans une position verticale, maintenus avec des piquets et remplissant l'office d'un mur. Les habitants de Montreuil, qui se livrent spécialement à la culture du pêcher, font construire des murs parallèles au midi, avec le soin de les espacer de manière à ce qu'ils ne puissent porter ombrage, les uns les autres, aux espaliers de pêchers qui les tapissent.

Celle du sud-est est excellente parce qu'elle participe à la fois de celle du midi et de celle du levant.

L'exposition du levant est fort bonne, parce que, recevant les rayons du soleil levant, la chaleur qu'ils lui communiquent se conserve pendant plus longtemps et fait sentir ses effets jusqu'au soir. Les pêchers et autres arbres fruitiers en espaliers y réussissent parfaitement.

Le sud-ouest vaut moins, surtout pour le pêcher, mais c'est encore une assez bonne exposition.

L'exposition du nord est la plus froide, aussi ne peut-on guère y cultiver que des plantes alpines et quelques arbres fruitiers, tels que pruniers, cerisiers et poiriers. Cependant, certains arbres de climats plus chauds que Paris, par exemple les lauriers, gèlent plus facilement à l'exposition du midi qu'à celle du nord.

Celle du nord-ouest est aussi mauvaise, au moins à Paris, à cause des vents d'ouest qui sont presque toujours chargés d'humidité, et souvent amènent la pluie, la grêle et les frimas. Quoique le nord-est soit une exposition peu favorable, on peut cependant y cultiver quelques arbres fruitiers, et le pêcher même y donne des fruits, quoique tardivement.

Nous observerons, néanmoins, que pour la culture des

arbres fruitiers et des légumes , un jardin qui aurait ses quatre murs aux expositions mixtes, nord-est, sud-est, nord-ouest et sud-ouest , serait avantageusement placé , parce que les quatre murs recevraient du soleil pendant toute l'année, et que, n'ayant pas, il est vrai, l'exposition du midi , il n'aurait pas non plus celle du nord.

Un jardin a une exposition générale excellente quand il a une pente assez prononcée regardant le midi ; elle est très mauvaise quand cette pente regarde le nord.

DU TERRAIN.

Les jardiniers, pour le potager et le fruitier, reconnaissent trois principales sortes de bonnes terres, savoir : la *terre forte*, la *terre franche* et la *terre légère*.

La *terre forte*, très grasse, très tenace, compacte, argileuse, se laisse pénétrer difficilement par l'eau, retient trop longtemps l'humidité, se bat par la pluie, se fend en séchant, et se laisse très-difficilement percer par les racines des plantes délicates; mais elle est très-fertile et les gros légumes, ainsi que tous les végétaux assez robustes pour y croître, y prennent un grand développement. On la rend légère en la mêlant avec du vieux terreau ou tout simplement avec du sable.

La *terre franche*, lorsqu'elle est douce et un peu légère, est la meilleure de toutes, surtout lorsqu'elle a un mètre d'épaisseur et qu'elle repose sur un sous-sol perméable à l'eau, mieux encore sur un sable fertile.

La *terre légère* ou *sablonneuse* produit des légumes d'excellente qualité, mais comme elle est très poreuse, il lui faut beaucoup d'arrosements. Du reste, les terres les plus mauvaises peuvent aisément devenir bonnes au moyen d'engrais et d'amendements convenables.

Le *terreau* est le résidu des vieilles couches ; à demi ou aux trois quarts décomposé, il est très-fertile, s'il est plus consommé ou entièrement, il perd cette fertilité et n'est plus bon qu'à l'allégement des terres compactes.

La *terre de bruyères* n'est autre chose qu'un terreau naturel, pris dans les bois, et composé de sable très fin mélangé à des détritus de bruyères. Elle ne convient qu'aux plantes alpines très délicates.

DES TERRES COMPOSÉES.

La *terre factice de bruyères*, que l'on est obligé d'employer quand on manque de terre de bruyères naturelle, se compose ainsi : deux tiers de terreau de feuilles très consommé, un tiers de sable très fin. On mélange parfaitement le tout, et on laisse reposer en tas jusqu'au moment de s'en servir.

Terre à orangers. Bonne terre franche, un tiers ; — terreau de fumier de cheval, à moitié consommé, un tiers ; — terreau consommé, un tiers. Le tout parfaitement mélangé.

Ou bien : terre franche, un quart ; — bonne terre de potager, un quart ; — terreau peu consommé, un quart ; — terre de bruyère, un quart. Ce mélange convient à toutes les plantes d'orangerie.

En résumé, il suffit, pour avoir une bonne terre à orangers, qu'elle soit très fertile et pas trop forte.

Terre pour grenadiers et autres arbustes d'orangerie : terreau peu consommé, moitié ; — bonne terre de potager, moitié.

Terre pour geranium et autres plantes de serre tempérée : terreau de feuilles, un tiers ; — terre de bruyères, un tiers ; — terre franche, un tiers. On ajoute à ce mélange une très légère quantité de poudrette.

Terres des plantes grasses : terre de bruyère, deux tiers ; — terre franche, un sixième ; — terreau de feuille consommé, un sixième. Cette composition convient également aux plantes orchidacées.

DES ENGRAIS.

Les détritus animaux forment les engrais les plus énergiques, mais on les emploie rarement dans les jardins, parce que certains d'entre eux communiquent aux légumes un goût ou une odeur désagréable; par exemple, les raclures de corne, les chairs en décomposition, les excréments humains et ceux de porcs. Ceux qui n'ont pas cet inconvénient, comme les fumiers de chevaux, bœufs, moutons, etc., mêlés à de la paille ou autres détritus végétaux, sont les plus en usage et les meilleurs. Les engrais minéraux, par exemple la marne, ne sont employés que dans la grande culture.

Les engrais trop décomposés ont perdu, avec leurs parties solubles dans l'eau la plus grande partie de leur énergie. Si, au contraire, on les emploie trop chauds, ils brûlent les plantes et souvent les font périr. Quant aux engrais purement végétaux, s'ils ne sont arrivés à un certain degré de décomposition, ils n'ont aucune action. Il en résulte donc que pour les jardins, les engrais les meilleurs sont ceux qui sont à demi ou aux trois quarts décomposés.

Voici la liste des divers engrais le plus généralement employés.

1° Le *fumier*, mélangé de paille et d'excréments d'animaux domestiques; il a une grande énergie sur la végétation, mais ses effets durent moins que ceux de certains autres engrais. — Celui de cheval, de mulet, d'âne et de mouton, est le plus chaud et le plus employé pour faire des couches; — celui de vache et de bœuf est moins chaud et convient mieux dans les terres sèches et chaudes.

2° La *colombine* est très chaude et ne peut être employée que sèche, en poudre et en petite quantité. Elle convient aux terres froides.

3° Les *excréments de poules* et de *lapins*, ont les mêmes propriétés, mais ils sont moins énergiques.

4° La *poudrette* ne peut, en jardinage, être employée qu'en très petite quantité, et dans certaines terres composées.

5° Les *boues de rues* forment un excellent engrais, mais

qui ne peut être employé qu'après avoir reposé en tas au moins pendant un an.

6° Les *détritus végétaux* de toutes sortes forment un engrais qui a peu d'activité, mais une longue durée.

7° Le *terreau de feuilles* résultant des débris de couches chaudes, est un fort bon engrais pour les plantes délicates.

DES AMENDEMENTS.

Les *amendements* ne sont pas des engrais et ne fournissent presque rien à la végétation. Ils servent à alléger les terres trop fortes, et dans ce cas, ils consistent en vieux terreau usé ou en sable; si l'on veut, au contraire, rendre moins poreuse une terre trop légère, on emploie pour amendement une terre forte et argileuse.

DE L'EAU ET DES ARROSEMENTS.

L'eau la plus pure est la meilleure pour les arrosesements, aussi l'eau de pluie a-t-elle la préférence sur toutes les autres. Vient ensuite celle de rivière, puis celle de fontaine, et, en dernier et faute de toute autre, l'eau de puits. Cette dernière contient souvent de la sélénite (carbonate ou sulfate de chaux) qui est très nuisible à la végétation. On est assuré qu'elle contient de cette matière, lorsque les pois et les haricots refusent de cuire ou cuisent mal dedans, et qu'elle ne dissout pas le savon. Il est remarquable que lorsque les légumes ont été arrosés avec cette eau pendant leur végétation, ils deviennent aussi très difficiles à cuire.

La température de l'eau doit aussi être considérée, il faut, autant que possible, qu'elle soit au même degré que celle de l'air dans lequel vivent les plantes. Il est donc nécessaire de faire séjourner, en tonneau, pendant deux ou trois jours, dans la serre, les eaux destinées à l'arrosement des plantes qui y sont renfermées, et au soleil celles destinées aux végétaux qui sont à l'air libre. C'est pour cette raison que l'on préfère les eaux stagnantes des mares, aux eaux des rivières et des fontaines.

Il existe quelques principes à suivre pour les arrosements. 1º Ne jamais inonder la terre, mais seulement la tenir dans une humidité constante ; — 2º l'été, quand les nuits sont chaudes, arroser le soir, en commençant à midi ; —3º dans les autres saisons, quand les nuits sont froides, arroser le matin jusqu'à midi ;— 4º ne pas battre la terre avec l'eau des arrosements, ce qui lui ferait faire croute; — 5º ne jamais mouiller le cœur des plantes ;— 6º ne pas mouiller, ou le moins possible, les feuilles des végétaux délicats, pour ne pas les exposer à être brûlées par le soleil ; — 7º si la terre a de la disposition à se battre et former croûte, on *paille* les semis en étendant dessus un doigt ou deux d'épaisseur de paille ou de mousse hachées.

Quelquefois, pour ranimer une végétation languissante, on arrose avec de l'eau dans laquelle on a laissé fermenter, au moins trois mois avant de s'en servir, un peu de colombine et du fumier chaud de mouton.

DES DÉFONCEMENTS.

Quand on crée un jardin, la première opération à faire est de le défoncer, soit pour donner au sol meuble de la profondeur, soit pour rejeter en dessous la couche superficielle de terre usée. On profite de cette opération pour débarrasser le sol de toutes ses pierres, ses vieilles racines, etc.

Plus un défonçage est profond, meilleur il est, surtout pour une plantation d'arbres. Cependant, il est de certaines circonstances où il serait plus nuisible qu'utile : c'est quand la couche végétale est mince et qu'elle repose sur un fond de tuf, d'argile, ou de tout autre sous-sol infertile. Le maximum de profondeur de défoncement dépasse rarement 1 m. 50 c.; le minimum n'est jamais moindre de 0 m. 60 c. Voici comment on opère.

A une extrémité du jardin, on creuse une tranchée ou jauge, de 1 m. 1/2 à 2 m. de largeur, et on en porte la terre à l'autre extrémité du jardin, pour servir à combler la dernière tranchée. On ouvre une seconde tranchée contre la première, et on remplit cette première avec la terre de la seconde. On continue ainsi jusqu'à ce que tout le défoncement soit terminé.

DES LABOURS.

Plus une terre est divisée, ou meuble, plus elle est favorable à la végétation. Les labours se font à la bêche, rarement à la pioche. Autour des arbres, surtout dans les terrains peu profonds, on laboure à la fourche pour ne pas couper les racines. Pour labourer à la bêche on commence par faire une jauge dont on porte la terre à l'autre extrémité du carré, puis on remplit cette jauge, et ainsi de suite. La terre doit être divisée autant que possible, sans mottes, et unie bien également à sa surface. On enlève les pierres, et l'on retourne et enterre les mauvaises herbes pour les étouffer.

Si l'on fume la terre en labourant, on a soin de n'enterrer le fumier qu'à deux ou trois pouces de profondeur.

Le labour général d'un jardin se fait généralement en automne et en hiver, mais, néanmoins, toute planche vide doit, en toute saison, être labourée avant d'être plantée ou ensemencée.

Le *binage* se fait avec une petite pioche ou binette, et a pour but de détruire les mauvaises herbes et d'ameublir la surface de la terre.

Le *serfouage* ou *sarclage* se fait avec la serfouette et n'a pas d'autre but que le binage.

DES COUCHES, RÉCHAUDS, ET ADOS.

On nomme couche des lits de fumiers, préparés de manière à procurer aux plantes une chaleur artificielle. On distingue quatre sortes de couches, savoir : 1° la *couche chaude*; 2º la *couche tiède*; 3º la *couche tempérée*; 4º la *couche sourde*.

1º La *couche chaude*, à l'air libre, se fait ordinairement avec du fumier de cheval, d'âne ou de mulet, au moment où on le sort de l'écurie. On l'adosse, s'il est possible, contre un mur au midi, ou on l'abrite du vent du nord, au moyen de paillassons placés verticalement. Sa longueur est indéterminée, mais plus elle est large et épaisse, plus elle produit de chaleur et plus elle la conserve longtemps. Néanmoins sa largeur ordinaire est de 4 à 5 pieds, et son épaisseur de 2 à 3. Après avoir parfaitement mélangé le fumier, de manière à ce qu'il ne se trouve pas plus d'humidité ni de crotins dans une partie que dans l'autre, on *monte* la couche. Pour cela on étend sur le sol, qui doit être sec, un premier lit de fumier que l'on tasse le plus possible en le piétinant, et l'on replie en dedans la longue litière qui déborde, afin que les bords soient unis et propres. Sur ce premier lit on en met un second que l'on traite de même, puis un troisième, et ainsi de suite jusqu'à ce que la couche ait la hauteur voulue. Lorsqu'elle est terminée, on l'arrose pour déterminer la fermentation.

Quand elle a le degré suffisant de chaleur, ce qui se reconnaît à un bâton qu'on laisse enfoncé dedans quelque temps et que l'on touche avec la main en le retirant, on la charge de terreau, d'une épaisseur calculée sur la longueur des racines des plantes qu'on veut y cultiver; et si on veut y placer des coffres ou des châssis, on les y met de suite afin de les remplir de la quantité voulue de terreau, ordinairement 6 à 8 pouces d'épaisseur.

Toutes les couches se montent de la même manière, aussi n'y reviendrons-nous plus.

La *couche tiède* diffère de la précédente en ce qu'elle se monte avec moitié fumier neuf et moitié de vieille couche, ou mieux, si on veut qu'elle conserve plus longtemps sa douce chaleur, on remplace le vieux fumier par des feuilles sèches.

Les *couches sourdes* ne diffèrent en rien des précédentes, si ce n'est qu'elles sont placées dans une tranchée creusée en terre sèche.

Les trois espèces de couches que nous venons d'indiquer sont à peu près les seules en usage dans le potager. Celles que l'on établit dans les serres chaudes, au lieu d'être recouvertes de terreau, le sont de 7 à 8 pouces de tan sortant de la tannerie, et on y enfonce les pots.

La *couche tempérée* se fait avec des vieux fumiers qui ne donnent presque plus de chaleur, dans une bâche ou un châssis, et se recouvre de 10 à 15 pouces de terre de bruyères pure. Le plus ordinairement elle s'établit entièrement avec de la terre de bruyères, si l'on peut s'en procurer facilement. Elle sert à la culture des *ixia*, *erica*, *protea*, et autres plantes alpines.

Les réchauds sont extrêmement utiles en hiver pour raviver la chaleur dans les couches qui commencent à la perdre. Dans le potager, si l'on monte plusieurs couches, on les fait parallèles les unes aux autres, en ne laissant entre elles que 50 c. de distance pour recevoir un réchaud.

On fait les réchauds avec du fumier neuf sortant de l'écurie. Ils consistent en une bordure de 50 c. d'épaisseur, et de toute la hauteur de la couche qu'ils entourent de tous les côtés. Ils doivent être remaniés tous les quinze jours au plus tard, et chaque fois on y ajoute moitié de fumier neuf.

Avant de semer ou planter sur une couche, il faut s'assurer, soit en y enfonçant la main, soit un bâton, qu'elle n'est pas trop chaude. Si elle l'était trop, on y ferait quelques trous avec le bâton pour laisser évaporer la chaleur intérieure ; si elle ne l'était pas assez, on tirerait par les côtés du fumier que l'on remplacerait par d'autre sortant de l'écurie.

L'*ados* consiste simplement en une plate-bande formant contre un mur, une pente très inclinée au midi, faite simplement en terre, et recouverte de 20 c. de terreau.

DES OUTILS DE JARDINAGE.

Tous les outils de jardinage, véritablement utiles, vont être décrits ici.

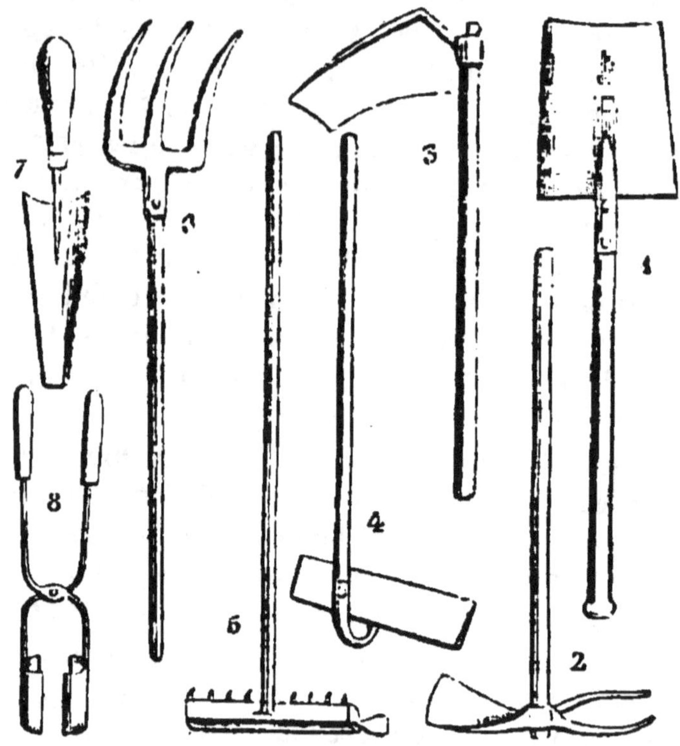

Fig. 1. La *bêche*, trop connue pour être décrite.

Fig. 2. La *serfouette* varie dans ses dimensions. La lame a ordinairement de 9 à 11 pouces de longueur totale, et 2 pouces 1/2 à 3 pouces de largeur. Le manche doit avoir 4 pieds 6 pouces.

Fig. 3. La *pioche* ou la *houe*, servant à labourer et biner, surtout dans la grande culture, varie également de forme et de dimension, en raison du pays et de l'usage qu'on en fait.

La binette n'est rien autre chose qu'une pioche dont le manche est plus long et la lame un peu plus droite, plus étroite et plus petite.

Fig. 4. La *ratissoire* sert à nettoyer les allées d'un jar-

din. Celle que nous avons figurée se tire à soi en raclant ;
il en est d'autres dont on se sert en poussant devant soi.

Fig. 5. Le *rateau* est indispensable pour nettoyer les
allées après le ratissage, et pour unir la surface d'un carré
nouvellement labouré ou ensemencé.

Fig. 6. La *fourche* ou *trident* sert à remuer les fumiers,
labourer les terres fortes et autour des arbres, et arracher
les récoltes de racines.

Fig. 7. La *houlette* ou *transplantoir à gouge* est très utile
pour lever, avec la motte, les plantes d'une reprise difficile.

Fig. 8. Le *transplantoir à branches* est composé de deux
lames qui, rapprochées, forment le cylindre, On l'ouvre,

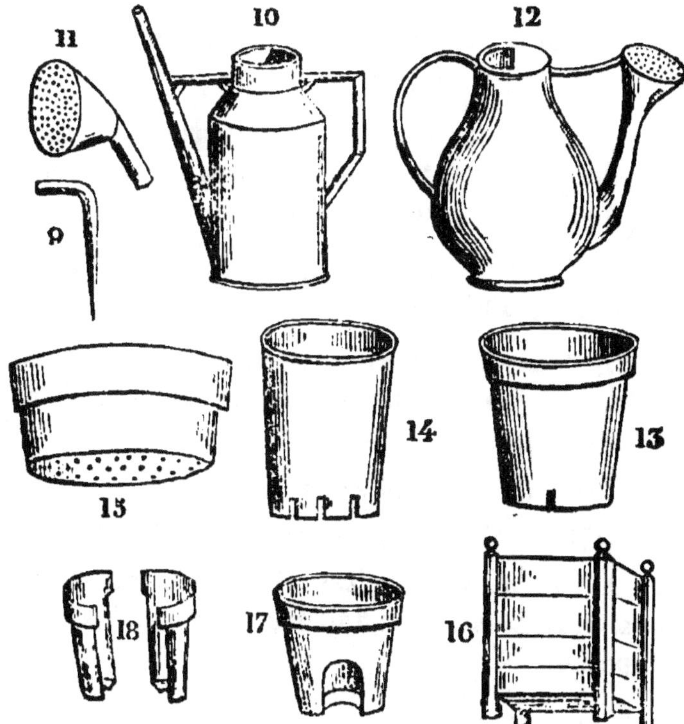

on enfonce les deux lames dans la terre autour d'une
plante, on serre la motte, puis on l'enlève par un mouvement oblique. On peut ainsi aisément transplanter un
végétal pendant sa floraison.

Fig. 9. Le *plantoir* ou *féchou* n'est autre chose qu'un piquet, recourbé au bout pour servir de poignée. On l'emploie pour faire les trous où l'on repique les plantes.

Fig. 10. *Arrosoir* en ferblanc ou en zinc. Son mérite consiste à être fort léger, et si l'on a soin de le peindre chaque année et de le tenir dans une position renversée, quand on s'en est servi, il peut durer fort longtemps.

Fig. 11. *Sa pomme* qui s'ôte et se remet à volonté.

Fig. 12. *Arrosoir en cuivre*, préféré par les jardiniers parce qu'il est solide et de longue durée. Les uns sont à goulot, les autres à pomme fixe.

Fig. 13. *Pot à fleur* percé par les côtés du fond et ne retenant jamais l'humidité.

Fig. 14. *Pot à ananas*; comme le précédent, mais sans rebord pour occuper moins de place sur la couche, et d'une forme un peu plus allongée.

Fig. 15. *Terrine à semis* de graines délicates. Il y en a de toutes les grandeurs.

Fig. 16. *Caisse à orangers*. Elles servent non seulement aux orangers, mais à une foule d'arbrisseaux. Les meilleures sont en bois de chêne.

Fig. 17. *Pot ouvert à marcotter*. Il y a au fond une ouverture assez grande pour faire passer la branche à marcotter.

Fig. 18. *Pot de deux pièces*. Il est très commode pour faire des marcottes. On réunit les deux parties au moyen d'un fil de fer.

DES ABRIS.

Dans nos pays, les froids rigoureux de l'hiver ont nécessité l'invention de divers procédés pour garantir les plantes méridionales des gelées et autres intempéries qui les feraient périr. Ces abris sont les paillassons, serres, bâches, orangerie, châssis et cloches.

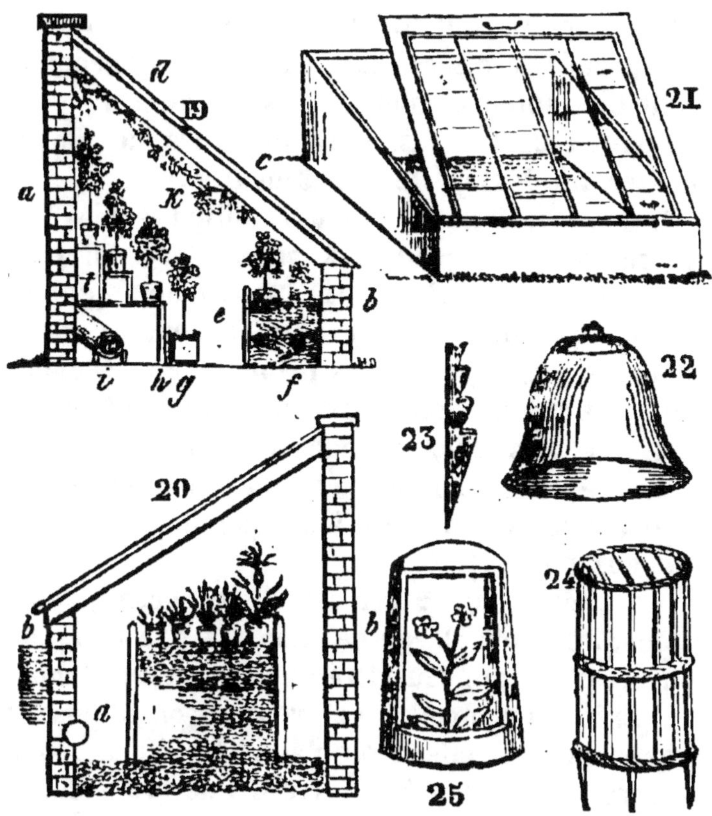

1° La *serre chaude*, fig. 19, est une des plus simples et des moins dispendieuses. Elle réunit les trois conditions principales : chaleur, lumière et circulation de l'air. La température doit y être maintenue constamment à 25° c., si elle est destinée, selon l'usage, aux plantes tropicales, dont les plus délicates restent toute l'année plongées dans la tannée d'une couche chaude.

Nous en donnons la coupe fig. 19 : — *a*, mur d'appui; — *c*, premier rang de panneaux vitrés mobiles; — *d*, deuxième rang, immobiles; — *f*, couche chaude à tannée; — *h*, gradin; — *g*, rang de caisses devant le gradin; — *i*, tuyau de chaleur.

2º La *serre tempérée* ne diffère de la serre chaude que parce qu'on n'y maintient la température qu'à 10 à 12 degrés, et que les plantes n'y restent pas l'année entière.

3º L'*orangerie* a pour condition d'être très sèche, éclairée par de grandes croisées, sans panneaux, et cependant de pouvoir être aérée à volonté. Il suffit qu'il n'y gèle pas ; mais, dans tous les cas, la température ne doit jamais y monter au-dessus de 4 à 5 degrés.

4º La *bâche*, fig. 20, tient le milieu entre la serre et le châssis. Les panneaux vitrés sont un peu plus inclinés que dans le châssis, beaucoup moins que dans la serre. Quelquefois on y établit un fourneau et une couche chaude si on veut y faire des primeurs ou des ananas. La lettre *a* indique où doit passer le tuyau de chaleur. Si on la consacre à la conservation des plantes alpines dans une couche de terre de bruyère, la bâche doit être creusée dans le sol, de manière à ce que le niveau de celui-ci soit aux points *b, b.*

5º Le *châssis*, fig. 21, n'est autre chose qu'un coffre sans fond, en bois, large de 1 m. 25 c. à 1 m. 60 c., et recouvert d'un panneau vitré qui s'ouvre et ferme à volonté. On le transporte où l'on veut, et on le pose sur la couche chaude, si mieux on n'aime établir la couche dedans après avoir creusé la terre à une profondeur suffisante. L'hiver on l'entoure de réchauds.

6º La *cloche*, fig. 22, est en verre poli ou dépoli. Elle est indispensable pour couvrir les jeunes semis, et surtout pour priver d'air les boutures. Sa *crémaillère*, fig. 23, est un morceau de planchette, avec des crans pour soutenir la cloche quand on veut donner de l'air.

7º La *cage* en osier, fig. 24, sert uniquement à défendre les graines des plantes précieuses contre la voracité des oiseaux.

8º Le *contresol* ou *pot coupé*, fig. 25, est très utile pour abriter les plantes très délicates contre la pluie, le vent du nord, et les rayons du soleil.

DE L'ÉDUCATION DES PLANTES.

Elle se borne à deux choses : leur *multiplication* et leur *conservation*.

La *multiplication* se fait : 1º par *semis* ; 2º par *boutures* ; 3º par *marcottes* ; 4º par *éclats* des drageons, stolons ou racines ; 5º par la *greffe*.

Du Semis

Les plantes que l'on multiplie par semis fournissent souvent des variétés, et c'est l'unique moyen de s'en procurer. Outre cela, les individus qu'on en obtient sont toujours les plus sains et les plus robustes. — La bonne graine est celle qui a été cueillie au moment de sa maturité parfaite ; elle est lourde, bien pleine, d'une couleur brillante et très prononcée.

Il faut surtout que les graines soient nouvelles, car après un certain temps déterminé pour chaque espèce, elles ne lèvent plus.

La *stratification* est un moyen de hâter la germination des graines, surtout celle des noyaux. Elle consiste à les mettre dans du sable humide, en automne, et à les placer ainsi dans une cave. Elles germent pendant l'hiver, et, au printemps, lorsqu'on les met en place, elles ont déjà développé leur radicule, ce qui, le plus ordinairement, avance la végétation d'un an.

En règle générale les graines lèvent mieux dans le terreau ou dans les terres légères que dans toute autre. Il est encore connu que plus elles sont fines, moins elles doivent être enterrées. Le maximum de profondeur, pour les plus grosses, est de 1 pouce et 1/2 ; une 1/2 ligne suffit pour celles qui sont très fines.

En pleine terre on sème à la *volée*, en *ligne*, ou en *bouquets*. Dans tous les cas, on recouvre au rateau. On sème aussi sur *couche* et en *terrine*. La pleine-terre doit avoir préalablement été amendée et ameublie convenablement. Les autres semis se font toujours sur terreau, ou, pour certaines plantes, sur terre de bruyères, que l'on mélange quelquefois avec un peu de terreau très consommé.

L'époque des semis est très variable ; elle est indiquée à l'article de chaque espèce de plantes. En règle générale, les semis d'automne donnent des sujets plus vigoureux quand ils réussissent. Les semis de printemps sont les plus sûrs et se font depuis février jusqu'en mai.

Il est essentiel de couvrir les semis d'automne, pendant la nuit, de longue paille ou de paillassons, pour les garantir des gelées. Les semis de printemps exigent rarement les mêmes précautions. Le plus ordinairement on est obligé de les pailler, pour empêcher les pluies ou les arrosements d'en battre la terre.

Le semis en *pochet* ou *bouquet*, consiste à faire un trou plus ou moins large ou profond, à y jeter de trois à huit graines qui doivent former touffe. Pour faire un semis à la *volée*, il faut jeter la graine à la main, le plus uniformément possible, ce qui n'est pas aisé. Dans tous les cas, il vaut mieux semer trop épais que trop clair, parce qu'il est toujours facile d'éclaircir.

Les *soins à donner aux semis*, consistent en arrosements, sarclages réitérés, et principalement à détruire les limaces et autres petits animaux qui les dévorent. On défend les jeunes plantes des rayons d'un soleil très chaud, et on empêche que la terre ne forme croûte autour de leurs jeunes tiges.

Des Boutures.

Une *bouture* est un rameau, ou toute autre partie d'un végétal, détaché de l'individu pour le mettre en terre et lui faire produire des racines pour former un nouvel individu. Tous les végétaux ne reprennent pas facilement de bouture, aussi avons-nous indiqué à leurs articles particuliers ceux qui peuvent se multiplier de cette manière. Il y a plusieurs sortes de boutures, que nous allons énumérer.

La *bouture simple* est la plus facile. On coupe sous un œil un rameau de l'année, de huit à dix pouces, plus ou moins, et on le plante au levant, en terre bien ameublie, en ne laissant sortir hors de terre que deux, trois ou quatre yeux. On a soin de tenir la terre constamment humide, surtout pendant les sècheresses de l'été. On opère depuis le commencement de février jusqu'en avril. Si les gelées se faisaient sentir en février, on conserverait les rameaux jusqu'en avril, en les enterrant dans du sable humide, en lieu abrité de la gelée.

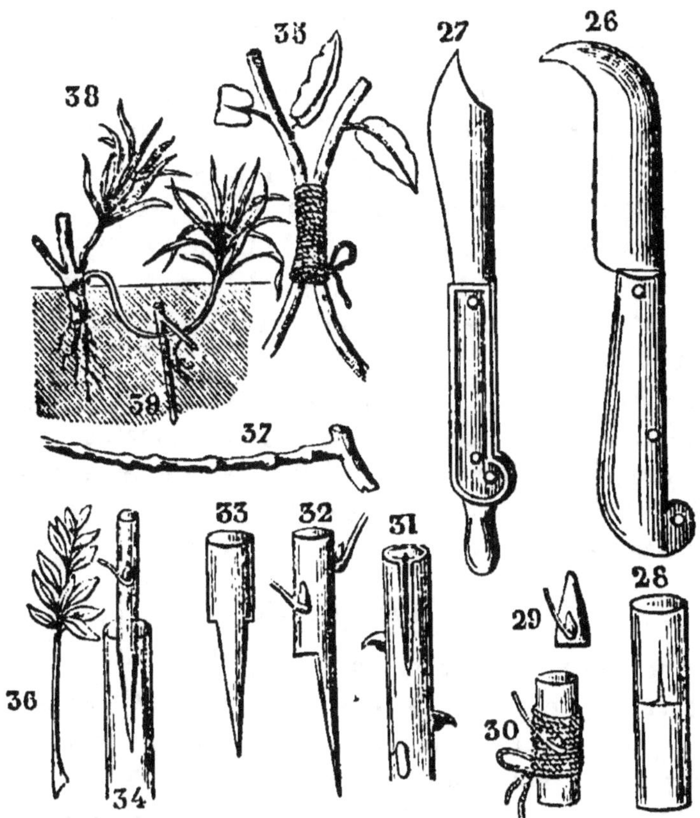

La *bouture en plançon*, qui convient particulièrement aux saules, peupliers, etc., se fait de même, mais avec une branche longue, quelquefois de dix à douze pieds.

On a soin d'enlever tous ses rameaux latéraux, et l'on creuse son trou avec un pieu pointu, en bois ou en fer.

La *bouture à crossette* se fait comme la première, si ce n'est qu'on laisse à sa base un petit crochet de bois de deux ans, fig. 37.

La *bouture à talon* est un diminutif de la précédente. Au lieu de laisser un crochet à la base, on l'arrache de sa mère de manière à ce qu'elle emporte avec elle un fragment de vieux bois, fig. 36.

La *bouture à bourrelet* se fait en étranglant un jeune rameau avec un anneau de fil de fer; il se forme un bourrelet d'écorce qui doit émettre les racines; l'année suivante on coupe la bouture sous le bourrelet et on la plante.

La *bouture étouffée* ne diffère des précédentes que parce qu'on la prive d'air jusqu'à sa reprise, au moyen d'un entonnoir de verre ou d'une cloche. Après la reprise, on lui rend l'air peu à peu; on la fait quelquefois en pleine terre, plus souvent sur couche. Les mois de mai et de juin sont les plus favorables pour faire les boutures étouffées.

La *bouture par racine* consiste à couper en tronçons de quatre à six pouces les racines de certains végétaux ligneux, à les planter de manière à ce que le gros bout ne fasse saillie hors de terre que de trois ou quatre lignes; il ne tarde pas à émettre des bourgeons.

De la Greffe.

Nous ferons remarquer que la greffe ne sert nullement à créer de nouvelles variétés, mais à conserver et multiplier celles qui existent. Parmi les nombreuses espèces de greffes, nous ne décrirons ici que celles qui sont utiles à la culture, en négligeant celles qui ne sont utiles qu'à l'étude de la physiologie végétale.

La *greffe en fente*, fig. 31, 32, 33 et 34, se pratique au moment précis où la végétation commence, au printemps. La greffe consiste en un rameau de l'année précédente, muni de bons yeux, et plus petit que le sujet qui doit le recevoir. On coupe la tête du sujet, on aplanit l'aire horizontale de la coupe et on y fait une fente longitudinale comme dans la fig. 31 ; si le sujet est assez gros on ne le fend que d'un côté. On taille la base de la greffe en biseau, ou en lame de couteau, fig. 32 et 33, de manière à ce qu'il y ait un œil directement au dessus du dos de la lame, et un ou deux autres dans le reste de la longueur, qui ne doit pas excéder deux ou trois pouces. On ajuste la greffe comme dans la fig. 34, avec la précaution de faire parfaitement coïncider l'écorce du sujet avec celle de la greffe. On maintient l'appareil au moyen d'un tour ou deux de fil de laine, et on applique dessus, pas trop chaude, une bonne couche de cire à greffer.

Voici comment se compose cette cire : *Poix résine,* deux parties ; — *cire jaune,* deux parties ; — *suif,* une partie ; on fait fondre, et quand le mélange est parfait, on y mélange du carreau rouge pilé très fin, en suffisante quantité pour donner au tout, quand il est refroidi, la consistance d'un mastic dur.

La *greffe en couronne* n'est rien autre chose que plusieurs greffes en fente, réunies sur l'aire de la coupe d'un sujet assez gros pour les recevoir.

La *greffe en écusson,* fig. 28, 29 et 30, se fait, non pas de deux manières, mais à deux époques : au printemps et on la dit à *œil poussant,* en août et septembre, et elle se nomme à *œil dormant;* dans tous les cas, toutes deux ne doivent se faire que dans le moment de la plus grande circulation de la sève.

Sur le sujet à multiplier on lève un écusson d'écorce comme la fig. 29, mais la pointe en bas et non en haut. Il faut qu'il y ait un bon œil au milieu, et surtout qu'à l'intérieur de l'écorce cet œil paraisse bien plein, ce qui se reconnaît à une petite saillie qu'il forme. On emploie pour faire cette opération le greffoir de la fig. 27. On fait ensuite au sujet une fente transversale, puis, sous celle-ci, une fente longitudinale, de manière à représenter un T, mais non renversé comme dans la fig. 28 ; avec la lame d'ivoire du greffoir, on soulève l'écorce du sujet de chaque côté, on y glisse l'écusson, et on l'y ajuste de manière à ce que son intérieur joigne exactement à l'aubier du sujet ; on maintient le tout au moyen de plusieurs tours de fil de laine, comme dans la fig. 30.

On laisse à l'écusson le pétiole de la feuille qui accompagne le bouton ; si ce pétiole, quelques jours après, y reste attaché en se desséchant, c'est que la greffe est manquée ; si, au contraire, il tombe au moindre attouchement, c'est qu'elle est reprise.

La *greffe de l'oranger* est absolument la même, à cette différence qu'on place l'écusson dans deux fentes en ⊥ renversé, comme dans nos fig. 28, 29 et 30.

La *greffe en approche*, fig. 35, ne peut se faire que sur des végétaux que l'on peut rapprocher de manière à mettre leurs branches en contact. On fait, sur la greffe et le sujet, une plaie bien nette, d'un pouce de longueur, et entaillée jusqu'à mi-bois ou un peu moins ; on rapproche les deux plaies l'une contre l'autre en faisant coïncider le mieux possible leurs écorces ; puis on fait une ligature pour tenir les sujets en place, comme dans la fig. 35 ; un mois après, on commence à faire une entaille peu profonde, un peu au-dessous de la ligature, à la branche de la greffe ; peu à peu on augmente cette entaille ; enfin on finit, en coupant tout à fait la branche, de sevrer la greffe.

Ces cinq greffes peuvent servir à toutes les nécessités du jardinage.

Des Marcottes.

Marcotter une plante, c'est forcer une branche ou un rameau à émettre des racines pour être ensuite séparée de sa mère et produire un nouvel individu. Il y a plusieurs sortes de marcottes.

Marcotte simple. On couche une branche dans la terre, à trois pouces plus ou moins, de profondeur ; on l'y tient fixée au moyen d'un crochet en bois. (Voy. fig. 38 et 39.) Au printemps suivant, quand on s'est assuré que la branche a des racines, on la sépare de sa mère et on la met en place.

Marcotte par strangulation. C'est la même, mais avec la précaution de la serrer avec un fil de fer dans la partie où l'on veut qu'elle émette des racines.

Marcotte à talon. Elle diffère de la précédente en ce que, au lieu de l'étrangler, on l'entaille à mi-bois et l'on fend la tige en remontant jusque au-dessous d'un nœud ; on écarte cette moitié de tige en forme de talon, et on la maintient écartée au moyen d'un peu de terre que l'on place entre deux. (Voy. lig 39.)

Marcotte par cépée. On coupe la tige d'un arbrisseau ras de terre, un peu au-dessus du collet que l'on couvre de deux à trois pouces de terre meuble. Les drageons qui en sortent sont enracinés et peuvent se lever l'année suivante.

Multiplication par Drageons, etc.

On nomme *drageons* ou *rejetons* les jets enracinés que beaucoup de plantes émettent sur leur collet ou leurs racines; il ne s'agit que de les lever et replanter au printemps. Les *stolons*, comme dans le fraisier, n'en diffèrent que parce que la rosette enracinée est placée au bout d'un long filet rampant.

Les *gemmes*, plus généralement connus sous les noms de *caïeux*, *bulbilles*, *soboles*, etc., sont un moyen aisé de multiplication. Les *caïeux* se détachent des ognons qu'ils entourent aussitôt que les feuilles de la plante sont desséchées, et on les plante de suite ou au printemps suivant, selon l'espèce. Les *soboles* qui, dans certaines plantes liliacées, croissent à la place des fleurs ou des graines, les *bulbilles* qui naissent aux aisselles des feuilles de certains lis, se traitent comme les caïeux.

Les *tubercules*, *griffes* et *pattes*, ne doivent également
être séparées de leur mère que lorsque les tiges et feuilles
sont desséchées.

Enfin, la plupart des plantes vivaces se multiplient par
éclats, ou séparation des touffes par déchirement, à l'automne et plus sûrement au printemps.

CONSERVATION DES PLANTES.

Au chapitre des abris, page 30 et dans notre *Calendrier
du Jardinier*, nous avons déjà enseigné une grande partie
de ce qui est nécessaire à la conservation des plantes. Il
ne nous reste donc à décrire ici que quelques procédés
qui, ailleurs, ne se seraient pas trouvés à leur place.

De la Plantation.

En temps utile, ordinairement depuis que les arbres
sont défeuillés, en automne, jusqu'en mars ou avril, on
les plante dans des trous au moins larges et profonds
d'un mètre, et creusés à l'avance si cela a été possible.
On débarrasse l'arbre de la plus grande partie de ses
branches et l'on raccourcit considérablement les autres,
mais on laisse les racines intactes. Il faut surtout bien
se donner de garde de couper l'extrémité des radicelles
et du chevelu, comme font certains jardiniers routiniers,
et il en est de même pour toutes les plantes. Cependant,
dans un terrain peu profond, on peut couper le pivot de
la racine, si elle en a un très prononcé. On place l'arbre
dans son trou, on jette de la bonne terre, on secoue dou-
cement pour la faire glisser dans les interstices des racines, on achève de combler le trou, et on rafermit la
terre avec le pied, mais avec précaution. Il est de principe de ne jamais enterrer la greffe.

Les *plantes vivaces* se traitent de même, dans des trous
proportionnés au volume de leurs racines. Les plantes
annuelles se *repiquent*. On les lève de leurs semis et on
les met en place ou en pépinières jusqu'à ce qu'elles

marquent leurs fleurs; on repique de nouveau définitive--
ment celles que l'on veut conserver. Ces repiquages se
font pendant toute la belle saison, et ordinairement au
plantoir. Quelques plantes, d'une reprise difficile, ont
besoin d'être abritées pendant quelques jours ou même
privées d'air et de lumière sous une cloche.

Du *rempotage des plantes d'agrément.* Lorsqu'une plante
a resté longtemps dans un pot et que ses racines en ont
tapissé les parois, la terre est épuisée et il faut la renouveler. Pour cela on enlève la plante du pot ou de la
caisse, on coupe net le lit plus ou moins épais des racines
contournées autour des parois, et l'on diminue la motte
de terre d'uu cinquième au moins de son diamètre. On
met au fond du vase un lit de bonne terre neuve préparée; on pose la plante dessus et on remplit entre la
motte et les parois du vase avec la même terre que l'on
foule avec un morceau de bois. Le rempotage doit se
faire tous les deux ans pour les plantes ordinaires, tous
les ans pour celles qui poussent avec beaucoup de vigueur, et tous les trois ou quatre ans pour les arbrisseaux qui occupent de grandes caisses. Le rempotage
se fait ordinairement en automne, quelques jours avant
de rentrer les plantes dans la serre.

Taille et Tonte des Arbres d'ornement.

Elles ont pour but de donner aux arbres une forme
plus agréable, et de supprimer les branches malades,
maigres ou gourmandes. On opère avec la serpette, fig. 26,
sur les arbrisseaux, sur les grands arbres avec la serpe
ou le croissant, sur les rosiers et autres arbustes épineux,
avec le sécateur.

On supprime, outre les branches chiffonnes ou malades,
celles qui sont mal placées, et l'on entretient, tant que
l'on peut, l'égalité de la sève dans chaque branche. Il
faut, quand on a coupé une branche un peu forte, unir
parfaitement l'aire de la plaie, afin de faciliter sa cicatri-

sation. La *taille* se fait au printemps, la *tonte* depuis la fin de juin jusqu'à la fin d'août.

TAILLE DES ARBRES FRUITIERS.

Principes généraux : 1° la taille a pour objet de forcer un arbre à produire beaucoup de fruits, plus gros et de meilleure qualité; 2° de le soumettre à une forme plus agréable ou moins embarrassante. La coupe des rameaux se fait en biseau (voir la dernière pl. fig. 15) de manière à ce que l'aire de la coupe *a*, soit opposée au bouton *b*. Si on a une grosse branche à couper, il est nécessaire, après le coup de scie, d'unir la plaie avec un instrument tranchant, et de la recouvrir avec de la cire à greffer. La taille se fait au printemps, au moment où la sève commence à entrer en végétation.

2° La sève doit être répartie également dans toutes les parties de l'arbre, car si elle se porte plus abondamment sur une branche *gourmande*, c'est au détriment des autres, il faut donc l'enlever.

3° Les racines et les branches d'un arbre doivent être dans un constant équilibre, aussi ne doit-on jamais trop le dépouiller de ses branches, ni trop les raccourcir.

4° La sève tend toujours à monter *verticalement* des racines aux branches, d'où il résulte qu'elle abonde dans les branches verticales et droites au détriment de celles qui sont inclinées. De ce principe, on a déduit la pratique de l'*arcure*, pour arrêter une branche dans sa végétation et la forcer à produire des bourgeons à sa base. Par la même raison on redresse verticalement les branches maigres pour leur rendre de la vigueur.

5° Une branche taillée court produit des bourgeons plus longs et plus vigoureux qu'une autre taillée long, par l'unique raison que la même quantité de sève qui se serait portée sur plusieurs bourgeons ne se porte que sur un ou deux. On en a conclu que pour obtenir du bois vigoureux, il faut tailler court. Mais ce principe, mal com-

pris, a fait bien souvent dégarnir le bas des quenouilles et
espaliers. Si un jardinier maladroit taille court une branche
basse trop maigre, il donnera aux autres une puissance
de plus pour lui enlever le peu de sève qui lui restait.

6° La sève tend constamment à affluer à l'extrémité
des branches et à développer le bourgeon terminal avec
plus de vigueur que les yeux latéraux. Il faudra donc,
pour obtenir le prolongement d'une branche, tailler l'extrémité sur l'œil à bois le plus vigoureux.

7° Si l'on supprime une branche, la sève profite aux
branches et aux rameaux voisins. Ce principe est d'une
application facile.

8° Partout où il y a une grande affluence de sève, elle
produit beaucoup de bois et peu de fruits; les branches
où elle abonde peu, produisent beaucoup de fruits et peu
de bois. Si donc une branche s'emporte trop en bois, on
l'incline horizontalement ou on la courbe pour la remettre
à fruit.

9° Plus on entrave la sève dans sa circulation, plus elle
produit de lambourdes (rameaux à fruits) et de boutons
à fruits. C'est sur ce principe que l'on a établi la greffe,
l'incision annulaire et la taille elle-même.

10° Toutes les fois que par le pincement et l'ébourgeonnement on empêche la sève de produire du bois, elle
produit une grande quantité de rameaux et de boutons à
fruits. L'ébourgeonnement se fait après la première sève
et se continue une partie de l'année.

11° Plus un arbre produit de fruits, plus il s'épuise;
plus on le maintient à bois, plus on augmente sa vigueur.

12° Les boutons à fruits naissent, ou le long des branches ou à l'extrémité des rameaux, comme dans le cognassier; dans ce dernier cas, l'arbre ne peut être taillé régu-
lièrement.

13° Dans les arbres à pepins les boutons à fruits naissent ordinairement sur le vieux bois; dans ceux à noyaux,
ils naissent sur le bois d'une année.

14° Dans les arbres à pepins la sève peut produire des boutons à bois, des brindilles ou des lambourdes qu'il est indispensable de savoir reconnaître. Le *bouton à bois*, mince, allongé, menu, est appliqué contre son rameau, sans support ou pied particulier. Le *bouton à fruits* ou à *fleurs*, plus gros, plus arrondi, entouré d'écailles plus nombreuses, est porté sur un support particulier nommé *brindille* ou *lambourde*. La *brindille* est une petite branche à bois avortée, longue de deux à cinq pouces au plus. La *lambourde* est le support immédiat d'un, deux ou trois boutons à fruits; elle est très courte et ordinairement plissée ou ridée transversalement. Il lui faut deux ou trois ans pour se former.

15° Dans les arbres à noyaux, les boutons à fleurs naissent sur le bois de l'année et ne peuvent se changer en boutons à bois. On a prétendu que, dans le pêcher, un bouton à fleur ne produit pas de fruit s'il n'est accompagné d'un bouton à bois ou à feuilles, mais ceci a besoin d'être confirmé par de nouvelles observations.

16° Toute *branche à fruits*, dans le pêcher, lorsqu'elle a donné son fruit, n'en produit plus. On l'abat en la taillant sur deux ou trois de ses yeux inférieurs qui, en se développant, fourniront de nouvelles branches à fruits. C'est ce qu'on appelle le *remplacement.*

17° Dans le pêcher, le vieux bois ne fournit point de bourgeons, ou au moins très rarement; il est donc indispensable de ménager les rameaux de la base des branches-mères, sous peine de le voir se dégarnir.

18° Tout bourgeon développé hors du temps ordinaire de la sève, reste le plus souvent maigre et stérile; il doit donc être retranché.

19° Les branches autour desquelles l'air et la lumière ne peuvent librement circuler, s'étiolent et cessent de produire.

20° Les feuilles étant les organes de la respiration des végétaux, tout arbre qui en est partiellement dépouillé est altéré dans sa santé ; s'il l'est en totalité, il risque de périr.

DE LA FORMATION DES ARBRES FRUITIERS.

On appelle *former* un arbre, lui donner une forme diffé-rente de celle qui lui est naturelle. Nous allons décrire

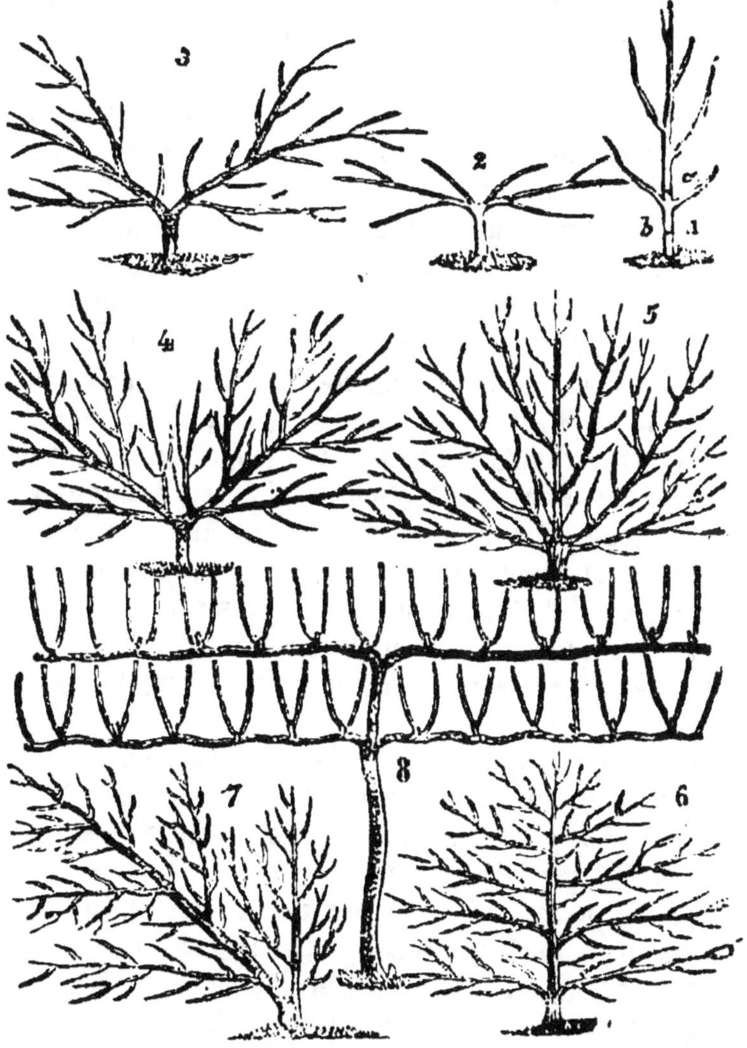

les formes trop nombreuses qui ont été employées dans la pratique.

Espalier à la Montreuil, fig. 4. Il consiste en deux

branches principales, ouvertes en V à peu près à l'angle de 90 degrés, garnies en dessus et en dessous de branches secondaires à fruits. Lorsque l'on plante un pêcher, la *première année*, fig. 1, on coupe la tige en *a*, à huit pouces de la greffe *b*. A mesure que les bourgeons se développent, on supprime ceux qui se développent devant et derrière la tige ; on ne laisse que ceux qui se développent sur le côté, et l'on palisse les deux plus vigoureux pour former les branches-mères. — La *seconde année*, fig. 2, on continue à former les deux branches-mères, et l'on cherche à se procurer la seconde branche inférieure, et, s'il y a lieu, une branche secondaire supérieure. — La *troisième année*, fig. 3, on allonge les deux branches principales, et l'on forme les deux branches supérieures secondaires. On commence l'ébourgeonnement, et l'on peut déjà conserver quelques branches à fruits. — La *quatrième année*, fig. 4, l'arbre est formé s'il a été bien conduit ; il aura deux branches secondaires supérieures, et deux inférieures ; il ne s'agit plus que d'obtenir chaque année leur prolongement, sans laisser leur base se dégarnir.

Espalier en éventail, fig. 5. Il se forme comme le précédent, mais il s'élève sur trois ou cinq branches principales. Il convient non-seulement aux pêchers, mais à toutes les autres espèces d'arbres fruitiers, à noyaux et à pépins.

Espalier en palmette, fig. 6. Il consiste en une seule branche principale, verticale, jetant sur les côtés des branches horizontales secondaires, garnies elles-mêmes de branches tertiaires à fruits.

Espalier oblique, fig. 7, peu usité. Il consiste en une branche principale inclinée, et garnie, au-dessous et au-dessus, de branches secondaires ; par ce moyen, les murs se trouvent beaucoup plus tôt garnis complètement.

Le *contre-espalier*, peu usité aujourd'hui, n'est qu'un espalier non adossé à un mur.

La *treille*, fig. 8, est un espalier de vigne, formé sur un,

deux, trois ou quatre cordons horizontaux. De dix pouces
en dix pouces, sur chaque cordon, on laisse pousser un
bourgeon, que l'on taille sur deux yeux l'année suivante,
pour former un courson, sur lequel on ne laissera, chaque
année, que deux pampres. L'essentiel est de ne pas laisser
les *coursons* s'allonger en chicots difformes; pour cela, on

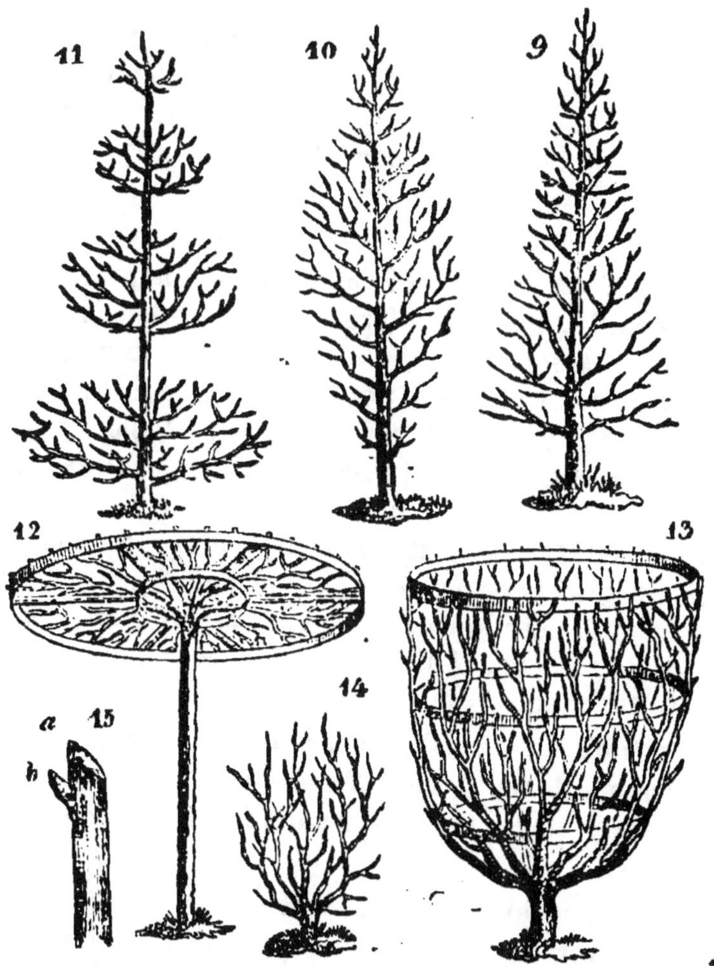

les racourcit près de la tige ou bras, toutes les fois que
deux bons yeux adventifs le permettent. A l'ébourgeonnement, on abat sans hésiter tous les bourgeons qui se
développeraient partout ailleurs que sur des coursons.

La *pyramide*, fig. 9, doit affecter la forme d'un cône cylindrique posé sur sa base ; elle se taille, à cela près comme la quenouille.

La *quenouille*, fig. 10, se taille sur une branche-mère verticale, autour de laquelle sont les branches secondaires, en spirale autant qu'on le peut ; elles ne doivent jamais se chevaucher ni se mêler les unes avec les autres, l'air et la lumière devant toujours circuler autour de chacune d'elles. L'essentiel est de ne jamais étêter une quenouille sur du vieux bois, et, plus encore, de la laisser se dégarnir par le bas ; son plus grand diamètre doit se trouver vers le milieu de sa hauteur, et c'est en cela seulement qu'elle diffère de la pyramide.

La *girandole*, fig. 11, se taille comme la pyramide ou la quenouille, à cette différence près, qu'on laisse des intervalles sans branches, afin de faciliter la circulation de l'air et de la lumière. Cette forme est peu usitée.

Le *parasol*, ou espalier horizontal, fig. 12, n'est pas plus en usage ; notre gravure suffit pour faire comprendre sa forme.

Le *gobelet*, fig. 13, est tout-à-fait passé de mode, à cause du grand espace qu'il occupe dans la plate-bande. Il se conduit absolument comme un espalier en éventail, dont on aurait courbé les deux ailes, de manière à les faire se toucher.

Le *buisson*, fig. 14, est un arbre nain, qu'on laisse pousser comme il veut, sans chercher à lui donner une forme déterminée, mais de manière à lui faire produire des fruits.

Le *plein-vent* et le *mi-vent* sont des arbres greffés, les premiers sur sauvageon ou sur franc, avec une tige unique et plus ou moins haute ; les *mi-vents* sur cognassier et sur doucin ; on ne taille les uns et les autres, que les deux ou trois premières années pour leur former une belle tête.

DEUXIÈME PARTIE.

LE POTAGER.

Pour gagner de la place et pouvoir compléter cet ouvrage, nous avons employé les abréviatifs d'usage. Ainsi, ⊙, signifiera, annuel; ♂, bisannuel; ♃, vivace; ♄, ligneux Les autres abréviations sont faciles à comprendre, savoir : *Fr. mérid.*, France méridionale; *mult.*, multiplication, etc.

ABSINTHE (GRANDE), (*Artemisia absinthium*) ♃. indigène ; aromatique. Mult. de graines ou d'éclats ; tout terrain ; bonne exposition. — PETITE ABSINTHE (*A. Pontica*) même culture.

AIL (*Allium sativum*) . ♃ Fr. mérid. Multiplication de caïeux plantés en février ou mars, en planches ou en bordures. En juin, on noue les tiges pour faire porter la sève sur les bulbes ; on les arrache après la dessiccation des feuilles. Toute terre légère, mieux chaude et substantielle. — AIL D'ESPAGNE, ROCAMBOLE (*A. Scorodoprasum*). plus fort que le précédent. Même culture et mult. de bulbilles.

ALLELUIA, SURELLE, PETITE OSEILLE (*Oxalis acetosella*) ♃. Fr. Multiplication d'éclats ou de semis au printemps. Exposition fraîche ; terre légère, amendée avec du terreau de feuilles.

AMBROISIE (*Chenopodium ambrosoïdes*). ⊙. aromatique. Du Mexique. Semis au printemps ; repiquer en place, à exposition chaude.

ANGÉLIQUE (*Angelica archangelica*), ♂. des Alpes; aromatique. Semis en mars ou en septembre ; peu recouvrir les graines. Pleine terre meuble et terreautée ; couverture de terreau l'hiver, lorsque les tiges sont sèches.

ANIS, BOUCAGE (*Pimpinella anisum*) ♂ d'orient; aromatique. Semis en planches ou bordures, en mars ou avril ; arrosements l'été. Terre légère et chaude, très meuble. Maturité des graines en août.

ARROCHE, **belle-dame** (*Atriplex hortensis*) ⊙. Premier semis en mars, et continué tous les quinze jours. Terre légère et un peu humide. Variétés blonde et rouge.

ARTICHAUT (*Cynara scolymus*) ♃ de Barbarie. Vers le mois d'avril, on déterre un peu les pieds d'artichaut pour en détacher les œilletons destinés à la plantation. Pour que la reprise soit certaine, on fait choix de ceux qui sont déjà enracinés, et qui ont au collet un bourrelet nommé *noix*. On les plante par un temps humide, à peu de profondeur, et à trois pieds de distance les uns des autres. On les arrose ; on les défend des rayons du soleil ; on bine et l'on sarcle. Pendant l'hiver, on les butte et on les couvre de litière, afin de les dérober aux plus petites gelées. Il faut également les garantir de l'humidité, qui les fait très facilement pourrir ; on lève la litière pour donner de l'air et de la lumière quand le temps est doux, et on les recouvre le soir. Au printemps, on les découvre entièrement, mais peu à peu ; on les abrite quelque temps des rayons du soleil, et on les œilletonne en ne laissant à chaque pied que deux ou trois des plus beaux œilletons. On donne ensuite un bon labour, et tout se borne là. Les artichauts demandent une terre profonde, douce, substantielle, dans laquelle ils se soutiennent trois ans, après quoi il faut les renouveler. On a le soin de couper les tiges quand les fruits sont cueillis. Les variétés les plus estimées sont : le gros vert de Laon, — le violet, — le vert, — le gros camus de Bretagne, — le rouge, — le blanc.

ASPERGE (*Asparagus officinalis*) ♃ Indigène. Mult. de graines semées sur place ou en pépinière, ou par la plantation des racines, nommées *pattes*. Les asperges aiment les terres profondes, substantielles, sablonneuses, ou au moins très légères. En mars ou en avril, dans les terres humides, en octobre ou novembre, dans celles qui sont chaudes et légères, on donne un bon labour et on sème à la volée, et l'on recouvre d'un peu de terreau. Au bout de cinq semaines, on éclaircit le plant s'il est trop épais, et l'on continue de donner pendant deux ans les soins ordinaires aux semis en pépinière, avec la précaution de couper toutes les tiges à l'automne, et de recouvrir d'une légère couche de terreau. On se procure ainsi de bonnes *pattes* pour être replantées en place.

Le semis en place se fait aux mêmes époques. On creuse des fosses parallèles, de deux pieds de profondeur, quatre de largeur, et à trois pieds les unes des autres. On dépose au fond un lit d'un pied de terre bien fumée, recouvert de quelques pouces de terreau mélangé à de la terre meuble. On sème ensuite trois ou quatre graines ensemble, à dix-huit pouces de distance et en échiquier, et on les recouvre d'un pouce de bon terreau. On éclaircit quand le plant est levé, en ne laissant que le plus beau plant à chaque place ; puis, quand vient l'hiver, on recharge d'une nouvelle couche de terreau. L'année suivante mêmes soins, et à l'hiver on charge de quatre pouces de terre mélangée à du bon fumier. La quatrième année, le plant sera en plein rapport, et pourra durer quinze ans s'il est bien fumé et bien entretenu.

La plantation par pattees ou griffes, se fait au printemps à Paris, et en automne au midi, dans les mêmes principes que le précédent, c'est-à-dire qu'on plante dans les fosses au lieu de semer. On choisit des griffes fraichement arrachées, longues, blanches, déliées, sans fractures ni altération, et on les plante avec le soin de placer le bourgeon central sur une petite élévation de terreau. Comme chaque griffe ne dure que trois ans, et se trouve remplacée par une autre qui se développe immédiatement en dessus, il faut, chaque année, charger d'une nouvelle couche de terre. Les graines d'asperges ne sont bonnes que pendant deux ans ; passé ce temps, elles ne lèvent plus.

BASELLE, ÉPINARD DE MALABAR (*Basella*), ♂ deux variétés, la *rouge* et la *blanche*. Semis au printemps, sur couche chaude et terre mélangée de moitié terreau. En mai, repiquer en place ; arrosements fréquents. La faire grimper contre un treillage, au midi.

BASILIC (*Ocymum basilicum*), ⊙ aromatique ; de la Perse. Semis sur couche en février et mars ; repiquer à exposition chaude mais ombragée, en terre terreautée. Arrosements soutenus. Variétés : à feuilles de laitues ; — à feuilles d'ortie, — à grandes feuilles vertes, — à petites feuilles vertes, — à grandes feuilles violettes, — à petites feuilles violettes. Les graines murissent en août et septembre, et se conservent deux ans.

BETTERAVE (*Beta vulgaris*) ♂ de l'Europe mérid. Terre chaude, profonde, bien fumée ; deux labours à un pied de profondeur. Fin de mars ou commencement d'avril, un mois plus tard dans les terres froides, semer à la volée ou en rayons ; éclaircir le plant, de manière à l'espacer de 15 à 18 pouces ; sarcler et biner. On récolte au plus tôt en octobre. On replante au printemps les plus belles pour obtenir des graines qui mûrissent en septembre, et qui se conservent cinq ou six ans. Les meilleures variétés sont : la jaune, la grosse rouge, la ronde, la ronde précoce, la ronde de Castelnaudary ; la rouge de Castelnaudary ; la ronde de Bassano.

CAPUCINE GRANDE (*Tropæolum majus*), ⊙ du Pérou. Semis en avril ; terre légère, franche, substantielle. Toute exposition ; contre un treillage, ou la ramer ; ses graines sont bonnes deux à trois ans. Variétés naine à fleurs brunes, ou d'Alger. **CAPUCINE TUBÉREUSE** (*T. tuberosum*), ♃ mult. de tubercules plantés en avril, ou par boutures ; butter plusieurs fois pendant la végétation ; arracher les tubercules avant les gelées, et conserver dans du sable sec ceux qu'on veut replanter au printemps. Les autres se confisent au vinaigre.

CARDON (*Cynara cardunculus*), ♃ de Barbarie. Dans des terres de 18 pouces de profondeur, à trois pieds de distance, on place un mélange de bonne terre et de fu-

repique en place au commencement d'avril, en terre ordinaire ; le second mode est le plus employé. On sème à la volée ou en rayons. On éclaircit le plant et l'on repique en place s'il est assez fort. Pour le recevoir, on prépare une planche creusée à six pouces de profondeur, puis bêchée et fumée ; les céleris s'y plantent en rangs et en quinconce, à 8 à 10 pouces de distance. On arrose de suite et l'on continue pendant quelque temps à entretenir l'humidité ; on bine et l'on sarcle avec soin. Lorsque le plant fournit, on l'arrache, on le lie, puis on l'enterre, soit dans du terreau, soit dans la terre, pour le faire blanchir. On prend soin de laisser le bout de ses feuilles hors de terre ; on le couvre de litière si l'on veut qu'il blanchissent très vite et, en cet état, il ne se conserve guère plus d'un mois.

Si on l'a semé sur couche chaude, sous chassis ou cloche, on le repique sur une nouvelle couche, et en avril on le replante en pleine terre.

Le céleri de l'arrière-saison se butte dans les fortes gelées, si mieux on aime le conserver en serre, en l'enterrant dans du sable. Les porte-graines se laissent en terre, où on les butte et couvre de paille pendant les fortes gelées ; on les découvre en mars, et en septembre on recueille les graines qui sont d'autant meilleures qu'elles sont plus nouvelles ; elles se conservent trois ou quatre ans.

Les variétés de céleri sont : à couper, — turc, — plein blanc, — plein rose, — violet, — nain frisé, — céleri rave.

Ce dernier offre deux variétés, le blanc et le rouge. On le sème en février, sur couche, pour repiquer en place, ou en pleine terre en avril. On le cultive de même, mais il a besoin de beaucoup plus d'arrosements, et l'on arrache à mesure qu'elles poussent, toutes les feuilles du tour de la plante, pour ne laisser que celles du cœur. Il n'a besoin de n'être ni lié ni butté ; on l'arrache au commencement de l'hiver, et on les conserve en jauge ou dans la serre aux légumes.

CERFEUIL (*Scandix cerefolium*) ⊙ indigène. De mars en mai, ou en automne, semis à exposition chaude, au pied d'un mur. En été, à exposition ombragée. Tout terrain. La graine nouvelle est la meilleure, elle dure deux ou trois ans. On cultive de même sa variété frisée. Le CERFEUIL MUSQUÉ (*Myrrhis odorata*), d'Espagne, se cultive de même, mais sa saveur ne plaît pas à tout le monde. Ses graines ne se conservent qu'un an.

CHENILLETTE (*Scorpiurus vermiculata*). — LIMAÇON (*Medicago turbinata*). — VERS (*Astragalus hamosus*). Ces trois petites légumineuses annuelles se cultivent pour fourniture de salade, à cause de leurs graines, qui ressemblent à une chenille, à un limaçon et à un ver. Semis en avril et mai.

CHERVIS ou GIROLLE (*Sium sisarum*) ♃ indigène; tuberculeuse. Terre franche, bien meuble; semis en mars ou septembre; arrosements fréquents. Les tubercules, d'une saveur sucrée, se récoltent en novembre et pendant tout l'hiver. Recueillir la graine sur un pied de deux ans; elle se conserve 2 ou 3 ans.

CHICORÉE ENDIVE (*Cichorium endivia*). ⊙. De l'Inde. Semis sur couche, sous châssis ou cloche, de janvier en mars. Repiquer le plant de janvier, quand il a quatre feuilles, sur une nouvelle couche, et repiquer en place le semis de mars. Semer en pleine terre ameublie convenablement et bien paillée depuis la mi-mars et pendant toute la belle saison. Replanter en quinconce, à 10 ou 12 pouces. Sarcler et arroser. Quand la chicorée est assez avancée, on la lie par un temps sec; un peu plus tard on met un nouveau lien au dessus du premier. En arrosant, on se donne de garde de mouiller les feuilles, et elle ne tarde pas blanchir. Les premiers semis peuvent se faire dès septembre, sous cloche, mais sur couche froide, et à partir de cette époque jusqu'en juin, on sème la chicorée frisée ou d'Italie. On repique sous cloche dans le commencement d'octobre, et, dans les premiers jours de novembre, on met en pleine terre, mais sous châssis. L'on donne de l'air toutes les fois que le temps le permet, et l'on abrite de la gelée au moyen de paillassons. La graine se recueille en septembre et se conserve six ou sept ans. La vieille est meilleure que la nouvelle, parce qu'elle monte moins vite,

Les variétés sont : la frisée de Meaux, que l'on sème en juillet, en pleine terre ombragée. — Grande endive, — fine d'Italie ou d'été ; — toujours blanche, qui, semée à la volée et coupée jeune, remplace avantageusement les épinards pendant l'été. — Fine de Rouen ou corne de cerf ; — scarole ; — grande scarole ou scarole de Hollande ! — scarole ronde, — scarole blonde ; — célestine ou chicorée courte.

CHICORÉE **sauvage** (*Cichorium intybus*). ♃. On la sème sur couche en janvier ; en terre légère, au commencement de mai, et en terre plus forte le reste de l'année. Les semis se font en bordure, en rayons, ou à la volée. Arrosements légers et sarclage. Les graines se recueillent en septembre et se conservent 5 à 6 ans.

Pour la faire blanchir, on l'arrache et on en fait des bottes que l'on place dans une cave, les racines enfoncées dans du sable, ou, plus simplement, on laisse les bottes sur le terrain, et on les couvre d'une bonne épaisseur de litière. Blanchie, elle se nomme *barbe de capucin*. Variétés : — chicorée commune ; — panachée ; — à café.

CHOU (*Brassica oleracea*) ♂. Les choux aiment une terre franche, un peu fraîche, et surtout bien fumée. Les semis se font en terre légère et meuble à toutes les époques. Dans les chaleurs il faut semer à l'ombre, et, dans tous les cas, on donne de légers arrosements, surtout après le repiquage, qui doit toujours se faire par un temps pluvieux ou sombre. En repiquant, il faut éviter de presser la terre avec le plantoir, de froisser les racines, et de trop sortir le collet de terre. On défend le jeune plant des tiquets et autres insectes en le saupoudrant de cendre. Les porte-graines sont choisis parmi les pieds les plus robustes et surtout les plus francs, qu'on laisse passer l'hiver en pleine terre, en les abritant du froid. Au printemps, ils montent en tige, et l'on récolte les graines, qui se conservent bonnes pendant sept à huit ans. On doit isoler les porte-graines les uns des autres, afin que leurs poussières fécondantes ne puissent se mêler, et que les races restent pures. Les choux se divisent en cinq races, qui sont : — les *choux cabus*,— les *choux de Milan*, — les *choux verts*, — les *choux-raves*, — les *choux-fleurs* et *brocolis*.

1º Les CHOUX-CABUS ou *pommés*. Fin d'août et commencement de septembre, semer toutes les variétés hâtives. Les repiquer en octobre contre un mur au midi. Au commencement de décembre, les planter en place, ou attendre pour cela février ou mars, si le sol est froid et humide. Abriter des grands froids avec de la litière. On peut aussi semer en mars, sur plate-bande bien terreautée, à exposition abritée et chaude. Du 15 mars au 1er avril, en terre ordinaire bien fumée; de la mi-août à la mi-septembre, avec repiquage en place au bout de trois semaines. Les grosses espèces peuvent passer l'hiver en pépinière. Variétés avec leurs sous-variétés : choux d'York. *Cabage, superfin hâtif. — Nain hâtif. — Gros d'York.* — Choux hâtifs en pain de sucre : *cœur de bœuf, petit, moyen, gros.* — Choux pommés ou gros cabus blancs : *Trapu de Brunswick.* — *Gros pommé de Hollande. — Gros d'Ecosse.* — Gros d'Allemagne à côtes violettes. — *Gros tardif d'Allemagne.* — *Gros d'Alsace, chou quintal. — Cabus d'Alsace. — De Saint-Denis. — Blanc de Bonneuil. — Pommé rouge. — Rouge d'Allemagne. — Noirâtre d'Utrecht.— Vert glacé d'Amérique. — De Poméranie.*

2º CHOUX DE MILAN. — On les sème depuis la fin de février jusqu'en juin, en commençant par celui *des Vertus,* ou bien d'août en septembre, comme les précédents. Ils ne craignent nullement le froid, surtout avant de pommer. Variétés : — *Milan hâtif.* — *Très hâtif d'Ulm.* — *Ordinaire.* — *Pied court, nain, ou trapu.* — *A tête longue.* — *Doré* ou *de Savoie.* — *D'automne, gros chou frisé,* ou *de Saint Denis.* — *Des Vertus.* — *Gros pommé frisé d'Allemagne.* — *Pancalier de Touraine.* — *Pancalier blond.* — *Chou rosette; de Bruxelles à jets.* Ce dernier se sème en mai, et se repique un mois plus tard.

3o **Choux verts**, non pommés. Semis en mars et avril, et repiquer en place en mai ; ou semis en juillet et août, et repiquage de septembre en novembre, surtout pour les variétés chou palmier, et de Naples, qui sont un peu sensibles au froid. Semis en mai et juin, et repiquer en juillet et août les variétés à larges côtes. Variétés : *Chou cavalier.* — *Caulet de Flandre.* — *Moellier.* — *Branchu du Poitou* ou *mille-têtes.* — *Vivace de Daubenton.* — *Vert à larges côtes.* — *Blond à grosses côtes.* — *Frangé à grosses côtes.* — *De Naples.* — *Palmier.* — *Panaché.* — *Frisé rouge.* — *Frisé vert du Nord.*

4o **Choux-raves.** Semis depuis la fin de février jusqu'en juin, en plate-bande terreautée, et repiquage en place; arrosements fréquents. Les variétés sont : le *blanc,* ou de *Siam ;* le *violet,* et le *nain hâtif.*

Le *chou-navet,* qui est en une variété, se sème en place en mai et juin, en rayons ou à la volée, et l'on éclaircit de manière à ce que les pieds soient espacés de 18 pouces. Les sous-variétés sont : La *rutabaga* ou *navet de Suède,* dont on peut prolonger les semis jusqu'au 15 juillet. Le *chou-navet ordinaire ;* le *hâtif;* le *turneps* ou *de Laponie,* et celui à *collet rouge.*

5o **Choux-fleurs** (*Brassica botrytis*). Il y en a deux variétés principales : le *chou-fleur* et le *brocoli.*

Le *chou-fleur* est plus hâtif, plus petit, et d'un blanc jaunâtre. Terre légère, bien fumée; arrosements fréquents; semis en septembre, en plate-bande bien terreautée, ou sur vieille couche ; repiquage en octobre, sur ados à exposition chaude, sous cloches ou panneaux. Quand il gèle, couverture de litière, et donner de l'air toutes les fois que le temps le permet ; mettre en place à la mi-mars, et ils produisent depuis la fin de mai jusqu'en juillet. On peut encore semer du 10 au 30 juin, en plate-bande terreautée, avec repiquage en juillet. Arrosements soutenus. Récolter d'août en novembre. Variétés : *Tendre* ou *hâtif.* — *Demi-dur.* — *Dur d'Angleterre.* — *Dur de Hollande.*

Les *brocolis* se sèment en mai et juin, excepté le *nain hâtif*, qui se sème en juillet. Même culture, mais les enterrer et butter l'hiver, en laissant leur tête à l'air et la couvrant de litière pendant les gelées, Variétés : — *Blanc.* — *Jaune.* — *Rouge.* — *Violet nain hâtif.* — *Violet pommé.* — *Vert pommé.*

CHOU MARIN, CRAMBÉ MARITIME (*Crambe maritima*). ♃. Indigène. Terre sablonneuse, bien fumée. Semis en mars, en pleine terre, de graines recueillies en août, et qui ne lèvent plus quand elles ont plus d'un an. Plus ordinairement, on la multiplie par œilletons ou tronçons de racines, en février, qu'on met reprendre dans des petits pots, sur couche tiède. On replante en pleine-terre, en lignes, à deux pieds de distance. On préserve des tiquets en jetant de la cendre sur les feuilles. Au mois d'octobre on enlève les feuilles sèches, et l'on charge de deux pouces de terreau, que l'on recouvre d'une bonne couche de fumier consommé. On continue de même la seconde année, et ce n'est qu'à la troisième que l'on butte pour faire blanchir les feuilles et les jeunes tiges qui se mangent à la manière des choux-fleurs. On les couvre d'une épaisse couche de terreau ou de terre légère, et de litière par dessus. Quelquefois on se borne, quand on en veut récolter peu à la fois, à recouvrir les œilletons à blanchir avec un pot de fleur renversé. L'essentiel, en les coupant, est de ménager les yeux du collet de la plante, qui, sans cela, ne repousserait plus. Une planche ainsi dirigée peut durer dix ans.

CIBOULE (*Allium fissile*). ☉. Semis en février et mars; repiquer en avril et mai, en terre légère, substantielle et terreautée. Sarcler, arroser. Pour en avoir l'hiver, en arracher en novembre, les mettre en jauge, recouvrir de litière. — La CIBOULE VIVACE se multiplie par éclat de touffes, au printemps et en automne. On les plante à 7 ou 8 pouces de distance. Arrosements modérés dans les chaleurs.

CIBOULETTE, CIVETTE (*Allium schœnoprasum*). ♃. Sibérie. En février ou mars, multiplication de caïeux; planter en bordure, à 6 ou 8 pouces de distance. Terre douce, substantielle. En hiver, la couper rez-de-terre et recouvrir de terreau.

CLAYTONE (*Claytonia perfoliata*). ☉. Sert à remplacer les épinards en été. Semis au printemps, à exposition chaude.

CONCOMBRE (*Cucumis sativus*). ☉. Afrique. Il se cultive et taille absolument comme le melon; *voy.* ce mot. — Cependant, si l'on ne tient à recueillir que des cornichons, on peut semer en pleine terre, à exposition chaude, de la mi-avril à la mi-mai, dans des trous remplis de fumier recouvert de 8 pouces de bon terreau. On arrose, et quand les tiges sont assez longues, on les pince sur cinq ou six yeux. Variétés : *Blanc hâtif. — Hâtif de Hollande. — Blanc long. — Blanc de Bonneuil. — Jaune long. — Vert long. — Petit vert. — Noir. — A bouquet* ou *mignon de Russie. — Arada. — Serpent* ou *Luffa.*

CORIANDRE CULTIVÉE (*Coriandrum sativum*). ☉. Terre légère et chaude; semis en mars; récolte de graines en août et septembre. Elles se conservent deux ans.

COURGE, POTIRON, CITROUILLE (*Cucurbita pepo*). ☉. De l'Inde. Semis sur couche chaude et sous cloche, en mars; repiquer sur une nouvelle couche en avril, et replanter en pleine terre en mai, pour les traiter comme nous allons le dire pour le semis suivant. Au commencement d'avril, à bonne exposition, on fait un trou que l'on remplit de fumier consommé ; on y dépose trois à quatre graines que l'on recouvre de 3 pouces de terreau ; on arrose, et quand le plant est levé on ne laisse que le plus robuste. On taille comme le melon, et, pour obtenir des fruits énormes, on n'en laisse que deux ou trois au plus sur chaque pied. Variétés comestibles : *Potiron jaune.* — *Vert.* — *Blanc.* — *Noir.* — *Verruqueux.* — *D'Espagne* ou *Mélopepon.* — *Giraumon turban.* — *Id. noir.* — *Id. long de Barbarie.* — *Courge à la moelle.* — *Melonnée* ou *musquée.* — *Bonnet d'électeur.* — *Artichaut de Jérusalem.* — *Sucrière du Brésil.* — Variétés d'agrément ou coloquinte : *Orange, poire, melopepon tuberculeux.* — Autres variétés ou gourdes, à fleurs blanches : *Cougourde* ou *bouteille.* — *Gourde.* — *Poire à poudre.* — *Calebasse.* Ces deux dernières divisions doivent se ramer.

CRESSON DE FONTAINE (*Sisymbrium nasturtium*) ♃. Indigène. Aujourd'hui, dans les environs de Paris, on le cultive en grand dans des cressonnières submergeables à volonté. Elles consistent en fosses plus ou moins longues et larges, dont le fond uni est entretenu très humide. On y sème le cresson par pincées, et lorsque ses racines couvrent entièrement le sol, on étend dessus une légère couche de fumier de vache bien consommé, et l'on appuie légèrement dessus avec une planche. On fait couler dans la fosse dix à douze centimètres d'eau, et l'on ne tarde pas à faire des coupes qui se succèdent tous les quinze jours. Après chaque coupe on remet un nouveau lit de fumier de vache, et au bout d'un an on la détruit entièrement pour la semer de nouveau. On conçoit qu'il faut que les fosses laissent écouler leur eau à volonté.

On peut aussi en cultiver dans les cours d'eau, et dans ce cas il vaut mieux le planter que le semer. On en récolte ainsi jusqu'aux gelées, si on a soin de ne pas le laisser monter en graine.

Cresson de terre (*Erysimum barbarea*) ♃. Semis au printemps, en rayons, en terre humide et franche, ou marécageuse. Même culture pour le **Cresson des prés** (*Cardamine pratensis*) ♃. Indigène.

Cresson alénois, passerage (*Lepidium sativum*) ⊙ de la Perse. Semis au printemps, sur couche, tous les quinze jours. Variétés : *doré*, — *frisé*, — *à larges feuilles*, — *ordinaire*.

Les **Cresson de Para, abécédaire** (*Spilanthus oleracea*), et **Cresson du Brésil** (*Spilanthus Brasiliana*). ⊙ Se sèment sur couche en février et mars, pour être repiqués, en place ou en pleine terre au commencement de mai. Recouvrir peu les graines ; arrosements légers et fréquents.

DENT DE LION, Pissenlit (*Leontodon taraxacum*). ♃ Indigène. Semis en bordure ou en planche, un peu dru, au printemps, en terre fraîche et franche. En janvier ou février, recouvrir de 4 pouces de vieux terreau ou de terre légère, pour le faire blanchir. Les graines se récoltent à mesure qu'elles mûrissent.

ÉCHALOTE (*Allium ascalonicum*) ♃. Terre légère ou sablonneuse, substantielle et chaude. Multipl. par caïeux, en février et mars, très peu enfoncés dans la terre. En les récoltant, en juillet ou août, on les laisse sécher sur le terrain deux ou trois jours.

ÉPINARD (*Spinacia oleracea*) ⊙ d'Asie. Terre légère, un peu fraîche, fumée. De mars en octobre, semis à la volée ou en rayons. Arrosements abondants et ombre pendant l'été, pour empêcher de monter. La graine est bonne deux ou trois ans.

ESTRAGON (*Artemisia dracunculus*). ♃ Terre meuble, légère et franche. Au printemps, multiplication de boutures ou d'éclats des pieds. Couverture l'hiver.

FENOUIL (*Anethum fœniculum*) ♃. Indigène, très aromatique. Terre légère, chaude; semis en mars; quelques arrosements. Elle se resème seule. **Fenouil doux, Anis**

de Paris. Cette variété, dont les racines se mangent, se cultive et se blanchit comme le céleri.

FÈVE DE MARAIS (*Vicia faba*) ⊙. Semis en février, mars ou avril, à la volée, en planche, en touffes ou en rayons, en terre substantielle bien fumée. Deuxième semis en mai, juin et juillet, en terre fraîche et ombragée. Troisième semis en décembre et janvier, à exposition chaude, avec couverture l'hiver et buttage des pieds. On en obtient ainsi toute l'année. On sarcle, bine, et quand elles sont fleuries on pince le bout des tiges. Variétés : fève *de marais* ; — *picarde* ; — *de Windsor* ; — *à longue cosse* ; — *verte*, — *naine hâtive* ; — d'*Héligoland* ; — *à fleurs rouges*.

FRAISIER (*Fragaria vesca*) ♃. Indigène. Multiplication par semis, par éclats et par les *coulants* ou filets enracinés. Pour obtenir des graines, on écrase dans de l'eau des fraises bien mûres : les graines tombent au fond du vase. Alors on décante, on les fait sécher, et l'on sème en mars à exposition ombragée. On couvre très peu les graines avec un mélange de terre et de terreau, et l'on bassine de manière à ne pas battre la terre. On peut encore semer en terrine, sur un mélange de moitié terreau et moitié terre de bruyère. Quand le plant a quatre ou cinq feuilles, on le repique en pépinière sur vieux terreau, pour lui faire produire de nombreuses racines, et, au commencement de juillet, on le met en place, à distance de 6 à 15 pouces, suivant la grandeur des feuilles de la variéte. Des binages, des arrosements, et surtout enlever les *coulants*. Lors des froids, couvrir la planche d'un doigt de vieux fumier très consommé que l'on enterre au printemps en binant. Garantir des limaces. Une planche bien conduite peut produire beaucoup pendant deux ans ; passé cette époque la récolte dégénère en qualité et en quantité, et l'on doit replanter après avoir donné un bon labour et amendé avec du fumier très consommé ; le fumier neuf fait périr le plant.

La multiplication par *éclats* et par *coulants* se fait en juillet, et les fraisiers se traitent comme ceux provenu* de graines. Variétés : *fraisier des bois ;* — *des Alpes* ou *quatre saisons ;* — id. *à fruits blancs ;* — *gaillon sans filets:* — *capron ;* — *écarlate* ou *de Virginie ;* — *grimston ;* — *du Chili ;* — *superbe de Wilmot ;* — *Keen's seedling ;* — *Downton ;* — *Myatt ;* — *Elton,* etc., etc.

GESSE CULTIVÉE, LENTILLE D'ESPAGNE (*latyrus sativus*) ⊙. Semis en mars et avril, et même culture que les pois.

HARICOT (*Phaseolus vulgaris*). ⊙ Inde. On possède un très grand nombre de variétés de haricots ; nous n'indiquerons que les meilleures, celles cultivées dans les jardins.

1° **HARICOTS A RAMES,** de Soissons ; sabre, prédome sans parchemin ; friolet sans parchemin ; sophie ; riz : hâtif ; prague rouge ; prague bicolore ; à la reine; du cap ; cardinal ; panaché ; ventre de biche.

2° **HARICOTS NAINS SANS RAMES.** Hâtif de Hollande ; *id.* d'Argenson ; *id.* de Laon ou flageolet ; nain de Soissons; sabre nain ; blanc d'Amérique ; suisse blanc ; *id.* gris ou de Bagnolet ; *id.* rouge ; noir ou nègre ; *id.* hâtif de Belgique ; de la Chine : jaune sans parchemin ; rouge sans parchemin ; mohawk ; d'Orléans ; du cap.

Terre fertile, légère, très meuble, chaude. Semis du 15 au 30 mai, pour récolter en sec ; de mai en juillet pour cueillir en vert. On sème en touffe on en rayon ; on recouvre d'un 1/2 pouce de terre. On donne deux binages et on butte les pieds au second, en même temps on rame les variétés grimpantes. Les graines dans leurs cosses se conservent plusieurs années.

LAITUE (*Lactuca sativa*) ⊙ d'Asie. Il y en a un grand nombre de variétés.

1° *Laitues pommées de printemps.* Semis en février et mars, sur couche ou en plate-bande à exposition chaude et très sèche. Repiquer en avril, en terre douce et bien fumée, à 7 ou 8 pouces de distance. — La gotte; *id.* petite noire; lente à monter; georges; dauphine; jaune à bords rouges; chicorée épinard. On peut aussi les semer en août et septembre, sur couches mortes, en recouvrant de panneaux quand il gèle, et donnant beaucoup d'air.

2° Laitues pommées d'été. Semer comme les précédentes, dès les premiers jours d'avril et successivement tous les quinze jours, jusqu'en juillet. Beaucoup d'arrosements. — de Versailles; cocasse; blonde de Berlin; blonde à graines noires; *id.* trapue; blonde paresseuse; Batavia blonde; de Malte; turque; impériale; de Gênes; méterelle; grosse crêpe; crêpe ronde; Perpignan; d'Italie; sanguine ou flagellée.

3° Laitues pommées d'hiver. Semer d'août au 15 septembre; repiquer à la fin d'octobre, en plate-bande à exposition très chaude; abriter du froid et de la neige au moyen de litière et de paillassons. — Coquille à graines blanches; *id.* à graines noires; passion; passion mouchetée; morine; petite crêpe; petite noire; de Groslay.

4° Laitues romaines ou chicons. Semer et cultiver comme les précédentes, mais, pour les faire blanchir, les lier avec deux liens de paille.— Verte hâtive; *id.* maraichère; grosse romaine grise; romaine blonde maraichère; rouge d'hiver; panachée; de Silésie ou sanguine; panachée d'Angleterre; alphange; *id.* blonde; verte d'hiver; à feuiles de chênes; monstrueuse; blonde de Brunoy.

Toutes les laitues aiment une terre franche légère, meuble, bien fumée avec des engrais consommés. Ménager beaucoup les racines au repiquage, et ne pas presser la terre autour du pied, ni enterrer le cœur; arrosements et sarclages fréquents. Choisir les porte-graines parmi les individus les plus francs, et surtout les plus vigoureux; les graines mûrissent en août et septembre et se conservent trois ou quatre ans.

LENTILLE (*Ervum lens*). ⊙ Fr. mérid. On ne cultive

dans les jardins que la lentille à la reine ou rouge. Terre légère, sèche et sablonneuse; semis en touffes ou en rayons, en mars et en avril.

MACHE ou DOUCETTE (*Valerianella olitoria*). ⊙ Indigène. Deux variétés. — *Mâche ronde;* — *mâche d'Italie ou régence.* Terre douce, légère, bien fumée. Depuis la mi-août jusqu'à la fin d'octobre, semis à la volée et très peu recouvrir la graine. Les vieilles graines lèvent plus facilement que les nouvelles; elles se recueillent en juin et se conservent 7 à 8 ans.

MELON (*Cucumis melo*) ⊙. D'Asie. Il y en a un grand nombre de variétés, que nous allons mentionner.

1° MELONS BRODÉS. Maraicher, de qualité médiocre; — sucrin de Tours, assez bon; — *id.* à chair blanche, petit et bon; — des carmes, très petit et bon; — de Honfleur, très gros et assez bon; — de Coulommiers, très gros et bon; — de Minorque, moyen et bon.

2° MELONS CANTALOUPS. Orange, petit et bon, très hâtif; — fin hâtif, très petit et bon; — brulot hâtif, petit et bon; — noir des Carmes, petit et très bon; — petit prescott ou hâtif, petit, excellent; — gros prescott, moyen, très bon; — boule de Siam, moyen, médiocre; —Mogol, moyen, médiocre; — gros noir de Hollande, très gros et bon; — noir galeux, moyen et bon; — doré, gros et assez bon; — argenté, moyen et bon; — d'Anjou, moyen et bon.

3° MELONS VERTS OU A ÉCORCE LISSE. De Malte à chair rouge, bon, très hâtif; *id.* à chair blanche, bon, un peu moins hâtif; — muscade des États-Unis, assez bon; — de Malte d'hiver ou de Candie, bon, se conservant l'hiver sur de la paille en lieu sec; — de Chypre, petit, excellent, le meilleur de tous; — de Perse ou d'Odessa, assez bon, se conservant l'hiver.

Au-dessous du 45° degré de latitude, le melon se cultive en pleine-terre. En mars et avril, en terrain sec et chaud, on creuse de petites fosses u'on remplit d'un mélange de bonne terre et de fumier consommé, on y sème 4 à 5 graines, et quand elles sont levées on ne laisse que deux plants. A Honfleur, les fosses ont 75 c. de largeur sur 60 de profondeur; on les remplit de fumier chaud que l'on recouvre de 25 c. de bonne terre légère sur laquelle on sème.

Partout ailleurs le melon se cultive comme à Paris. En mars, on sème sur de bonnes couches, recouvertes de 9 pouces de moitié bonne terre et moitié terreau. On arrose et l'on couvre avec des cloches ou des châssis. Quand le plant est levé, on l'accoutume peu à peu à l'air, avec grand soin de le recouvrir la nuit. Il s'agit de le tailler, et en voici le principe. La *première branche* ou tige est toujours stérile; on la pince sur trois feuilles pour lui faire émettre trois branches *principales* dont on ne conserve que les deux plus vigoureuses. Ces deux branches sont également stériles; on les pince donc au dessus de la cinquième ou sixième feuille, pour leur faire produire des branches *latérales* qui sont aussi stériles. Enfin on taille les branches latérales au-dessus de la deuxième ou troisième feuille, et l'on obtient les branches à fruits. Quand un melon est bien noué, on taille sa branche sur deux ou trois yeux au-dessus de ce fruit. Lorsque la plante est suffisamment garnie de fruits, et nous observerons que les plus près de la souche sont toujours les plus beaux, on supprime toutes les branches inutiles, et l'on continue cette suppression à mesure qu'il s'en développe de nouvelles.

Les autres soins se bornent à enlever les panneaux ou cloches quand la saison le permet, à arroser, arracher les mauvaises herbes, et, quand les melons sont à moitié grosseur, à les placer sur des tuileaux ou des planchettes, pour les garantir de l'humidité de la terre. La graine se conserve plus de vingt ans, et la plus vieille est toujours la meilleure.

MELON D'EAU, PASTÈQUE (*Cucurbita citrulus*) ⊙. D'orient. Ils se cultivent absolument comme les melons, mais on cesse de les tailler quand ils ont suffisamment de branches, et l'on ne supprime aucun fruit. Variétés : pastèque à chair rouge ; — à chair blanche.

MELONGÈNE, AUBERGINE (*Solanum esculentum*) ☉. Amér. Mér. En février ou au commencement de mars, semis sur couche chaude, sous cloche ou châssis ; repiquer en pots enfoncés dans une couche tiède. En mai, on dépote et l'on plante en motte au pied d'un mur au midi. Beaucoup de chaleur et beaucoup d'eau. Variétés : la *rouge à fruits longs.* — Id., *à fruits ronds.* — Id., *à fruits ovales.*— *La jaune à fruits longs.*—Id., *à fruits ovales.* — *La blanche.* Les graines ne se conservent qu'un an ou deux.

NAVET (*Brassica napus*) ☉. indigène. On en cultive un grand nombre de variétés, savoir :

1º *Navets secs.* Gros et petit freneuse ; le Meaux ; le petit Berlin ; le Saulieu ; le jaune long d'Amérique. —Ceux-ci ne réussissent bien que dans les terrains secs et sablonneux.

2º *Navets tendres.* Des Vertus ; des Sablons ; rose du Palatinat ; gros long d'Alsace ; de Clairfontaine ; gris plat ; blanc hâtif ; rouge plus hâtif , — ils réussissent dans toutes les terres fertiles.

3º *Navets demi-tendres.* Jaune de Hollande ; id. d'Écosse ; noir d'Alsace ; gris de Morigny ; jaune de Lyon ; id. de Malte. Ils aiment une terre légère et douce.

Du 15 juin au 15 août, et jusqu'en septembre pour les variétés hâtives, par un temps pluvieux ou couvert, on sème clair et à la volée, et, s'il est nécessaire, on éclaircit au premier sarclage. Soins ordinaires. Lorsqu'on arrache les navets, on leur coupe le collet, on les place en jauge, et on les couvre de paille pendant les gelées, pour en conserver jusqu'en avril. Les porte-graines se plantent en mars.

OGNON (*Allium cepa*) ♂. d'Afrique. Terre douce, substantielle, fumée au moins une année à l'avance. Du 15 janvier au 15 mars, semis à la volée. On herse à la fourche et on foule le semis ; on passe le rateau et on arrose. On éclaircit le jeune plant et on en repique où il en manque, de manière à ce qu'il y ait 3 pouces de distance entre les plants. Lorsque les ognons ont atteint leur grosseur, on tord les fanes, et, quand les feuilles jaunissent on les arrache, on les laisse se ressuyer sur la terre pendant huit ou dix jours, on les réunit ensuite en bottes, et on les conserve en lieu sec. Au printemps on replante les plus beaux pour en obtenir de la graine.

L'ognon blanc se sème au commencement d'août et se repique en octobre, ou fin d'août pour repiquer en mars. Il est prudent de le couvrir pendant les grands froids. *L'ognon d'Égypte*, ou *rocambole*, se multiplie par les bulbilles de sa tige, que l'on plante en mars. Enfin *l'ognon patate*, qui se multiplie de caïeux, se plante en février.

Variétés : *Ognon rouge pâle; rouge foncé*; d'*Espagne; blanc gros; blanc hâtif; jaune; blanc d'Italie*; d'*Egypte; patate*. Les graines se récoltent en août et septembre et se conservent deux ans.

ORPIN BLANC, Trique-madame (*Sedum album*) ⊙. indigène. Terre sablonneuse; exposition chaude; semis au printemps; arrosements fréquents.

OSEILLE (*Rumex acetosa*) ♃. indigène. Tout terrain, mais mieux terres légères, profondes, plutôt humides que sèches, et très meubles. Semis au printemps, en rayons ou bordures, ou par éclats des pieds. Renouveler les plants tous les 7 à 8 ans. Variétés : *Oseille de Belleville; à feuilles cloquées*. — Espèces cultivées: Oseille vierge (*Rumex arifolius*); oseille ronde (*Rumex scutatus*). Les graines de toutes mûrissent en juillet et se conservent trois ans.

PANAIS (*Pastinaca sativa*) ♂. indigène. Variétés : *Panais rond*; le *long*, et le *bâtard*, ou de *Siam*. Terre substantielle, profonde, parfaitement défoncée et ameublie. Même culture que les carottes, mais, ne craignant pas le froid, on peut les laisser en pleine-terre l'hiver. Les graines, mûres en août, ne durent qu'un an.

PERCE-PIERRE, BACILLE OU CRISTE-MARINE (*Crithmum maritimum*) ♃. indigène. En mars, on sème sur couche, ou bien, aussitôt la maturité des graines, en pleine-terre légère. Repiquer au pied d'un mur au midi. Arrosements soutenus; couverture l'hiver. Les graines ne sont bonnes qu'un an.

PERSIL (*Apium petroselinum*) ♂. Sardaigne. De février en mai et juin, semis en rayons, en planches ou en bordures. Arrosements soutenus jusqu'à ce que les graines soient levées (30 ou 40 jours). Couvrir de feuilles ou de litière en automne, si on n'en veut pas manquer pendant l'hiver. Variétés: Persil commun; frisé ou crépu; nain très frisé; panaché; à larges feuilles; à grosses racines ou de Naples, dont on mange les côtes blanchies. Les graines mûrissent en septembre et se conservent deux ans.

PIMENT, POIVRE LONG, (*Capsicum annuum*) ☉ De l'inde. Plusieurs variétés, savoir: le commun, le rond, le gros doux d'Espagne, le piment tomate jaune et doux ; du Chili ; le violet ; le piment cerise. Semis sur couche en février ou mars, ou en avril sur plate-bande terreautée ; repiquer au commencement de mai en pleine terre chaude et au midi. Terre substantielle; arrosements soutenus pendant les chaleurs. Ses graines durent plusieurs années.

PICRIDIE COMMUNE (*Picridium vulgare*) ☉. Indigène. Cette salade se sème en avril, en terre légère et chaude; arrosements fréquents.

PIMPRENELLE PETITE (*Poterium sanguisorba*) ♃ Indigène. Tout terrain, mieux sec et léger ; semis au printemps et en automne, en rayons, en bordures, ou en planches à la volée ; quelques sarclages, et des arrosements au besoin. Elle repousse à mesure qu'on la coupe ; ses graines, mûres en septembre, se conservent trois ans.

POIRÉE ou BETTE (*Beta vulgaris*) ♂ Du midi. Variétés : poirée blonde ou ordinaire; poirée à carde ; id. rouge ; id. jaune ; id. blanche. Tout terrain amendé et bien ameubli.

Semis en rayons ou à la volée, de mars en août; sarclages et arrosements soutenus, pour la poirée blonde; — pour celle à cardes, semis en mars et avril, ou de la fin de juin au commencement d'août, pour récolter au printemps. Beaucoup d'arrosements; et couverture de litière pendant les grands froids. On reconnaît la maturité de ses graines, quand elles passent du vert au cendré ou au roussâtre; elles se conservent cinq ou six ans.

POIS. (*Pisum sativum*) ⊙ Indigène. Les variétés sont en grand nombre.

A. Pois a parchemin, dont on ne mange pas la cosse. 1º *Les nains*, qu'on ne rame pas; nain hâtif; id. de Hollande; de Bretagne; à gros grains sucrés; petit nain vert; nain vert de Prusse; petit pois de Blois. — 2º *Les grimpants*, ayant besoin de rames: pois michaux ou de Paris; michaux de Rueil; id. de Hollande ou de Francfort; id. à œil noir; hâtif à la moelle ou pois d'Angleterre; dominé; de Marly; de Clamart; carré à œil noir; géant; sans pareil; suisse; grosse cosse hâtif; baron.

B. Pois sans parchemin. 1º *Les nains*. Hâtif; ordinaire; en éventail. — 2º *Les grimpants*, blanc à grande cosse; à demi rame; à fleurs rouges; turc ou couronné; turc à fleurs pourpres.

Tout terrain, mais ne pas semer deux ans de suite à la même place. ils acquièrent plus de qualités dans les terres sablonneuses, un peu sèches, non fumées. Semis en touffe ou en rayons; couvrir de deux pouces de terre; arroser, sarcler; rechausser le plant quand il a 5 à 6 pouces de hauteur. Les variétés hâtives se sèment de novembre en décembre, sur côtière, au pied d'un mur au midi; abriter avec des paillassons pendant les gelées; donner de l'air et de la lumière quand le temps le permet. On les découvre entièrement en février, quand ils fleurissent, et on les pince au-dessus de la troisième fleur si on veut hâter la récolte. On continue les semis des va-

riétés hâtives en janvier, février et mars. On sème ensuite en planches les pois de seconde saison ; puis, avec
le pois de Clamart, on prolonge les semis jusqu'en juillet
et même en août.

POIS CHICHE (*Cicer arietinum*) ☉. D'orient. Variétés : à
grains jaunes; à grains blancs et à grains rouges. Terre
très meuble et bien fumée; semis de mai en juillet, à la
volée ou en rayons; donner les soins ordinaires.

POURPIER (*Portulaca oleracea*) ☉. Fr. mérid. Terre légère, très meuble; semis d'avril en mai ; très peu recouvrir les graines; arrosements abondants. Deux variétés
le vert et le doré.

PORREAU (*Allium porrum*) ♂. Indigène. Deux variétés,
le long et le court. Terre substantielle, légère, très meuble, fumée au moins deux ans à l'avance. En février et
mars, semis à la volée; le marcher, passer le rateau, et
arroser; repiquer en planches, à 6 pouces, vers la fin de
juin. Soins ordinaires, beaucoup d'eau, et l'on commence
à récolter en juillet. Le porreau long s'arrache et s'ensable dans la resserre pendant l'hiver, le court peut rester
en place. Les graines se récoltent en septembre et durent
deux ans.

RADIS, PETITES RAVES (*raphanus sativus*) ☉. De la Chine.
Variétés rondes. Blanc hâtif de Hollande ; rond ; violet hâtif; rose id.; rond rose   jaune ou roux; rose demi-long ;
gris d'été. — *Variétés longues* : petite hâtive ; rose; blanche ; rouge longue.

On les sème et récolte pendant tous les mois de l'année.
En octobre et pendant tout l'hiver, on sème sur couche
chaude, après avoir bien marché le terreau, et l'on couvre avec des cloches ou des châssis. En mars on commence les semis en pleine-terre légère, bien meuble, et
recouverte d'un pouce de terreau. En été, on sème à l'ombre et l'on donne des arrosements très abondants.

Les *radis noirs* se sèment à la volée, de juin au 10 juillet, et l'on éclaircit le plant. On le conserve tout l'hiver en lui coupant le collet et le mettant en jauge. Variétés: blanc de la Chine; violet id.; gros blanc d'Augsbourg; rose d'hiver. Les graines de radis se conservent quatre à cinq ans.

RAIFORT, CRANSON (*Cochlearia armorica*). ♃. Indigène. Tout terrain, mieux, un peu humide; mult. par éclats des pieds en automne, ou de semis au printemps, Les graines se recueillent en août et se conservent deux ans.

RAIPONCE (*Campanula rapunculus*) ♃. Indigène. Terre meuble, fraîche, un peu ombragée; semis en juin; peu ou point recouvrir les graines; beaucoup d'arrosements. On la récolte de février en mai. Les graines mûrissent en août et se conservent huit ou dix ans.

RHUBARBE (*Rheum undulatum*) ♃. Asie. Semis aussitôt la maturité des graines, ou mult. par éclats, au printemps avec la précaution que chaque éclat ait au moins un œil. Planter à 1 mètre de distance. On commence à récolter les côtes des feuilles en mai ou juin, pour faire des confitures ou des tartes. Récolter en août les graines, qui ne sont bonnes qu'un an.

ROQUETTE (*Brassica eruca*) ☉. Indigène. Tout terrain; semis depuis le printemps jusqu'à l'automne, en terre humide et à l'ombre pendant l'été. Beaucoup d'arrosements.

SALSIFIS (*Tragopogon porrifolius*) ♂. Indigène. En mars, avril et mai, semer en ligne ou à la volée, en terre profonde, bien défoncée, meuble et substantielle. Arrosements abondants pendant la germination. On commence à récolter en octobre, jusqu'au printemps. Les graines ne se conservent que la première année.

SARRIETTE, SAVOURÉE (*Satureia hortensis*) ☉. Italie. Tout terrain; semis au printemps. Elle se ressème d'elle-même. SARIETTE VIVACE (S. *montana*). Multiplication par éclats. Leurs graines se conservent trois ou quatre ans.

SCORSONÈRE (*Scorzonera hispanica*) ♂ D'Espagne. Semis en février, mars et avril; culture des salsifis, mais on ne commence à récolter que la seconde année, en octobre, et il faut, par conséquent, couper les tiges rez de terre, la première et la deuxième année. Les graines se conservent deux ans.

SPILANTHE, **CRESSON DE PARA** (*Spilanthus oleracea*) ♂. De l'Inde; et **CRESSON DU BRÉSIL** (*Spilanthus brasiliana*) ♂. Semis sur couche au printemps; repiquer en terre légère et chaude, au midi; arrosements fréquents. On les emploie en fourniture.

THYM (*Thymus vulgaris*) ♃. Espagne. Terre légère et chaude; en automne et au printemps, multip. par éclats; en bordures, que l'on renouvelle tous les trois ans.

TOMATE (*Solanum lycopersicum*) ⊙. Amer. mérid. En février semis sur couche; en avril, repiquer en pleine terre chaude et légère; arrosements abondants pendant les chaleurs. Pincer les tiges à 15 pouces de hauteur; pincer les branches secondaires quinze jours après; enlever les nouveaux bourgeons quand les fruits sont à moitié grosseur, et supprimer quelques feuilles pour les laisser jouir du soleil. Variétés: grosse rouge ordinaire; id. petite; grosse jaune; poire; cerise. Leurs graines se conservent trois ans.

TOPINAMBOUR (*Helianthus tuberosus*) ♃. Brésil. Toute terre, mieux, substantielle et légère; multip. de tubercules, en mars. On les arrache en hiver, à mesure du besoin.

TOUTE-ÉPICE. **NIGELLE** (*Nigella sativa*) ⊙ D'Orient. En avril, semis en pleine terre légère et chaude : éclaircir de manière à laisser huit pouces entre chaque pied. Arrosements fréquents.

VESCE BLANCHE (*Vicia sativa*) ⊙ D'Orient. Même culture que la lentille, sur laquelle elle a l'avantage de moins craindre le froid.

MODÈLE DE JARDIN POTAGER.

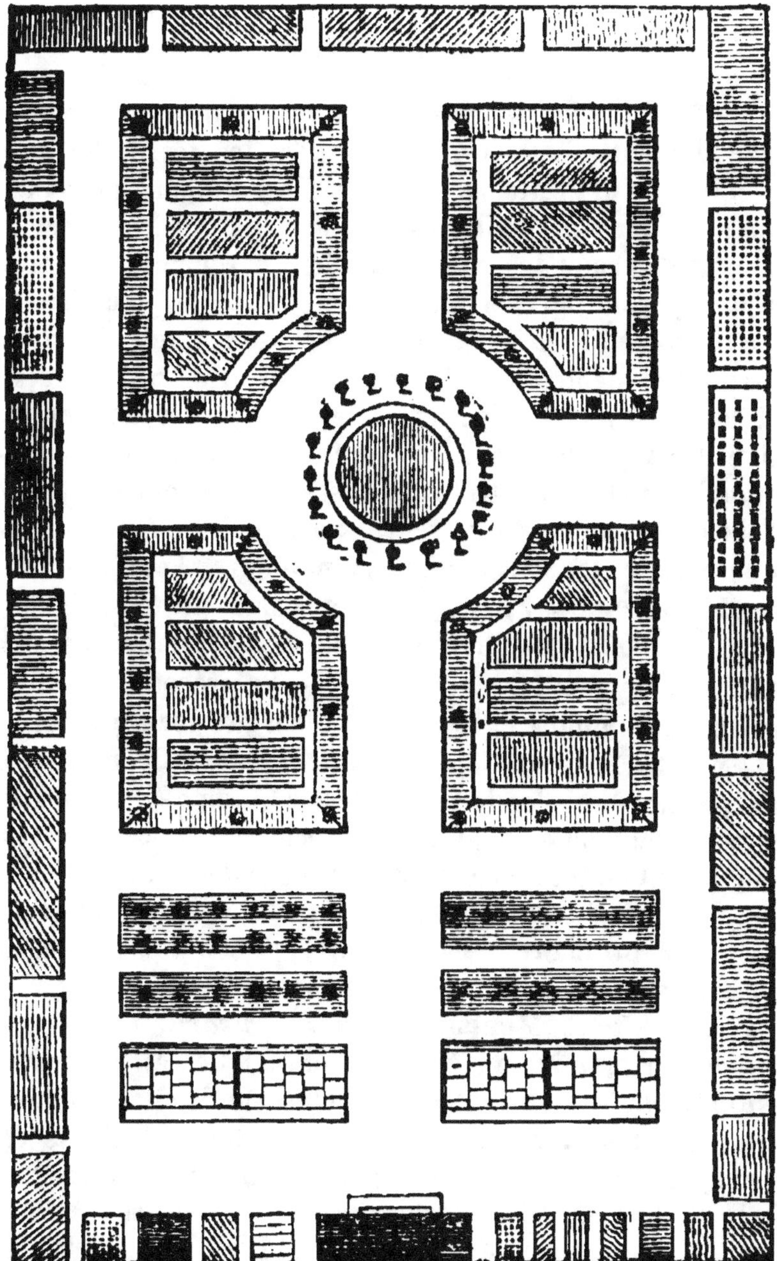

TROISIÈME PARTIE.

LE VERGER.

ABRICOTIER (*Prunus armeniaca*). Tous les terrains conviennent à cet arbre ; mais, dans les terres fortes et froides, on le greffe sur saint-Julien ou mieux sur damas noir, et dans celles qui sont chaudes, légères, sablonneuses et profondes, sur amandier. Rarement on le multiplie par noyaux, parce qu'il ne reproduit jamais une belle variété. On le greffe en écusson à œil dormant, en août et septembre. Si l'on veut avoir de beaux fruits, il faut l'élever en espalier au levant ou au couchant, et, dans tous les cas, lorsque les fruits sont noués, en retrancher s'il y en a trop. Du reste, on ne cultive guère l'abricotier qu'en plein vent, parce que ses fruits, quoique plus petits, sont infiniment meilleurs. Pour la taille, la plantation, etc., nous renvoyons aux principes généraux, et nous nous bornerons ici à mentionner les plus belles et les meilleures variétés : — le précoce, ou abricotin ; le commun ; l'angoumois ; alberge ; pêche ; royal.

AMANDIER (*Amygdalus communis*) d'Asie. Se multiplie de semences que l'on fait stratifier en automne, et que l'on met en place ou en pépinière au printemps. Les variétés se greffent en écusson sur les sujets provenus de semence. Terrain chaud, sec et léger ; du reste, soins ordinaires. Variétés : ordinaires ; à gros fruits ; de Tours ; princesse ou des dames, à coque tendre ; sultane.

CERISIER et **MERISIER** (*Prunus cerasus*, et *Prunus avium*). Le premier a été apporté d'Afrique, et le second est indigène. Ils ne sont pas difficiles sur le choix du terrain ; cependant le second aime une terre profonde et sèche, tandis que le premier préfère un terrain calcaire, frais ou humide. On les multiplie de semences que l'on fait stratifier, et l'on greffe les variétés sur ces sujets ou sur Sainte-Lucie. On emploie quelquefois la greffe en fente, plus souvent celle en écusson. Variétés : 1° *Cerisiers :* de Hollande ou d'Angleterre; de Prusse; à courte queue de Montmorency; de Montmorency à gros fruits; — gros gobet; de Villènes; royal tardif; cherry-duck; 2° *Griottiers :* ordinaire du Nord; de Portugal; d'Allemagne; 3° *Merisiers*; guignier à gros fruits noirs; id, à gros fruits blancs; id. à fruits roses hâtifs; id. à gros fruits noirs luisants; id. à court pédoncule; 4° *Bigarreautiers :* à gros fruits rouges; à gros fruits blancs; belle de Rocmont, ou cœur de pigeon; couleur de chair; gros cœuret.

COGNASSIER (*Pyrus cydonia*). Plus cultivé pour recevoir les greffes de poirier que pour son fruit très aromatique. Multiplication de semences, rejetons, boutures et marcottes. Les variétés de la Chine et du Portugal se greffent sur leur type. Ces arbres viennent assez bien partout, néanmoins ils préfèrent les sols frais, légers, et les expositions du levant ou du couchant. Comme ils ne donnent leurs fleurs qu'au bout des branches, ils se refusent à une taille régulière.

FIGUIER (*Ficus carica*). Tous les terrains lui conviennent, mais il aime de préférence les décombres et les cours pavées, à l'exposition du midi, et il faut le butter et l'empailler l'hiver, sous le climat de Paris. On le multiplie rarement de semences, mais ordinairement de rejetons, de marcottes et de boutures. Comme sa reprise est assez difficile, on fait les marcottes dans des pots, pour pouvoir, quand elles sont enracinées, les planter avec la motte. Les boutures se font au printemps, avec du bois de deux ans. On ne plante les figuiers que vers la fin de mars ou le commencement d'avril. Si, pendant l'hiver, les branches sont atteintes de la gelée, on les coupe raz de terre. La souche produit des bourgeons qui fructifient la seconde année. On empêche les jeunes figues de tomber en pinçant le bourgeon terminal, ou, si c'est par sécheresse, en donnant des arrosements. Le figuier donne deux récoltes par an, une au printemps, l'autre en automne; mais cette dernière mûrit très rarement à Paris, où, parmi ses très nombreuses variétés, on ne cultive guère que la *violette*, la *blanche ronde*, et la *royale* ou de *Versailles*.

FRAMBOISIER (*Rubus idœus*). Multiplication de rejetons au printemps. Terre légère, fraîche et ombragée; les changer de place tous les quatre ou cinq ans. En février, on coupe tout le bois qui a donné du fruit l'année précédente, on taille l'extrémité des jeunes tiges, et on les courbe en cerceau à leur extrémité. Les fruits mûrissent en juillet. Variétés : rouge à gros fruits; couleur de chair ; blanche; quatre saisons ou des Alpes ; à fruits blancs ambrés.

GROSEILLER (*Ribes rubrum*) ; Groseiller a maquereau (*R. uvacrispa*); Groseiller cassis (*R. nigrum*). Tous se multiplient de boutures au printemps ou en automne, de rejetons, de marcottes. Ils aiment une terre douce, un peu sablonneuse et fraîche, et tous les soins qu'ils exigent se bornent à quelques labours. On les taille en février, en observant qu'ils ne donnent du fruit que sur le bois de deux ans. Variétés : 1º *groseillers rouges* : ordinaire; blanc; couleur de chair; cerise; id. blanc; id. rouge; 2º *groseillers à maquereau* : à fruits verts; à fruits jaunes; à fruits rouges ou violets; hérissés, lisses, etc., etc. ; 3º *cassis* : ordinaire, à gros fruits,

MURIER (*Morus*). On ne cultive guère dans les jardins et les basses-cours que le mûrier noir, dont quelques personnes aiment beaucoup les fruits; les autres le sont pour l'éducation des vers à soie. Tout terrain, pouvu qu'il ne soit pas trop humide. Planter au mois de février et ne retrancher aucune branche; quelques binages; se contenter de retrancher le bois mort. Lorsqu'il est vieux, on le rabat jusqu'à quelques mètres du tronc, et il repousse des bourgeons qui ne tardent pas à donner de beaux fruits. Multiplication de graines, ou par la greffe sur le mûrier blanc.

JUJUBIER (*Ziziphus sativa*) d'Orient. Cultivé en Provence et dans le Languedoc, mais exigeant la serre à Paris, ou du moins n'y donnant pas de fruits. Multiplication de graines semées aussitôt la maturité, de rejetons, ou de marcottes par strangulation.

NÉFLIER (*Mespilus germanica*) indigène. On le multiplie par la greffe en fente ou en écusson sur son type, l'aubépine, le cognassier et le poirier. Tout terrain et toute exposition; mieux terre franche, chaude. Les fruits se cueillent en octobre et se font mûrir sur la paille. Variétés : à gros fruits; à fruits précoces; à fruits sans pépins.

NOISETIER (*Corylus*). Plantation à l'automne, dans tout terrain et à toute exposition. Multiplic. de rejetons et de marcottes par strangulation. Il ne produit qu'à sa troisième année. Variétés : commun; franc à amande blanche; à fruit rouge; aveline de Provence; à fruits rouges ovales; à grappe.

NOYER (*juglans regia*). Ce bel arbre, peu cultivé dans les jardins à cause de la grande place qu'il occupe, se multiplie par le semis de noix choisies, que l'on a mis stratifier en automne pour les planter en place ou en pépinière au printemps. Sur les sujets qui en proviennent, on greffe l'espèce que l'on désire, soit en fente, soit en anneau. Il est bon de ne greffer qu'à hauteur, pour ne pas altérer le bois fort utile de son tronc. Ces arbres aiment les terres profondes, rocailleuses, légères ou sablonneuses, et le grand air. On les plante au printemps à 20 ou 30 mèt., selon leur développement présumé. On ne les taille jamais; on se contente d'enlever le bois mort, et de rapprocher les branches malades. Ils ne supportent pas le froid au-dessus de 13 à 14° cent. Variétés : commun; à coque tendre ou mésange; tardif; à gros fruits; noix-à-bijoux; à grappe.

PÊCHER (*amygdalus persica*). Cet arbre se multiplie rarement de semence, mais par la greffe en écusson sur amandier ou sur prunier. Cependant, quelques variétés, par exemple : les madeleines, se reproduisent identiquement de noyau. On doit préférer, quand on greffe sur prunier, le *damas noir* et le *St-Julien*.

On plante le pêcher en plein-vent dans le midi de la France. Au-dessus de 45° degré de latitude, ils réussissent mal ainsi, et on doit les planter en espalier, au midi ou au levant. On ouvre une tranchée de 4 pieds de profondeur sur 4 ou 5 de largeur, dont la terre est passée à la claie et mélangée avec de bons engrais avant d'être remise à sa place. Généralement c'est en automne que l'on plante les pêchers; on recouvre la plate-bande, chaque année à cette même époque, de 2 ou 3 pouces de fumier qu'on enterre en donnant le labour de printemps. Après la taille, on donne un léger labour à la fourche. La taille se fait ordinairement au moment de la floraison, mais je crois qu'elle se ferait plus avantageusement un peu avant. On arrose pendant la chaleur; on palisse, on ébourgeonne à mesure que le besoin s'en fait sentir. Enfin, quand le fruit commence à mûrir, on enlève les feuilles qui lui masquent le soleil, mais pas d'autres.

Quant à la forme qu'on donne aux espaliers, je la crois tout-à-fait indifférente, et la meilleure sera celle qui couvrira le plus de surface d'une muraille avec le plus petit nombre d'arbres. On pratiquera la taille selon les règles de nos *principes généraux*. Les murs contre lesquels on plante les pêchers doivent être munis d'un court chaperon. Les espèces hâtives occuperont les expositions les moins bonnes, et les tardives les plus chaudes. Si l'arbre est palissé à la loque, c'est-à-dire si ses branches sont attachées le long du mur avec des clous, le chaperon débordera de 4 à 5 pouces; si le mur est garni de treillages, il doit déborder de 6 ou 7, parce que c'est lui qui doit supporter les toiles ou les paillaissons destinés à garantir la floraison, lors des gelées tardives.

On cultive un grand nombre de variétés de pêches ; nou nous bornerons à citer les meilleures, avec l'époque de leur maturité. — Vineuse de Fromentin, mi-août. — Des prés, mi-août. — Belle bausse, fin d'août. — Grosse mignone, id. — De Malte, id. — Madeleine de Courson, id. — Admirable, mi-septembre ; — alberge jaune, fin d'août ; — chevreuse hâtive, commencement de septembre ; — chancelière, mi-septembre ; — chevreuse tardive, fin de septembre ; — Madeleine à moyenne fleurs, id. —galande, fin d'août ; — bourdine, mi-septembre ; — tâton de Vénus, fin septembre ; nivette, id. —royale, commencement d'octobre. — Pavie Madeleine, fin septembre ; — Pavie alberge, id.

POIRIER (*pyrus communis*). On cultive une infinité de variétés qui se multiplient par la greffe sur *sauvageon*, sur *franc*, et sur *cognassier*. Les sujets *francs* s'obtiennent par le semis de pepins de bons fruits. On greffe ces sujets, soit à haute ou basse tige, en écusson ou en fente. Ils fournissent des plein-vents et des mi-vents, ou même des quenouilles dans les terrains médiocres. On peut les mettre en place une ou deux années après. Ils réussissent parfaitement dans les terres franches, profondes, fraîches, plus légères que fortes. Les sujets sauvageons, que l'on va chercher dans les bois, produisent les arbres les plus grands et les plus vigoureux ; ils réussissent mieux que les autres dans les terres fortes et les sols maigres. Les cognassiers ne servent qu'à greffer des espaliers et quenouilles ; si on les élève à mi-vent ils durent peu d'années, à moins que le terrain ne soit excellent.

En général, les poiriers donnent alternativement une bonne et une mauvaise récolte. On peut, au moyen d'une taille habilement combinée, rétablir une sorte d'équilibre annuel. Ils exigent, en outre, un bon engrais tous les quatre ou cinq ans ; un ou deux labours par an, et il faut surtout les préserver des chenilles et autres insectes, des mousses et des lichens. Les meilleures variétés, dans l'ordre de leur maturité, sont :

En juin. — Amiré Joannet; petit muscat. — *En juillet.* — Muscat Robert; orate; bourdon musqué; rousselet hâtif; Madeleine; cuisse-madame; gros blanquet; bellissime d'été; gros hativeau. — *En août.* — Petit blanquet; blanquet à longue-queue; épargne; sans peau; salviati; orange musquée; orange rouge; belle de Bruxelles; rousselet de Rheims. *En septembre.* — Bon chrétien d'été; épine d'été; bergamotte d'été; beurré du coloma; orange tulipée; gros rousselet; doyenné blanc; caillou rosat; beurré gris; beurré d'Angleterre. — *En octobre.* — Crassane; verte longue; mouille bouche; doyenné galleux; bergamotte d'automne; messire-Jean; vermillon; sucré vert; jalousie; ambrette; de Sieulle. — *En novembre.* Martin sec; rousseline; beurrée d'Aremberg; duchesse d'Angoulême; bon chrétien d'Espagne; Saint-Germain; virgouleuse; marquise; bezy de Chaumontel; ambrette; echassery. — *En décembre.* — Royale d'hiver; bonne-ente; passe-Colmar. — *En janvier.* — Bergamotte de Pâques; Colmar; bon chrétien d'hiver. — *En février.* — Muscat l'allemand. — *En mars.* — Bon chrétien de Bruxelles; Colmar doré; bergamotte de la Pentecôte.

POMMIER (*Malus communis*). On en cultive un très grand nombre de variétés, qui se multiplient de semis, de rejetons, ou par la greffe. La greffe se fait en fente, ou mieux en écusson à œil dormant, sur sauvageon pris dans les bois si l'on veut avoir des arbres très vigoureux et de première grandeur; sur doucin, c'est-à-dire sur sujets provenus de semis, pour plein-vent et mi-vent; sur paradis, si l'on désire des quenouilles et buissons; enfin sur rejetons de paradis pour avoir des pommiers nains.

Tous aiment un terrain franc, doux, un peu frais, à toute exposition, excepté celle du midi. La chaleur fait avorter les fleurs : aussi ces arbres ne réussissent-ils pas dans le midi de la France. On plante les pleins-vents à 10 ou 15 mètres de distance, suivant la nature de l'arbre et la qualité du terrain. Quand l'arbre est vieux et commence à se dessécher, on peut, en le rabattant près de sa tige, lui rendre quelques années de vigueur. Du reste il se taille et se cultive absolument comme le poirier. Voici les meilleures variétés dans l'ordre de leur maturité.

En juin. — Paradis. — *En juillet.* — Calville d'été. — *En août.* — Postophe d'été ; montalivet d'été. — *En septembre.* — Reinette jaune hâtive ; belle d'août. — *En octobre.* — Des quatre goûts ; non-pareille ; des deux goûts ; reinette du Canada ; id. grise du Canada ; id. de Hollande; id. tendre ; id. rousse ; gros et petit pigeonnets. — *En novembre.* — Maltranche rouge ; calville rouge d'hiver ; reinette naine. — *En décembre.* — Calville blanche ; cœur de bœuf ; api ; double api ; gros api ; fenouillet gris ; pomme d'or ; reinette d'Angleterre ; id. dorée ; id. de Caux ; postophe d'hiver. — *En janvier.* — Haute-bonté ; reinette grise bec de lièvre ; montalivet. — *En février.* — Fenouillet rouge ; reinette rouge ; id. blanche ; id. franche. — *En mars et avril.* — De Chatigny.

PRUNIER (*Prunus domestica*). Ses racines traçantes permettent de le cultiver dans les terres peu profondes. Il réussit dans presque tous les terrains, et à toutes les expositions. On le multiplie de semences, de rejetons et par la greffe. Les jeunes sujets se greffent en écusson ; ceux qui dépassent la grosseur du pouce se greffent en fente. La multiplication par rejetons offre un inconvénient : les arbres qui en résultent ont des racines très traçantes, qui émettent des drageons nombreux et à distance ; il faut avoir grand soin d'arracher ces derniers à mesure qu'ils paraissent. Les sujets provenus de noyaux de damas noir et de saint-julien sont préférables. On met ces noyaux stratifier en automne, et on les plante en pépinière au printemps. Du reste, le prunier se cultive comme les autres arbres à noyaux. Voici les variétés les meilleures. — Reine-claude; id. violette; monsieur; jaune hâtive; royale de Tours; grosse et petite mirabelle; surpasse-monsieur; impériale blanche; d'Agen; perdrigon rouge; gros damas; de Saint-Martin; de Sainte-Catherine.

SORBIER DOMESTIQUE (*Sorbus domestica*). Arbre précieux par la dureté de son bois, plus que par ses fruits, qui cependant sont assez recherchés par quelques personnes, quand ils ont mûri sur la paille. On le multiplie par le semis de ses pépins, que l'on traite absolument comme ceux du poirier. Comme il est très lent à croître, on peut le greffer en haut de la tige, pour lui faire donner du fruit plus tôt. Les sorbiers aiment les terres fraîches, franches et légères; ils se plaisent dans les haies, au bord des chemins, etc. On en cultive cinq variétés, qui sont : Sorbier franc à petits fruits; à fruits pyriformes à fruits allongés; à petits fruits rouges; à gros fruits rouges.

VIGNE (*vitis vinifera*) D'Asie. Elle est très sensible aux influences du climat, et réussit mal au-dessus du climat de Paris. Mais elle est peu difficile sur la qualité du terrain, pourvu qu'il ne soit ni trop humide, ni marécageux. Cependant elle préfère les terres légères, profondes, et surtout chaudes. On la multiplie de boutures à crossette, et de marcottes simples qui s'enracinent très facilement. L'une et l'autre se font en mars et avril, et on lève les marcottes au printemps suivant, pour les mettre en place. Les unes et les autres se plantent dans des trous ayant au moins quinze pouces de profondeur, avec la précaution de ne laisser hors de terre que deux boutons. Si l'on veut avoir un espalier de vigne très vigoureux, il faut planter à cinq ou même six pieds du mur; on élève les tiges en les allongeant un peu plus vite que de coutume, puis, la troisième ou quatrième année, on les recouche jusqu'au pied du mur, avec le soin de les enterrer un peu plus profond qu'un fer de bêche. On sarcle, on bine, on amende le sol, et l'on donne au moins deux bons labours par an.

On peut commencer à tailler aussitôt que les grosses gelées sont passées, et l'on élève la tige de manière à lui former deux, quatre ou six bras latéraux (page 45, fig. 8) que l'on palisse horizontalement, comme nous le disons aux *principes généraux*. L'essentiel est de ne jamais tailler sur plus de deux yeux, afin de ne pas épuiser le sujet, et, à mesure que les bourgeons se développent, de supprimer rigoureusement ceux qui sont mal placés. Tous les trois ans au plus tard, on donne une bonne fumure avec des engrais consommés. Les variétés de raisins de table les plus estimées, sont : chasselas de Fontainebleau ; id. Napoléon : id. gros coulard ou Bar-sur-Aube ; id., violet; id. rose; id. musqué; muscat blanc ; id. violet; id. d'Alexanderie ; id. corinthe violet ; id, blanc ; panse commune; id. musquée ; Madeleine noire ; id. blanche ; frankenthal; cornichon blanc ; id. violet; id. panaché ; verjus.

MODÈLE DE PAYSAGER OU JARDIN ANGLAIS.

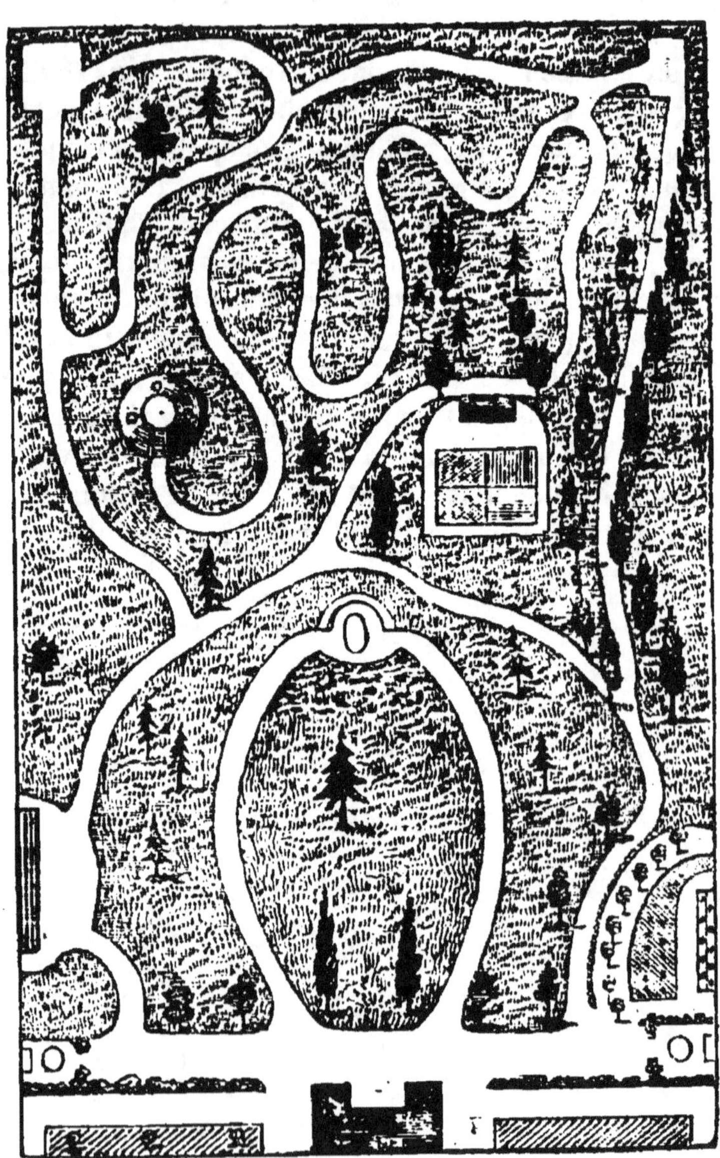

QUATRIÈME PARTIE.

PLANTES ARBRES ET ARBUSTES

DE PLEINE TERRE.

ACACIE (*mimosa*). Charmants arbrisseaux, délicats, et dont on ne cultive en pleine terre franche, exposition chaude, que les espèces suivantes : — A GRAPPE M. *discolor*), fleurs jaunes, en tête, odorantes.-- JULIBRIZIN (M. *Julibrizin*), fleurs d'un blanc rosé, en panicule. Multiplication de graines en terrine, et par la greffe.

ACANTHE BRANCURSINE (*Acanthus mollis*) ♃. Remarquable par la beauté de son feuillage; fl. roses. Multipl. de graines ou d'éclats; terre profonde; couverture l'hiver.

ACHILLÉE DORÉE (*Achillea aurea*) ♃. Feuilles découpées; en juillet ou sept., fleurs grandes, jaunes. Terre un peu sèche; multipl. de graines et d'éclats. Même culture pour les *Achillea rosea*, *elegans*, *macrophylla*, *compacta*, *falcata*, *lingulata*, *ptarmica* ou bouton d'argent, *ageratum*, *millefolium*, *viscosa*.

ACONIT A GRANDES FLEURS (*Aconitum cammarum*) ♃. Fl. d'un bleu pâle au centre et vif aux bords. Terre un peu sèche; mult. de graines et d'éclats. Même cult. pour les :

A. TUE-LOUP (*A. lycoctonum*), en août, fleurs jaunes, à casque très allongé.

A. ANTHORA (*A. anthora*), en août, fleurs grandes, jaunes, imitant le bonnet phrygien.

A. NAPEL (*A. napellus*), en juin, fleurs grandes, bleues.

A. PANACHÉ (*A. variegatum*), en juillet et août, fleurs panachées de bleu et de banc.

A. PANICULÉ (*A. paniculatum*), en août, fl. d'un beau bleu.

ACTEA DES ALPES (*Actea spicata*) ♃. En juillet et août, fleurs blanches. Multiplic. de graines aussitôt mûres, ou d'éclats. Même cult. pour l'ACTEA A GRAPPES (*A. racemosa.*)

ACORE ODORANT (*Acorus calamus*) ♃, En juillet, fleurs

jaunâtres, en chaton. Terre marécageuse; mult. par éclats.

ADONIDE D'ÉTÉ (*Adonis œstivalis*) ☉. En juillet et août, fleurs d'un rouge vif, noirâtres au centre. Semis au printemps, en terre légère; même culture pour les :

A. D'AUTOMNE (*A. autumnalis*) plus petite; semis en automne.

A. DE PRINTEMPS (*A. vernalis*) ♃. Fleurs jaunes, grandes. Semis de graines aussitôt mûres, ou d'éclats au printemps.

ÆTHIONEMA DU LIBAN (*Æthionema cordifolia*) ♃. En mai et juin, fl. d'un rose lilacé. Terre légère; mult. par éclats.

AGAPANTHE OMBELLIFÈRE (*Ægapanthus umbelliferus*). ♃. En juil., magnifique ombelle de fl. bleues. Exposition chaude; terre légère; bonne couverture l'hiver. Mieux en pot, et la rentrer dans l'orangerie ou un appartement. Multipl. par éclats.

AGERATE BLEU(*Ageratum cœruleum*) ☉.En juil. et août, fl. bleues. Terre légère, chaude ; semis sur couche en mars, ou en pleine terre en avril ; même cult. pour l'*A. conysoïdes* et *odorata*.

AIL MOLY (*Allium moly*) ♃. En juin, ombelle de fleurs en étoile, d'un jaune doré. Tout terrain; multiplic. de caïeux. Même culture pour les :

A. MAGIQUE (*A. magicum*). En mai et juin, fleurs lilas, odorantes.—A. BLANC (*A. album*), en mai, fleurs blanches. — A. A TÊTE RONDE (*A. sphærocephalum*), en juillet, fleurs d'un pourpre foncé.— A. ROSE (*A. roseum*), en juin, fleurs roses, linéées de rouge.—A. DE TARTARIE (*A. tataricum*), en juin, fleurs blanches, nervées de violet.—A. AZURÉ (*A. azureum*), de mai en août, fl. d'un bleu d'azur.—A. JAUNE (*A. flavum*), en juin, fl. jaunes, pendantes, à pétales ovales.

AIRELLE ANGULEUSE (*Vaccinium myrtilus*) ♄. En mai, fleurs en grelot, d'un rose pâle; fruit d'un bleu noirâtre, mangeable. Terre de bruyère ombragée ; multipl. de mar-

cottes ou de graines semées en terrine. Même culture
pour les airelles *oxicoccos*, à fleurs et fruits rouges; —
uliginosum, à fleurs blanches ou carnées.

AJONC DU NEPAUL (*Ulex nepaulensis*) ♄. En avril et mai,
fleurs jaunes, feuilles persistantes. Terre sablonneuse;
multiplication d'éclats.

ALCÉE ROSE TRÉMIÈRE (*Alcea rosea*) ♂. De juillet en
septembre, fleurs doubles, grandes, dans toutes les nuances.
Terre franche, substantielle ; multiplic. de graines. Même
culture pour les alcées *ficifolia* et *sinensis*. Cette dernière
se sème sur couche en mars.

ALIBOUFIER (*Styrax officinale*) ♄. En juillet, fleurs
blanches, imitant un peu celles de l'oranger. Terre légère,
substantielle ; multip. de graines et marcottes. Même cult.
pour les : *S. lævigatum* et *grandifolium*.

ALISIER DE FONTAINEBLEAU (*Cratægus latifolia*) ♄.
Fleurs blanches, en corymbe, odorantes; fruits orangés,
mangeables. Terre franche légère; multip. de graines, de
rejetons et marcottes, ou par la greffe sur l'aubépine.
Même culture pour les :

A. BLANC (*C. aria*). Fruits d'un beau rouge.—A. ALOU-
CHIER (*C. torminalis*), fruits rouges. — A. AMELANCHIER
(*C. amelanchier*), fl. grandes, d'un blanc jaunâtre; fruits noirâtres. — A. GLABRE (*Glabra*), fl. petites, blanches lavées
de rose.

ALISIER BUISSON ARDENT (*C. pyracantha*), feuilles persistantes; en automne, fruits petits, d'un rouge très éclatant. Même culture, ainsi que pour les : *A. spicata, nivea,
arbutifolia, racemosa,* etc.

ALSTROEMÈRE LIS DES INCAS (*Alstroemeria pelegrina*) ♃
De juin en octobre, fleurs blanches tachées de pourpre et
ponctuées de plus foncé. Terre légère ; couverture l'hiver ; multiplic. par séparation des racines.

ALSTROÉMÈRE PERROQUET (*A. psittacina*), fleurs d'un
rouge foncé, ponctuées de pourpre. Même culture.

ALYSSE SAXATILE, CORBEILLE D'OR (*Alyssum saxatile*)

♃. En mai, fleurs petites, jaunes, d'un joli effet. Terre un peu sèche ; multipl. par éclats. Même culture pour les alysses : *creticum, alpestre, incanum,* etc.

AMARANTHE A QUEUE (*Amarantus caudatus*) ☉. De juillet à novembre, fleurs en longues grappes, d'un rouge cramoisi. Terre ordinaire', à bonne exposition ; semis en mars et avril. Même culture pour l'amaranthe tricolore.

AMARYLLIS JAUNE (*Amaryllis lutea*) ♃. En septembre, fleur jaune, en entonnoir. Terre légère ; exposition chaude ; multipl. de caïeux. Même culture pour l'amaryllis *longifolia*, en juin et juillet, fleurs pourpres, odorantes. Couverture l'hiver.

AMMOBE AILÉ (*Ammobium alatum*) ♃. Fleurs jaunes, mêlées de blanc. Terre sèche, légère ; couverture l'hiver ; multiplic. de graines et d'éclats.

AMORPHE FAUX INDIGO (*Amorpha fruticosa*) ♄. En août, épi de fleurs papillonnacées, violettes. Terre franche, légère, un peu sèche ; multipl. de graines, boutures et marcottes. Même culture pour les *A. pumila* et *glabra*.

AMETHISTE BLEUE (*Amethistea cœrulea*) ☉. De juin en juillet, fleurs petites, d'un beau bleu. Terre franche, légère, fraîche, à demi ombragée ; multipl. de graines semées en place.

ANCOLIE DES JARDINS (*Aquilegia vulgaris*) ♃. En mai, fleurs à pétales en cornet et à éperon, simples ou doubles, de toutes les nuances. Tout terrain ; multipl. de graines ou d'éclats. Même culture, mais en terre de bruyère ombragée, pour les *A. sibirica* et *canadensis*.

ANDROSACE VELUE (*Androsace villosa*) ♃. De juin en août, fleurs blanches, en ombelle. Terre légère ; multipl. de graines semées en terrine, ou d'éclats. Même culture pour les *A. lactea*, à fleurs blanches en dedans, jaunâtres en dehors, en juin ; *A. carnea*, à fleurs rouges, en août ; et les *A. obtusifolia, chamæjasme.*

ANDROSÈME OFFICINALE (*androsemum officinale*) ♄. En été, fl. jaunes. Terre fraîche ; mult. de graines et d'éclats.

ANDROMÈDE **du** MARYLAND (*Andromeda mariana*).
♄ . En juillet, fleurs blanches, à corolle ovale-cylindrique.
Var. *Lanceolata, angustifolia* et *latifolia*. Terre de bruyère
fraîche, un peu ombragée, au nord ou au levant; multipl.
de rejetons, d'éclats et de marcottes. Même culture pour
les *A. arborea, marginata, caliculata, cassinefolia, speciosa,
tomentosa, racemosa, axillaris*, etc.

ANÉMONE **des fleuristes** (*Anemone coronaria*). ♃. Les
amateurs en ont obtenu un grand nombre de variétés, qu'ils
cultivent absolument comme les renoncules. Terre légère,
substantielle, ou sablonneuse et mélangée à du terreau
consommé. En mai et juin, fleurs simples ou doubles, de
toutes les nuances. Multipl. de graines, ou par la séparation des tubercules. Le semis se fait en terrine ou en
pleine terre ; dans ce cas, on le couvre d'un léger lit de
terreau avant les gelées. Lorsque le jeune plant est levé,
on le garantit au moyen de paillassons que l'on étend
dessus, mais soutenus par des bâtons à un pouce ou deux
au dessus de terre, afin que l'air puisse circuler par dessous. Toutes les fois que le temps est doux, on découvre
le jeune plant. Au printemps, on donne les soins ordinaires à un semis délicat; puis, lorsque les feuilles sont
desséchées, on arrache les *pattes* ou tubercules, et on les
traite comme les plantes faites.

En mars et avril, on plante les Anémones à quatre à six
pouces les unes des autres, selon la grosseur des pattes,
avec le soin de placer l'œil en haut, sans quoi elles ne
fleuriraient pas. Celles que l'on plante à l'automne fleurissent mieux et plus tôt que les autres ; mais si l'hiver est
très rigoureux, on risque d'en perdre beaucoup. Si on en
possède beaucoup, on fera bien de n'en planter alternativement que la moitié, car les fleurs sont plus belles
quand les pattes se sont reposées un an.

ANÉMONE HÉPATIQUE (A. *hepatica*). ♃. En février ou
mars; fleurs bleues, blanches ou roses, simples ou doubles. Terrre douce, fraîche, ombragée ; multipl. par éclats

au printemps et non en automne. On cultive de même les :

A. OEIL DE PAON (*A. pavonina*). En mai, fleur grande, à pétales nombreux, rouges à leur sommet, blanchâtres à la base, ou d'un cramoisi plus ou moins vif.

A. A FLEURS DE NARCISSE (*A. narcissiflora*). En mai, ombelle de six à huit fleurs blanches.

A. EN OMBELLE (*A. umbellata*). En mai, ombelle de fleurs jaunes.

A. A FLEURS BLEUES (*A. apennina*). En mars, fleurs bleues, à pétales nombreux et ouverts.

A. RENONCULE (*A. ranunculoïdes*). En mars, fleurs petites, jaunes, à pétales obtus et ouverts.

A. PULSATILLE (*A. pulsatilla*). D'avril en juin, fleur assez grande, d'un violet foncé.

ANTHEMIS DES TEINTURIERS (*Anthemis tinctoria*). ♃. De juin en novembre, fleurs grandes, jaunes. Terre franche légère; multipl. de graines ou par éclats. Même culture pour les :

A. CAMOMILLE ROMAINE (*A. nobilis*). Tiges couchées; propre aux bordures; de juin en août, fleurs blanches, doubles.

A. D'ARABIE (*A. arabica*). ☉. en juillet et septembre, fleurs orangées. Multipl. de semis en mars.

ANTHYLLIDE ARGENTÉE (*Anthyllis barbajovis*). ♄. De mars en mai, fleurs jaunes, petites, en bouquets. Multipl. de graines semées en terrine, de boutures, de drageons et de marcottes. Couverture l'hiver ou orangerie.

A. VULNÉRAIRE (*A. vulneraria*). ♃. De mai en juillet, fleurs blanches, jaunes ou rouges. Pleine terre; multipl. d'éclats. Les *A. cytisoïdes* et *hermannia* se cultivent comme la première.

APOCYN GOBE-MOUCHE (*Apocynum androsæmifolium*). ♃. De juillet en septembre, fleurs petites, roses. Terre légère, fraiche; multipl. de graines ou d'éclats. Même cul-ture pour l'A. *maritimum*, à fleurs blanches ou rougeâtres

ARALIE ÉPINEUSE (*Aralia spinosa*). ♄. Tige épineuse;

de mars en septembre, fleurs blanches, odorantes. Terre fraîche; demi-ombre. Multipl. de rejetons, de racines, ou de semis abrité en orangerie le premier hiver. Même culture pour les *A. japonica, hispida, racemosa*, et *nudicaulis*.

ARAUCARIA **imbriqué** (*Araucaria imbricata*). Très bel arbre de la famille des conifères. On peut le risquer en pleine terre légère, avec une bonne couverture; mieux, orangerie.

ARBOUSIER **commun**, **arbre aux fraises** (*Arbutus unedo*). ♄. De septembre en janvier, fleurs blanches ou rouges; fruit ressemblant à une fraise, mangeable. Terre franche légère, au nord-ouest. Couverture l'hiver. Multipl. de graines et marcottes.

A. **busserolle** (*A. uva-ursi*). En mai, fleurs blanches; fruit petit, d'un beau rouge. Même culture, mais terre de bruyère.

ARGÉMONE **a grandes fleurs** (*Argemone grandiflora*), ⊙. Tout l'été, fleurs blanches. Multipl. de graines semées sur place. Terre légère et chaude. Même culture pour l'*A. mexicana*, à fleurs jaunes.

ARGOUSIER **rhamnoïde** (*Hippophæ rhamnoides*). ♄. En avril, fleurs très petites; baies orangées. Terre légère; multipl. de graines, boutures et rejetons. L'*H. canadensis*, plus cotonneux, se cultive de même, mais en terre de bruyère.

ARISTOLOCHE **siphon** (*Aristolochia sipho*). ♄. Grimpante. Fleurs en forme de pipe, d'un rouge foncé. Terre légère, demi-ombragée; multipl. de graines, et de marcottes incisées sur du bois de deux ans. Propre à couvrir les berceaux. Même culture pour l'*A. puber*, à fleurs jaunes.

ARISTOTELIE **maqui** (*Aristotelia maqui*). ♄. En mai, fleurs petites, blanches, en grappes. Terre légère, substantielle, chaude. Multipl. de graines, marcottes et boutures. Couverture l'hiver.

ARMOISE **citronnelle** (*Artemisia abrotanum*). ♄. Feuilles exhalant l'odeur du citron; en août; fleurs nom·

mier très consommé. En avril ou mai, on sème trois ou quatre graines dans chaque trou ; on recouvre de deux pouces de la même terre, et d'une légère couche de terreau pur. Quand les plantes sont levées, on ne laisse subsister que la plus robuste. On donne les soins ordinaires. En septembre et octobre, on butte la plante avec de la terre du trou ; on lie en faisceau les feuilles qui doivent blanchir, puis on les couvre d'une épaisse chemise de paille ou de litière sèche, et, six semaines après, les feuilles sont mangeables. Pour obtenir des graines, on traite la plante pendant l'hiver, de la même manière que les artichauts. Les graines mûrissent en septembre, et se conservent 5 ou 6 ans.

CAROTTE (*Daucus carotta*), ♂ indigène. Terre franche, profonde, substantielle, très ameublie, amendée d'une année à l'avance avec du fumier très consommé. Semis de février en juin, et jusqu'en juillet pour la carotte courte hâtive, à la volée ou en rayons espacés de dix pouces. Recouvrir légèrement au rateau, et étendre dessus un demi-pouce de terreau ; arrosements fréquents. On éclaircit s'il est nécessaire ; on sarcle et on détruit les insectes. Dès qu'elles ont atteint la grosseur du doigt, on commence à en arracher pour l'usage et pour faire place aux autres, qui doivent être espacées de huit à dix pouces. La récolte générale se fait à la fourche, avant les gelées. On enlève le collet, et l'on met en reserve après les avoir laissé se ressuyer à l'air. Pour obtenir de la graine, on replante au printemps les porte-graines dont on laisse le collet intact. Au mois de mai, elles montent, et en août, on recueille les graines, qui durent deux ans. Les variétés de cuisine sont : la jaune longue, la jaune courte ; la rouge longue ; la rouge hâtive de Hollande ; la rouge pâle de Flandre ; la blanche, et la violette d'Espagne.

CÉLERI (*Apium graveolens*) ♂ Fr. mérid. Semis sur couche, de janvier en mars, pour primeur, et en pleine terre, sur terreau, d'avril en juin. Le premier semis se

breuses, en grappes. Multipl. des graines et d'éclats. Terre légère, à exposition chaude.

ARUM GOBE-MOUCHE (*Arum crinitum*). ♃. En mars, spathe grande, velue et violacée en dedans, tachée de vert en dehors ; son odeur de chair corrompue attire les mouches qui y restent prises. Multipl. de graines, ou par ses bulbes. Couverture l'hiver. Même culture pour l'*A. dracunculus*, à fleurs vertes à l'extérieur, d'un pourpre foncé à l'intérieur.

ASCLÉPIADE A LA OUATE (*Asclepias syriaca*). ♃. De juillet en août, fleurs rougeâtres, en ombelle. Terre légère ou de bruyère ; multipl. de graines aussitôt mûres, d'éclats ou de traçants. Même culture pour les *A. incarnata* ; fleurs pourpre pâle, à odeur de vanille. *A. amœna*, en juillet et août, fleurs pourpres. *A. fruticosa*, ♄. De juin en septembre, fleurs blanches. Orangerie ou bonne couverture l'hiver, ainsi que pour la suivante. *A. tuberosa*, ♄. De juillet, en septembre fleurs d'un rouge orangé.

ASPHODÈLE JAUNE (*Asphodelus luteus*). ♃. De mai en juillet, fleurs grandes, jaunes, en épis. Terre ordinaire ; multipl. de drageons ou d'éclats. Même culture pour l'*A. ramosus*, à fleurs blanches.

ASSIMINIER DE VIRGINIE (*Annona triloba*). ♄. En mai et juin, fleurs d'un pourpre brun ; fruits mangeables. Terre légère, fraîche ; multipl. de racines soulevées ou de marcottes. Même culture pour les *A. grandiflora*, à fleurs beaucoup plus grandes ; et *A. parviflora*, à fruit semblable à une prune. Il est prudent de retirer ces deux derniers en orangerie.

ASTÈRE REINE-MARGUERITE (*Aster sinensis*). ☉. On en cultive un très grand nombre de variétés, blanches, rouges, bleues, panachées, doubles ou semi-doubles, etc. ; on les divise en quatre races, savoir : 1º la *naine hâtive* ; 2º la *double variée sans tuyaux* ; 3º l'*anémone* ou *à tuyaux* ; 4º la *pyramidale*, dont les rameaux sont érigés. Semis de mars en juin, sur terreau ; repiquer en pépinière, puis planter en place, avec la motte, quand on aperçoit les fleurs.

Astère des Alpes (*A. alpinus*). ♃. En juillet, fleurs grandes, violettes, à disque jaune. Terre légère ; multipl. de graines et d'éclats. Même culture pour les Astères vivaces : *albus, amellus, bicolor, roseus, maritimus*, etc., etc., au nombre de plus de cent variétés ou espèces.

ASTRAGALE adragant (*Astragalus tragacantha*). ♄. de mai en juillet, fleurs en épis. Terre sablonneuse ; exposition chaude ; multipl. de graines sur couche, et repiquer.

A. queue de renard (*A. alopecuroïdes*). ♃. En juillet, fleurs jaunes, en épis duveteux. Même culture, et multipl. de graines et d'éclats, ainsi que pour les *A. christianus*, à fleurs jaunâtres, en été. — *A. onobrychis*, fleurs violettes, en juin et juillet. — *A. varius*, à fleurs violettes, variées de jaune.

ASTRANCE a larges feuilles (*Astrantia major*) ♃. En été, fleurs roses, à collerette blanche. Terre ordinaire ; multipl. par éclats. Même culture pour les *A. minor, heterophylla.*

ATHANASIE annuelle (*Athanasia annua*) En juillet, fleurs jaunes. Semis en place, au printemps.

ATRAGÈNE des alpes (*Atragene alpina*) ♄. Grimpant ; en juin, fleurs d'un bleu clair. Terre légère ; multipl. de graines aussitôt leur maturité, et de marcottes. Même culture, mais orangerie, pour les *A. cirrhosa, indica*, et *sibirica.*

ATRAPHAXIS épineux (*Atraphaxis spinosa*) ♄. Fruit singulier, ressemblant à une fleur d'un blanc rosé. Exposition chaude et couverture l'hiver ; multipl. de graines et boutures.

AUCUBA du japon (*Aucuba japonica*) ♄. Feuilles marbrées de jaune, persistantes ; en avril, fleurs peu apparentes. Terre franche, ombragée mais sèche. Multipl. de marcottes et boutures.

AUNE VERNE (*Alnus communis*) Bel et grand arbre propre à la décoration du bord des eaux. Terre marécageuse; multipl. de rejetons et boutures. Même culture pour les A. *laciniata, oblongata, incana, subrotunda, serrulata, maxima, cordifolia.*

AYLANTHE VERNIS DU JAPON (*Aylanthus glandulosa*) Grand et bel arbre d'ornement, d'une croissance rapide. Terre franche et fraîche; multipl. de graines, boutures, racines et rejetons.

AZALÉE NUDIFLORE (*Azalea nudiflora*) ♄. Au printemps, fleurs blanches, roses, jaunes, rouges, etc., selon les variétés au nombre de plus de cent. Plate-bande de terre de bruyère; multipl. de marcottes et éclats, et de graines semées en terrines. Même culture pour les espèces : *Laponica, procumbens, pontica, viscosa, periclymena, canescens,* et leurs variétés. On cultive en serre tempérée les A. *indica, formosa,* et *rosmarinifolia.*

AZÉDARACH BIPINNÉ (*Melia azedarach*) ♄. En juin et juillet, fleurs d'un rose vif, odorantes. Terre légère et chaude; mnltipl. de graines en terrines sur couche. Abriter le jeune plant en orangerie pendant deux ans.

BADIANE ANIS ÉTOILÉ (*Illicium anisatum*) ♄. En avril et mai, fleurs jaunâtres, odorantes. Terre ordinaire; exposition chaude; multipl. de marcottes.

BAGUENAUDIER COMMUN (*Colutea arborescens*) ♄. En juin et juillet, fleurs jaunes; fruits vésiculeux. Terre franche légère; multipl. de graines ou drageons. Même culture pour les *C. orientalis,* à fleurs d'un rouge safrané; *C. alepica,* à fleurs jaunes, toute l'année

BALISIER CANNE D'INDE (*Cannacorus canna-indica*) ♃ beau feuillage; en été, fleurs écarlates, fort belles. Terre douce, chaude, substantielle; arrosements abondants en été; multipl. par la séparation des tubercules, qu'on relève en automne pour les replanter au printemps. Même culture pour les espèces *gigantea* et *edulis.*

BALSAMINE DES JARDINS (*Impatiens balsamina*) ☉. De

juillet en octobre, fleurs simples ou doubles, très variées
de couleurs. Semis sur couche au printemps; repiquer en
place. Même culture pour les **I.** *glandulifera,* à fleurs vio·
lacées; **I.** *tricornis,* à fleurs jaunes.

BALSAMITE ODORANTE (*Balsamita suaveolens*) ♃. En
août, fleurs jaunes. Terre ordinaire; exposition aérée;
multipl. de drageons.

BARKHAUSIE ROUGE (*Barkausia rubra*) ⊙. De juin en
novembre, fleurs roses. Terre légère; semis au printemps.

BELLADONE (*Amaryllis belladona*) ♃. De juillet en automne, grandes fleurs roses, mêlées de blanc. En septembre ou octobre, lever ses caïeux et les replanter de suite.
Terre légère ou de bruyère; couverture l'hiver.

BELLE DE NUIT ORDINAIRE (*Mirabilis jalappa*) ♃. De
juin en septembre, fleurs blanches, rouges, jaunes ou
panachées, ne s'ouvrant que la nuit. Terre légère et substantielle; multipl. de graines, ou par ses tubercules le-
vés en automne et replantés au printemps.

BELLE-DE-NUIT A LONGUE FLEUR (*M. longiflora*) ♃.
En été, fleurs blanches, très odorantes. Variété *hybrida.*
Même culture.

BENOITE ECARLATE (*Geum coccineum*) ♃. Tout l'été,
fleurs d'un rouge vif. Tout terrain; multipl. de graines
sur couche, ou d'éclats. Même culture pour les *G. virgi·*
nianum, à fleurs blanches; *G. potentilloides,* à fleurs jau·
nes.

BERMUDIENNE A PETITES FLEURS (*Sisyrynchium ber*
mudiana) ♃. En juin juillet, fleurs blanches ou bleues.
Terre franche légère, un peu humide; couverture l'hiver;
multipl. de graines ou d'éclats.

BÉTOINE A GRANDES FLEURS (*Betonica grandiflora*) ♃
Fleurs très grandes, roses, verticillées. Terre franche légère; demi-ombre; multipl. de graines ou d'éclats en
automne. Même culture pour les *B. hirsuta,* à fleurs d'un
rouge foncé; *B. alopecuros,* à fleurs jaunes; *B. orientalis,*
d'un pourpre pâle.

BIGNONE DE VIRGINIE (*B. radicans*) ♄ . Grimpant; en août et septembre, fleurs longues, tubuleuses, d'un rouge de cinabre. Terre franche-légère; exposition chaude; multipl. de drageons, d'éclats, et de boutures avec du bois de 2 ans. Même culture pour les *B. capreolata*, à fleurs pourpres à la base, d'un jeune oranger au sommet; *B. grandiflora*, à fleurs safranées.

B. CATALPA (*B. Catalpa*). Bel arbre, à feuilles très grandes. En août, belles fleurs blanches, ponctuées de pourpre. Terre franche-légère. Même multiplication.

BOCCONIER A FEUILLES CORDIFORMES (*Bocconia cordata*) ♄ . En juillet, fleurs blanches, en panicule. Tout terrain; couverture l'hiver; multipl. de graines et d'éclats.

BOLTONE A FEUILLES D'ASTER (*Boltonia asteroïdes*) ♃. D'août en octobre, fleurs blanches, à disque jaune. Multipl. par graines ou par éclats. Même culture pour la *B. glastifolia*.

BONDUC CHICOT DU CANADA (*Gymnocladus canadensis*). Bel arbre à bois rose; en juin, fleurs blanches. Terre franche-légère; multipl. de rejetons et marcottes.

BOULEAU COMMUN (*Betula alba*). Bel arbre à écorce blanche, et fleurs en chaton. Variété à rameaux pendants. Terre fraîche; multipl. de graines, rejetons, marcottes et boutures.

BROUALLE VIOLETTE BLEUE (*Browallia alata*) ⊙ De juillet à septembre, fleurs d'un bleu lilas, à tube jaune. Terre légère, substantielle, au midi. Multipl. de graines sur couche, et repiquer en place. Même culture pour le *B. demissa*, à fleurs d'un violet bleuâtre.

BRAGALOU DE MONTPELLIER (*Aphyllanthes monspeliensis*) ♃. En été, fleurs bleues, en tête. Terre de bruyère avec couverture l'hiver; multipl. de graines et d'éclats.

BROUSSONETIER MURIER A PAPIER (*Broussonetia papyrifera*) ♄ . Beau feuillage; fruits pendants, mangeables. Tout terrain; multipl. de graines et marcottes.

BRUNELLE **A GRANDES FLEURS** (*Brunella grandiflora*) ♃. En juillet, fleurs blanches ou roses, en épis. Terre légère; multipl. de graines et d'éclats.

BUDLÈJE **GLOBULEUSE** (*Budleja globosa*) ♄. En juin, fleurs jaunes, en boule, aromatiques. Multipl. de semis sur couche, de marcottes et boutures; terre légère; couverture l'hiver ou orangerie.

BUGLOSSE **DE VIRGINIE** (*Anchusa virginica*) ♃. En été, fleurs jaunes. Terre de bruyère, à bonne exposition; multipl. de graines et drageons.

BUGRANE **A FEUILLES RONDES** (*Ononis rotundifolia*) ♃. En juillet, fleurs jaunes, rayées de rouge. Multipl. de graines et d'éclats; bonne exposition. Même culture pour l'*O. fruticosa*, à fleurs roses.

BUIS **TOUJOURS VERT** (*Buxus sempervirens*) ♄. Avec sa variété naine, *Buxus suffruticosa*, on fait les plus jolies bordures. Multipl. d'éclats, en automne et au printemps; tout terrain.

BUPHTHALME **A FEUILLES EN COEUR** (*Buphthalmum cordifolium*) ♃. De juin en octobre, fleurs jaunes, radiées. Terre ordinaire, au midi; multipl. de graines et d'éclats. Même culture pour le *B. grandiflorum*.

BUPLÈVRE **OREILLE DE LIÈVRE** (*buplevrum fruticosum*) ♄. Feuilles persistantes; en juillet et août, fleurs jaunes. Terre un peu humide; multipl. de graines et marcottes.

BUTOME **EN OMBELLE** (*Butomus umbellatus*) ♃. En juil., fleurs roses, en ombelle. Variété à feuilles panachées. Terre marécageuse; multipl. par éclats.

CACALIE **ODORANTE** (*Cacalia suaveolens*) ♃. De juillet en septembre, fleurs blanches, odorantes. Terre franche, au midi; multipl. de graines ou d'éclats.

C. **SAGITTÉE** (*C. sagittata*) ☉. De juillet en septembre, fleurs d'un rouge orangé. Semis sur place en avril.

CALAMAGROSTIS **ROSEAU PANACHÉ** (*Calamagrostis lanceolata*) ♃. Feuilles graminées, rayées de jaune pâle. Terre ordinaire; multipl. par éclats.

CALANDRINE **en ombelle** (*Calendrina umbellata*) ⊙.
Tout l'été, fleurs d'un beau rose violet. Terre légère ;
semis au printemps. Même culture pour le *C. speciosa*.

CALYCANTHE **de la Caroline** (*Calycanthus floridus*) ♄.
De mai en août, fleur d'un rouge foncé, à odeur très
agréable. Terre légère ou de bruyère ; mi-soleil ; multipl.
de rejetons ou marcottes incisées. Même culture pour *C.
glaucus* et *lœvigatus*.

CAMPANULE **pyramidale** (*Campanula pyramidalis*) ♂.
De juillet en septembre, fleurs en bouquets, bleues ou
blanches. Terre franche légère, demi-ombragée ; beaucoup
d'eau pendant la floraison ; multipl. de graines aussitôt
mûres, ou par éclats. Même culture pour les *C. persicifolia*,
à fleurs grandes, évasées, bleues ou blanches. *C. medium*
ou violette marine, à fleurs très grandes, d'un bleu violet
ou blanches ; *C. trachelium*, *alpina*, *carpatica*, *latifolia*,
grandiflora, *urticæfolia*, etc. La campanule dorée *C. aurea*,
à fleurs jaunes, est d'orangerie.

CARAGANA **arborescent** (*Caragana arborescens*) ♄.
En mai, fleurs jaunes. Terre légère, un peu fraîche ; multipl. de graines, de rejetons, ou par la greffe. Il sert
aussi de sujet pour recevoir la greffe des *C. frutescens*, à
fleurs jaunes ; *C. argentea*, à fleurs roses ; *C. altagana*, à
fleurs jaunes, enfin les espèces ou variétés féroce, barbu,
de la Chine, pygmée.

CARDAMINE **des prés** (*Cardamine pratensis*) ♃. En
mai, fleurs purpurines ou blanches , doubles. Terre humide ; multipl. de graines ou d'éclats.

CAROUBIER **a silique** (*Ceratonia siliqua*) ♃. En août,
fleurs d'un pourpre foncé ; silique longue d'un pied. Exposition chaude ; terre à oranger ; multipl. de graines ;
couverture l'hiver, mieux, orangerie.

CARTHAME **des teinturiers** (*Carthamus tinctorius*) ⊙.
De juin en août, fleurs jaunes. Terre substantielle ; multip.
de graines sur couche.

CÈDRE du Liban (*Pinus cedrus*). Magnifique arbre résineux. Terre franche ; au nord ; multip. de graines.

CÉLASTRE bourreau des arbres (*Celastrus scandens*) ♄. Tiges s'enroulant autour des autres arbres, qu'elles étouffent. Terre fraîche ; mult. de graines aussitôt mûres.

CÉLOSIE a crête (*Celosia cristata*) ☉. Fleurs petites, réunies en crête rouge, violette ou jaune. Terre franche-légère. Semis sur couche en mars ; repiq. en place en mai.

CELSIE lancéolée (*Celsia lanceolata*) ♃. En mai et juin, fleurs jaunes, tachées de pourpre. Terre légère ; couverture l'hiver : multipl. de graines et drageons.

CENTAURÉE bleuet (*Centaurea cyaneus*) ☉. En juin, variétés de toutes les couleurs, hors le jaune. Terre légère ; multipl. de graines. — *C. jacea*, vivace, comme les suivantes, et multipl. d'éclats ; en juin et juillet, fleurs purpurines.—*C. montana*, à fleurs bleues, de juin en août. — *C. alba*, à fleurs purpurines.— *C. nigra*, id.

CEPHALANTHE d'occident (*Cephalanthus occidentalis*) ♄. En été, petites fleurs blanches, en tête. Terre de bruyère, à l'ombre ; multipl. de graines ou de marcottes.

CERISIER de Virginie (*Cerasus virginiana*) ♄. En mai, jolies grappes de fleurs blanches. Terre légère ; exposition chaude ; multipl. de noyaux ; ou par la greffe sur *mahaleb*, ou le cerisier ordinaire. Même culture pour les suivants : *C. padus*, en mai, belles grappes pendantes de fleurs blanches ; *C. avium flore pleno* ou renonculier, à fleurs très doubles. C. à fleurs prolifères ;—à fleurs semi doubles ; — à fleurs doubles.

Cerisier-laurier du Portugal, azarero (*C. lusitanica*) ♄. Feuilles persistantes ; en juin et juillet, fleurs blanches. Multipl. de noyaux, marcottes et boutures ; terre fraîche légère ; couverture l'hiver. Même culture pour les *C. caroliniana*, à fleurs en grappes ; — *C. laurocerasus*, à fleurs petites ; une variété à feuilles panachées.

Cerisier mahaleb, bois de sainte-Lucie (*C. Mahaleb*)

En mai , fleurs blanches, odorantes. Culture du cerisier ordinaire.

CESTREAU PARQUI (*Cestrum parqui*) ♄ . En avril, panicule de fleurs jaunâtres , très odorantes la nuit. Terre légère, chaude ; multipl. de marcottes et boutures. Couverture l'hiver.

CHALEF, OLIVIER DE BOHÊME (*Elæagnus angustifolia*) ♄ . En juin et juillet, fleurs petites, jaunâtres, très odorantes. Terre sablonneuse et chaude ; multipl. de graines, boutures et marcottes.

CHARME ou CHARMILLE (*Carpinus betula*) ♄ . Très propre à faire des palissades. Multiplic. de graines.

CHÉLIDOINE GLAUCIENNE (*Chelidonium glaucium*) ☉. En juin et juillet, fleurs jaunes. Semis au printemps.

CHÊNES (*Quercus*) ♄ . On ne cultive guère dans les grands jardins que les espèces *rubra* , *nigra* , *castanea* , *bicolor* , *phellos* , *illex* , etc. Multipl. de glands stratifiés, mis en place au printemps.

CHÈVREFEUILLE DES JARDINS (*Lonicera caprifolium*) ♄ . Grimpant comme les suivants : C. toujours vert ; du Japon ; de la Chine ; des bois ; à fleurs rouges ; à fleurs jaunes ; à feuilles velues.—Les CHAMECERISIERS (*Chamæcerasus*, ou chevrefeuilles non grimpants , sont les C. de Tartarie ; des Pyrénées; Ledebour ; xylosteon.

Tous aiment une terre légère , un peu ombragée, et se multipl. de marcottes et d'éclats.

CHIONANTHE DE VIRGINIE (*Chionanthus virginica*) ♄ . En juin , fleurs blanches , en grappes. Terre humide , demi-ombragée ; multipl. de graines stratifiées, ou par la greffe sur le frêne.

CHRYSANTHÈME DES JARDINS (*Chrysanthemum coronarium*) ☉. De juillet en septembre, fleurs simples ou doubles, variant du jaune au blanc. Terre ordinaire; de graines au printemps.

CHRYSANTHÈME DES INDES (*Chysanthemum indicum*) ♃. En automne , jusqu'aux gelées, fleurs larges d'un à

uatre pouces , dans toutes les nuances du blanc , du
aune, du pourpre, etc. On compte aujourd'hui plus de cent
ariétés. Pleine terre ordinaire ; multipl. par éclats, au
rintemps et en automne.

CHRYSOCOME **A FEUILLES DE LIN** (*Chrysocoma linosyris*)
t. D'août en octobre , fleurs jaunes. Multipl. de graines
t d'éclats.

CISTE **A FEUILLES DE LAURIER** (*Cistus laurifolius*) ♄.
e juin en juillet, fleurs grandes, blanches. Terre sèche,
ubstantielle; couverture l'hiver, ou mieux, orangerie.
Multipl. de semis sur couche ; de boutures en été, et de
marcottes difficiles à la reprise. Même culture pour les *C.
opulifolius* , *ladaniflorus* , *purpureus, halimifolius, symphy-
ifolius.*

CLARKIE **A PÉTALES DÉCOUPÉS** (*Clarkia pulchella*) ⊙.
out l'été, fleurs roses. Semis au printemps ; même cul-
ure pour le *C. elegans*.

CLAVALIER **A FEUILLES DE FRÊNE** (*Zanthoxylum fraxi-
ifolium*) ♄. Épineux ; en mars et avril, fleurs peu appa-
entes ; gousses rouges , odorantes. Terre ordinaire, à
emi-ombre ; multipl. de graines et rejetons.

CLAYTONE **DE VIRGINIE** (*Claytonia virginica*) ♃. De
mars en mai , fleurs blanches , rayées de rouge. Multipl.
le graines aussitôt mûres, ou par éclat des pieds, en au-
omne. Même culture pour la *C. sibirica*.

CLEMATITE **A GRANDES FLEURS** (*Clematis. florida*) ♄.
Grimpante. D'avril en novembre, fleurs doubles, passant du
ert au blanc. Terre franche légère, mêlée de terre de
ruyère; exposition chaude et sèche ; multipl. de semen-
es, de marcottes et de greffe. Même culture pour les *C.
flammula*, odorante; *viticella*, à fleurs bleues; *bracteata*,
à fleurs blanches; *erecta, cirrhosa, viorna, integrifolia,
fragrans, aristea* et *calycina*, ces deux dernières avec
couverture l'hiver.

CLEOME **PIQUANTE, MOSAMBÉ** (*Cleome pungens*). ⊙. En

juin et juillet, fleurs violacées. Semis sur couche en mars; repiquer en mai.

CLÉONIE DE PORTUGAL (*Cleonia lusitanica*). ⊙. En été, fleurs violettes, tachées de blanc. Terre légère, chaude; multipl. de graines sur couches.

CLETHRA A FEUILLES D'AUNE (*Clethra alnifolia*). ♄. En août, fleurs petites, blanches, odorantes. Terre de bruyère ombragée; multipl. de graines, d'éclats et de marcottes. Même culture pour les *C. acuminata, tomentosa, paniculata.*

COBÉE GRIMPANTE (*Cobæa scandens*). ⊙. Tige de 30 pieds; tout l'été, fleurs violettes. Terre franche, légère; beaucoup d'eau; multipl. de graines sur couches.

COGNASSIER DU JAPON (*Cydonia japonica*). ♄. En avril et mai, fleurs très grandes, d'un rouge foncé. Var. à fleurs blanches. Cognassier de la Chine (*C. sinensis*). Culture du cognassier ordinaire.

COLCHIQUE D'AUTOMNE (*Colchicum autumnale*). ♄. En septembre. Fleurs d'un purpurin pâle, rouges, blanches, roses, panachées, simples ou doubles, selon les variétés, qui sont très nombreuses. Terre sablonneuse et profonde; multipl. de caïeux.

COLLINSIE BICOLOR (*Collinsia bicolor*). ⊙. Tout l'été, fleurs lilas. Terre légère; semis au printemps.

COLLOMIE ÉCARLATE (*Collomia coccinea*). ⊙. Tout l'été, fleurs écarlates. Semis au printemps.

. COMELINE TUBÉREUSE (*Comelina tuberosa*). ♃. De juin en septembre, fleurs d'un beau bleu. Semis sur couche, ou séparation des pieds; couverture l'hiver.

COMPTONE A FEUILLES DE CÉTÉRACH (*Comptonia aspleniifolia*). ♃. De mars en mai, fleurs peu apparentes, en chaton. Terre de bruyère, demi-ombragée; multipl. de rejetons.

CONSOUDE A FEUILLES RUDES (*Symphytum asperrimum*). ♃. En mai et juin, fleurs blanchâtres. Terre sablonneuse, chaude; multipl. de marcottes et boutures.

CONYSE DE VIRGINIE, SENEÇON EN ARBRE (*Conysa halimifolia*). ♃, En octobre, fleurs bleuâtres. Multipl. de graines et d'éclats ; tout terrain.

COQUELOURDE DES JARDINS (*Agrostemma coronaria*). ♂. De juin en septembre, fleurs simples ou doubles, variant du blanc au rouge. Semis à la maturité des graines, ou multipl. d'éclats en octobre. Même culture pour l'*A. cœli-rosa*, à fleurs roses.

CORÉOPSIDE DES TEINTURIERS (*Coreopsis tinctoria*). ☉. De juin en octobre, fleurs jaunes, à disque brun. Terre ordinaire ; semis au printemps ou en automne, peu recouvrir les graines. Même culture pour le *C. Drummondii*, à fleurs plus grandes. CORÉOPSIDE AURICULÉE, *C. auriculata*. ♃. D'août en septembre, fleurs d'un beau jaune. C. A TROIS AILES, *C. tripteris*. ♃. D'août en septembre, fleurs jaunes, à disque brun. Multipl. d'éclats pour ces deux dernières.

CORÈTE DU JAPON (*Corchorus japonica*). ♄. Tout l'été et l'automne, fleurs jaunes, très doubles. Terre légère, un peu fraîche ; multipl. par éclats.

COURNOUILLER SANGUIN (*Cornus sanguinea*). ♄. Écorce rouge ; en juin, ombelles de fleurs blanches. Tout terrain ; multipl. de semences, marcottes et drageons. Même culture pour les *C. cœrulea, alba, paniculata, alternifolia, circinata, sibirica.*

CORONILLE DES JARDINS (*Coronilla emerus*). ♄. D'avril en juin, fleurs d'un beau jaune, tachées de rouge. Terre légère et chaude ; multipl. de graines, boutures, marcottes et drageons.

CORTUSE DE MATTHIOLE (*Cortusa Matthioli*). ♃. En mai, fleurs rouges ou blanches. Semis en automne, en terrine, ou éclats des touffes.

CORYDALE ÉLÉGANT (*Corydalis formosa*). ♃. En juin et juillet, fleurs roses. Terre de bruyère un peu sèche ; multipl. par éclats des racines.

COSMOS BIPINNÉ (*Cosmos bipinnatus*). ☉. En automne,

fleurs d'un rouge violacé. Terre légère ; semis sur couche au printemps ; repiquer en place.

CROCUS PRINTANIER (*Crocus vernus*). ♃. En février et mars, fleurs blanches, jaunes, violettes, bleues, rayées, selon les nombreuses variétés. Terre sablonneuse ou légère ; multipl. de caïeux séparés en automne. Relever les ognons tous les trois ans. Même culture pour le safran, *C. sativus*, à fleurs violettes ou pourpres, paraissant en octobre.

CREPIDE ROSE (*Crepis rubra*). ☉. De juin en novembre, fleurs d'un rose tendre, ou blanches ; semis sur place au printemps.

CUPIDONE BLEUE (*Catananche cœrulea*). ♃. De juillet en octobre, fleurs d'un bleu clair. Terre légère, chaude ; couverture l'hiver ; multipl. de graines et d'éclats.

CYCLAME D'EUROPE (*Cyclamen europæum*). ♃. En avril, jolies fleurs blanches ou pourpres, à pétales renversés. Terre de bruyère ; couverture l'hiver ; multipl. de graines en terrines ou par la division des tubercules. Même culture pour le *C. hederæfolium*.

CYNOGLOSSE PRINTANIÈRE (*Cynoglossum omphalodes*). ♃. De mars en mai, jolies grappes de petites fleurs bleues. Terre légère, mi-soleil ; multipl. de traces. La *C. linifolium* ♂, et la *C. cheirifolium*, ♂. se multiplient de graines.

CYPRÈS COMMUN (*Cupressus sempervirens*). ♄. Résineux et toujours vert, il aime une terre légère et chaude ; multipl. de boutures, ou semis en terrine. Le *C. thuyoïdes* préfère un sol humide et marécageux.

CYPRÈS CHAUVE (*Schubertia disticha*). ♄. Feuilles caduques. Terre humide ou marécageuse. Même culture.

CYPRIPÈDE SABOT DE VÉNUS (*Cypripedium calceolus*). ♃. Fleurs odorantes, imitant un sabot, jaunes et d'un brun rougeâtre. Terre de bruyère fraîche et ombragée. Multipl. de drageons.

CYTISE DES ALPES, FAUX ÉBÉNIER (*Cytisus laburnum*).

♄. En mai, longues grappes de fleurs jaunes. Semis au printemps ; tout terrain. Même culture pour ses variétés : à fleurs odorantes, à feuilles de chêne, à feuilles panachées, pleureur, d'Adam, ce dernier à fleurs d'un rose chamois, et les espèces : *C. sessilifolius*, *C. nigricans*, *C. capitatus*, celui-ci à fleurs orangées. Var. à fleurs blanches, pourpre, biflore.

DAHLIA (*Dahlia*). ♃. Tout le monde connaît ces magnifiques fleurs, passant par toutes les nuances du blanc, du jaune, du rouge et du violet, selon la variété, depuis juin jusqu'aux gelées. Tout terrain, mais mieux terre légère, fumée depuis deux ans. Multipl. de semis quand on veut obtenir de nouvelles variétés, ou par séparation des tubercules avec la précaution de laisser un morceau de la tige à chacun d'eux ; boutures ; ou greffe sur tubercules. Ceux-ci s'arrachent en automne, et se replantent au printemps, quand les bourgeons commencent à se développer ; on peut les avancer sur couche.

DALÉE POURPRE (*Dalea purpurea*). ♃. Tout l'été, fleurs purpurines. Terre légère et franche ; multipl. de graines et d'éclats.

DAPHNÉ LAURÉOLE (*Daphne laureola*). ♄. En février et mars, fleurs jaunâtres, odorantes. Terre légère et fraîche ; multipl. de graines en terrine, aussitôt la maturité, de marcottes, d'éclats et de drageons. Il sert de sujet pour greffer les espèces et variétés. Même culture pour les *D. mezereum*, à fleurs roses ou blanches ; *D. alpina*, à fleurs blanches ; *D. cneorum*, à fleurs roses ; *D. pontica*, à fleurs jaunâtres ; celui-ci exige une couverture l'hiver, ou l'orangerie. Daphné dauphin, var. à fleur d'un rose pourpre.

DAUPHINELLE PIED-D'ALOUETTE (*Delphinium Ajacis*). ☉. En juillet, fleurs simples ou doubles, blanches, bleues, rouges, roses ou violettes. Var. naines, pyramidales, etc. Terre ordinaire ; semis sur place, au printemps et en automne. Même culture pour le *D. consolida*. Les espèces suivantes sont vivaces et se multiplient par éclats. *D. grandiflorum*, à fleurs doubles ou simples. *D. elatum*, d'un bleu d'azur. Var. *Azureum*. *D. staphisagria*, ♂, jolies fleurs bleues.

DÉCUMAIRE SARMENTEUSE (*Decumaria barbara*) ♃. En août et septembre, fleurs blanches, odorantes. Terre fraîche, ombragée; multipl. de drageons.

DEUTSIE CRÉNELÉE (*Deutsia scabra*) ♄. Tout l'été, fleurs blanches. Terre légère; multipl. de graines et marcottes. Même culture pour les *D. undulata, corymbosa, canescens, gracilis.*

DIERVILLE JAUNE (*Diervilla lutea*) ♄. En été et en automne, fleurs jaunes, odorantes. Terre fraîche; multipl. de boutures, marcottes et semis.

DIGITALE A GRANDES FLEURS (*Digitalis ambigua*) ♃. En juin et juillet, fleurs jaunes, tachées de pourpre à l'intérieur. Terre fraîche; multipl de graines aussitôt mûres, ou de drageons. Même culture pour la digitale pourpre.

DIRCA DES MARAIS (*Dirca palustris*) ♄. En mars et avril, fleurs jaunâtres, en cornet. Terre de bruyère humide et ombragée; multipl. de graines en terrine et de marcottes.

DIOCLEE GLYCINOÏDE (*Dioclea glicinoides*) ♃. En automne, fleurs d'un rouge très vif. Terre légère; la lever et la mettre en orangerie l'hiver. Multipl. de boutures.

DISTIQUE BLEUE (*Disticus cærulerus*) ☉. En juillet, fleurs d'un bleu pâle. Terre légère; semis sur couche.

DORONIC A FEUILLES CORDIFORMES (*Doronichum pardalianche*) ♃. En mai et juin, fleurs d'un beau jaune. Terre ordinaire; multipl. par éclats. Même culture pour les *D. caucasicum, plantagineum.*

DRACOCEPHALE D'AUTRICHE (*Dracocephalum austriacum*) ♃. De juillet en août, fleurs d'un bleu violet. Terre légère, substantielle, chaude; multipl. de semis ou drageons; relever la plante tous les trois ans. Même culture pour les *D. grandiflorum, virginianum*, et *moldavicum*.

DRAVE DES PYRÉNÉES (*Draba pyrenaica* ♃. En mai

fleurs blanches, tachées de rouge. Terre rocailleuse, ombragée ; multipl. par éclats.

ECCREMOCARPE RUDE (*Eccremocarpus scaber*) ♄ . Grimpant ; en juillet et août, fleurs tubuleuses, écarlates ; fruit en forme de bouteille. Terre chaude et légère ; couverture l'hiver ; multipl. de marcottes et boutures.

ECHINOPE AZURÉE (*Echinops ritro*) ♃. En juillet, fleurs bleues, en têtes sphériques. Terre ordinaire ; multipl. de graines et d'éclats. Même culture pour les *E. paniculata*, à fleurs bleues ; *E. tetraptera*, à fleurs blanches, puis roses.

EDOUARSIER A GRANDES FLEURS (*Edwarsia grandiflora*) ♄ . En avril et mai, fleurs grandes, en grappe, jaunes. Terre ordinaire, chaude ; multipl. de marcottes incisées, ou de graines sur couche. Couverture l'hiver ; mieux, orangerie.

ENOTHÈRE A GRANDES FLEURS (*OEnothera suaveolens*) ♂. De juin en octobre, fleurs jaunes, très odorantes, se fermant au soleil. Terre franche légère ; midi ; multipl. de graines. Même culture pour les *E. fraseri* ; — *E. tetraptera*, à fleurs passant du blanc au rose et au rouge. Terre sèche. — *E. Romangsoffii, amœna, serotina, glauca,* et *purpurea.*

EPERVIÈRE ORANGÉE (*Hieracium aurantiacum*) ♃. De juin en septembre, fleurs d'un orangé vif. Terre légère, substantielle ; beaucoup d'eau ; multipl. de traces et d'éclats.

EPHEDRA A UN ÉPI (*Ephedra monostachya*) ♄ . Pas de feuilles ; de septembre en novembre ; fleurs en chaton ; baie rouge et mangeable. Terre légère, humide ; multipl. de rejetons. Couverture l'hiver pour les *E. distachia, altissima.*

EPHEMERINE DE VIRGINIE (*Tradescantia virginica*) ♃. De mai en octobre, fleurs bleues, à trois pétales. Var. à fleurs rouges, autres à fleurs blanches. Tout terrain ; multipl. par éclats.

EPIGÉE **rampante** (*Epigœa repens*) ♂. De mars en juillet, fleurs odorantes, blanches. Terre de bruyère; multipl. d'éclats et marcottes.

EPILOBE **a épi** (*Epilobium spicatum*) ♃. De juillet en septembre, bel épi de fleurs rouges ou blanches. Terre ordinaire; multipl. de rejetons.

ÉPIMÈDE **des alpes** (*Epimedium alpinum*) ♃. Au printemps, fleurs à calice rouge et corolle jaune. Terre franche légère, un peu ombragée; multipl. par racines.

ÉPINE-VINETTE (*Berberis vulgaris*) ♄. En mai, fleurs jaunes, à étamines très irritables quand on les pique à la base; fruits rouges. Terre franche-légère; multipl. de drageons, d'éclats et de marcottes. Même culture pour les B. à feuilles pourpres, à feuilles panachées, du Népaul, d'Asie, du Canada.

ERABLE **sycomore** (*Acer pseudoplatanus*) ♄. Grand arbre propre à la décoration des jardins paysagers, ainsi que les espèces: *A. platanoides, monspessulanum, negundo, pensylvanicum, rubrum, saccharinum*, etc. Terre fraîche et profonde; multipl. de semis, par la greffe, quelquefois de boutures.

ERIGERON **des Alpes** (*Erigeron alpinum*) ♃. en juillet, fleurs à disque jaune et rayons bleus. Var. à fleurs doubles. Terre un peu légère; multipl. de graines aussitôt mûres, ou par éclats. Même culture pour les *E. glabellum*, à fleurs lilacées; — *speciosum*, à fleurs lilas foncé; — *purpureum*, à fleurs pourprées; — *acre*, à fleurs d'un rouge bleuâtre; — *graveolens*, à fleurs jaunes, odorantes.

ERINÉ **des Alpes** (*Erinus alpinus*) ♃. De mars en juin, fleurs purpurines ou blanches. Multipl. de graines ou d'éclats; terre légère.

ERODION **des Alpes** (*Erodium alpinum*) ♃. Tout l'été, fleurs blanches ou violettes, veinées de pourpre. Terre ordinaire; multipl. de graines et d'éclats. Même culture pour les *E. serotinum*, à fleurs bleues; — *E. romanum*, à fleurs blanches.

ERYTHRONE DENT DE CHIEN (*Erythronium dens-canis*) ♃. En avril, fleur solitaire, blanche en dehors, pourpre à l'intérieur. Terre légère ou de bruyère; multipl. par caïeux séparés tous les trois ans. Même culture pour l'*E. flavescens*, à fleurs jaunes.

ERYTHRINE CRÈTE DE COQ (*Erythrina crista-galli*) ♄. En juillet et août, fleurs rouges, en très belles grappes. Multipl. de boutures sur couche, au printemps. Terre sèche et chaude avec couverture l'hiver, ou orangerie. Même culture pour l'*E. laurifolia.*

ESCHOLTZIE DE CALIFORNIE (*Escholtzia californica*) ♂. Tout l'été, fleurs d'un jaune safrané. Terre légère. Semis en place, au printemps.

EUCOMIS COURONNÉE (*Eucomis regia*) ♃. En automne, fleurs verdâtres. Terre légère; multipl. par caïeux. Même culture mais avec couverture l'hiver, pour l'*E. punctata.*

EUPATOIRE POURPRE (*Eupatorium purpureum*) ♃. De septembre en octobre, fleurs rouges. Terre fraîche; multipl. de graines et d'éclats. Même culture pour les *E. ageratoïdes* et *longifolium*, à fleurs blanches.

EUTOCA VISQUEUX (*Eutoca viscida*) ☉. Tout l'été, fleurs bleues. Terre ordinaire; semis au printemps.

FABAGELLE COMMUNE (*Zygophyllum fabago*) ♃. De juillet en septembre, fleurs orangées, blanches à la base. Terre graveleuse, au midi; multipl. d'éclats, ou de graines sur couche. Couverture l'hiver.

FEVIER d'AMÉRIQUE (*Gleditzia triacanthos*) ♄. Remarquable par ses longues épines; en mai et juin, fleurs d'un blanc sâle. Terre légère, fraîche, demi-ombragée; multipl. de graines ou par la greffe. Var. sans épines; pleureur. Espèces: *G. sinensis, horrida, caspiana, macrocanthos, subvirescens.*

FILARIA A FEUILLES ÉTROITES (*Phyllyrea angustifolia*) ♄. Feuilles persistantes; fleurs verdâtres, en mars. Terre légère, à demi ombragée; multipl. de graines aussitôt mûres, et de marcottes par strangulation. Même culture pour le *P. latifolia*.

FLÉCHIÈRE **commune** (*Sagittaria sagittifolia*) ♄. En juin et juillet, épi de fleurs blanches. Terre marécageuse ; multipl. d'éclats.

FONTANÉSIE **a feuilles de filaria** (*Fontanesia phyllireoides*) ♄. En mai, fleurs d'abord blanches, puis rouges. Terre sèche et légère ; multipl. de graines, marcottes et éclats.

FOTHERGILLE **a feuilles d'aune** (*Fothergilla alnifolia*). ♄. En avril, fleurs blanches, odorantes ; fruits, lançant ses graines avec explosion. Terre de bruyère humide et ombragée ; multipl. de graines et marcottes.

FRAGON **piquant** (*Ruscus aculeatus*). ♄. En juin et décembre, fleurs blanches, sur les feuilles ; fruits gros et rouges ; terre légère ; multipl. par éclats.

FRAISIER **de l'Inde** (*Fragaria indica*). ♃. Fleurs jaunes ; fruits insipides. Terre fraiche ; multipl. par éclats.

FRANCOA **appendiculé** (*Francoa appendiculata*). ♃. De mai en juillet, épi de fleurs roses, striées. Multipl. de graines et boutures ; terre ordinaire, avec couverture l'hiver, mieux, orangerie.

FRAXINELLE **dictame blanc** (*Dictamnus albus*). ♃. En juin et juillet, grappes de fleurs pourpres, rayées de blanc ou de noirâtre ; terre légère et chaude ; multipl. d'éclats, ou de graines aussitôt mûres.

FRÊNE **commun** (*Fraxinus excelsior*). ♄. Bel arbre ayant fourni les variétés *jaspidea*, *aurea*, *argentea*, *pendula* ou pleureur, etc., que l'on greffe sur leur type.. Terre franche, argileuse, un peu humide ; multipl. de semis aussitôt la maturité de graines.

FRÊNE **a fleur** (*F. ornus*). En mai et juin, fleurs blanches. Même culture.

FRITILLAIRE **couronne impériale** (*Fritillaria imperialis*) ♃. En avril, fleurs d'un jaune plus ou moins rouge, grandes, en couronne, surmontées d'une touffe de feuilles.

Variétés : jaune, à double couronne, à feuilles panachées, à fleurs doubles jaunes ou rouges. Terre sèche, sans fumier ; multipl. par la séparation des caïeux, tous les trois ou 4 ans. Même culture, mais en terrain frais, pour les *F. meleagris, persica.* Couverture l'hiver pour cette dernière.

FUMETERRE ODORANTE (*Fumaria nobilis*). ♃. En avril, fleur d'un jaune pâle, tachées de rouge. Terre légère, substantielle ; multipl. d'éclats ou de graines aussitôt mûres ; beaucoup d'eau en été. Même culture pour les *F. lutea, fungosa, bulbosa.* Cette dernière se multipl. par la séparation des bulbes ; la jaune demande une couverture l'hiver.

FUSAIN COMMUN (*Evonymus europœus*). ♄. En mai, fleurs blanches ; graines orangées renfermées dans une capsule rouge. Var. à feuilles panachées, à fruits blancs. Tout terrain et toute exposition ; multipl. de graines, de boutures et de marcottes. On cultive de même les *E. verrucosus, latifolius, atro-purpureus, americanus, linifolius. japonicus, aureus, argenteus,* ces cinq derniers à feuilles persistantes.

GAILLARDE PEINTE (*Gallardia picta*). ♃. Tout l'été, fleurs larges de deux pouces, d'un rouge cramoisi bordé de jaune. Orangerie ; terre franche légère ; multipl. de graines sur couche, ou de boutures étouffées, sur la même couche. Même culture, mais pleine-terre pour les *G. perennis, aristata.*

GAINIER ARBRE DE JUDÉE (*Cercis siliquastrum*). ♄. En avril et mai, fleurs roses, avant les feuilles. Terre légère ; exposition chaude ; multipl. de graines, rejetons et marcottes. Même culture pour sa variété à fleurs blanches, et pour le *C. canadensis.*

GALANE BLANCHE (*Chelone glabra*). ♃. De septembre en octobre, épi de fleurs blanches. Terre franche et fraîche ; demi-ombre ; multipl. de semis sur couche, de traces et d'éclats. Même culture pour les *G. obliqua, bar-*

bata et *campanulata*. Couverture l'hiver pour l'avant-dernière.

GALANTHE D'HIVER (*Galanthus nivalis*). ♃. En février fleur penchée, blanche, tachée de vert. Tout terrain multipl. de caïeux tous les trois ans.

GALÉ PIMENT ROYAL (*Myrica gale*). ♄. Feuilles résineuses; fleurs mâles en chaton, les femelles en globules. Terre marécageuse; multipl. de graines, boutures et marcottes. Même culture pour le *M. pensylvanica*.

GALÉGA RUE DE CHÈVRE (*Galega officinalis*). ♃. En juin et juillet, épis de fleurs blanches ou bleues. Terre ordinaire; multipl. de graines, ainsi que pour le *G. orientalis*.

GATTILIER EN ARBRE (*Vitex arborea*). ♄. En septembre, panicule de fleurs d'un bleu pâle. Terre légère e chaude; multipl. de graines, de marcottes, et par la greffe sur le *V. Agnus-castus* qui se cultive de même.

GAULTHERIE DU CANADA (*Gaultheria procumbens*). ♄. Toute l'année, fleurs d'un blanc rosé, ou rouges. Terre de bruyère fraiche et ombragée; multipl. de drageons.

GAURA BISANNUELLE (*Gaura biennis*). En juillet e août, fleurs d'abord blanches, puis devenant rouges. Terre franche légère; multipl. de graines en place.

GENET D'ESPAGNE (*Genista juncea*). ♄. En juillet e août, fleurs jaunes, odorantes. Multipl. de graines en petits pots; orangerie les deux premières années; transplanter avec la motte. Var. double, inodore. Même culture pour les *G. candicans*; *alba*.

GENEVRIER COMMUN (*Juniperus communis*). ♄. Feuilles persistantes; baie d'un bleu noirâtre. Var. *suecica*. Terre légère et fraiche; multipl. de graines et par la greffe. De même pour les *J. oxicedrus*, *virginiana*, *orientalis*.

GENTIANE SANS TIGE (*Gentiana acaulis*). ♃. En avril e mai, et quelquefois en septembre, fleurs d'un très beau bleu. Terre légère, ombragée; multipl. de graines et pa éclats. Même culture pour les *G. cruciata, lutea, purpurea, verna*.

GERANIUM (*Geranium*). On cultive en pleine-terre ordinaire, et on multiplie par graines et par éclats, les espèces ♃. *G. sanguineum*, à fleurs d'un rouge violacé ; — *Collinum*, fl. violettes ; — *Phœum*, fleurs d'un violet noirâtre ; — *Striatum*, fleurs blanches, striées de pourpre ; — *Pratense*, fleurs simples ou doubles, blanches rayées de violet ; — *Macrorhizum*, fleurs rouges ; — *Palustris*, fleur d'un lilas pourpre.

GESSE POIS DE SENTEUR (*Lathyrus odoratus*). ⊙. Toute l'année, fleurs blanches, roses ou violettes. Terre ordinaire ; semis au printemps ou à l'automne. Même culture pour la gesse de Tanger, *L. tingitanus*, à fleurs d'un rouge pourpre foncé. Le POIS VIVACE, *L. latifolius*, à fleurs d'un rose pourpre, craint la transplantation.

GILIE A FLEURS EN TÊTE (*Gilia capitata*). ⊙. Tout l'été, fleurs d'un beau bleu. Semis au printemps ; terre légère. Même culture pour les *G. speciosa*.

GINKGO BILOBÉ (*Salisburia adiantifolia*). ♄. Très bel arbre pyramidal ; fruits mangeables. Terre franche, profonde, un peu humide et ombragée ; multipl. de boutures à talon, marcottes et rejetons.

GIROFLÉE JAUNE (*Cheiranthus cheiri*). ♃. Au printemps, fleurs odorantes, jaunes, brunes, violettes, mordorées, simples ou doubles. Tout terrain ; mnltipl. de boutures et marcottes, ou de graines au printemps.

G. DES JARDINS (*C. incanus*). ♂. Fleurs odorantes, simples ou doubles, blanches, roses, violettes ou panachées. En avril et mai, semis sur couche ; repiquer en pépinière ; mettre en place ou en pots, quand on peut reconnaître les doubles à la forme du bouton. Garantir du froid et de l'humidité.

G. QUARANTAINE (*C. annuus*). ⊙. Variétés blanches, roses, rouges, violettes, lilas, brunes. Même culture,

G. GRECQUE, KIRIS (*C. græcus*). Variétés ⊙, rouge,

rouge-clair, blanche, blanche-naine, violette; et var. ♂,
blanche, rouge, violette. Même culture.

GLAIEUL COMMUN (*Gladiolus communis*). ♃. De mai en
juin, fleurs blanches ou rouges. Multipl. de caïeux, en automne; terre légère.

G. CARDINAL (*G. cardinalis*). En juillet et août, fleurs
écarlates, à taches blanches. Terre de bruyère, ou légère
et mélangée à du terreau de feuille. Multipl. de caïeux,
en mars et avril. Les lever en automne pour ne les replanter qu'au printemps. Même culture pour les *G. psit-
tacinus, pulcherrimus, blandus.*

GLYCINE TUBÉREUSE (*Glycine apios*). ♃. Grimpante;
de juin en septembre, fleurs d'un rouge foncé, panachées
de couleur de chair. Terre légère, chaude; arrosements;
multipl. par séparation des tubercules tous les trois ans.
Même culture pour les *G. sinensis* et *frutescens.*

GOMPHRÈNE GLOBULEUSE (*Gomphrena globosa*). ⊙. De
mai en octobre, tête de fleurs blanches, roses ou violacées.
Semis sur couche chaude. Repiquer avec la motte, en
terre franche, légère, au midi.

GORDONIE GLABRE (*Gordonia lasianthus*). ♄. En septembre et octobre, fleurs blanches. — *G. pubescens;* en
août et septembre, fleurs blanches, à odeur de violette.
Terre franche, légère et chaude; semis sur couche, ou
marcottes. Couverture l'hiver, plus sûrement orangerie.

GRENADILLE BLEUE (*Passiflora cærulea*). ♄. Grimpante. De juillet en octobre, fleurs blanches, bleues et
purpurines. Terre meuble; multipl. de marcottes et de
boutures sur couche. Couverture l'hiver. Même culture
pour la *P. incarnata*, à fleurs blanches, purpurines et
noires.

GROSEILLER ODORANT (*Ribes palmatum*). ♄. En avril,
fleurs jaunes, odorantes. Culture du groseiller ordinaire,
ainsi que pour les espèces : *Aureum*, à fleurs jaunes et
odorantes; — *sanguineum*, fleurs d'un rose vif; — *atro-*

sanguineum ; — de Sibérie, des Alpes, lacustre, du Canada, remarquable, noir, à feuilles de mauve, etc.

GUIMAUVE COMMUNE (*Althea officinalis*). ♃. De juillet en septembre, fleurs d'un blanc pourpré ; tout terrain ; multipl. par éclats.

GYROSELLE DE VIRGINIE (*Dodecatheon meadia*). ♃. Au printemps, fleurs d'un rose vif. Terre franche légère, chaude ; couverture l'hiver ; multipl. de graines et d'éclats.

GYPSOPHILE ÉLÉGANT (*Gypsophila elegans*). ☉. Tout l'été, fleurs blanches. Semis au printemps ; terre légère, sèche. Même cult. pour les *G. muralis*, à fleurs rougeâtres, mêlées de pourpre ; *G. paniculata*.

HALÉSIE A QUATRE AILES (*Halesia tetraptera*). ♄. En mai, fleurs pendantes, d'un blanc pur ; fruit à quatre ailes, mangeable. Terre franche, légère ; semis en terrines, ou marcottes avec le bois de l'année précédente. Même culture pour l'*H. diptera*.

HAMAMÉLIS DE VIRGINIE (*Hamamelis virginica*). ♄. En automne, fleurs jaunes. Terre légère, ombragée ; semis et marcottes incisées.

HARICOT D'ESPAGNE (*Phaseolus coccineus*). ☉. Tout l'été, fleurs rouges. Var. blanche et rouge, ou *bicolor*. Cult. du haricot ordinaire. Semis en avril.

HÉLÉNIE D'AUTOMNE (*Helenium autumnale*). ♃. D'août en novembre, fleurs jaunes. Tout terrain ; multiplication d'éclats.

HELLEBORE ROSE DE NOEL (*Helleborus niger*). ♃. Tout l'hiver, fleurs grandes, roses. Terre franche légère ; demi-ombre ; multipl. d'éclats. Même cult. pour l'*H. hyemalis*, à fleurs jaunes.

HELONIAS ROSE (*Helonias bullata*). ♃ En mai, épi de fleurs roses. Terre de bruyère ; demi-ombre ; multipl. de semis ou d'œillons. Même culture pour l'*H. asphodeloïdes*.

HÉMÉROCALLE JAUNE (*Hemerocallis flava*). ♃. En juin, fleurs jaunes, odorantes ; var. à feuilles panachées. Terre franche, légère, ombragée. Multipl. par la séparation des racines. Même culture pour les *H. fulva*, à fleurs d'un rouge fauve. — *H. japonica*, à grandes fleurs blanches, odorantes ; — *H. cœrulea*, à fleurs d'un bleu violacé.

HÉRACLÉE **a larges feuilles** (*Heracleum panaces*).♃. En juillet et août, fleurs d'un blanc jaunâtre, en ombelle. Multipl. de semis aussitôt la maturité, et par éclats.

HÊTRE **commun** (*Fagus sylvatica*). ♄. Bel arbre ayant fourni plusieurs variétés intéressantes, que l'on multiplie par la greffe. Terre franche, profonde et fraîche ; multipl. de graines stratifiées. Var. pleureur, rouge, cuivré, panaché, à feuilles de fougère.

HORTENSIA **a feuille d'obier** (*Hortensia opuloïdes*). ♄. De juin en novembre, beaux corymbes de fleurs roses ou bleuâtres. Terre de bruyère ; multipl. de boutures et rejetons ; des arrosements et de l'ombre.

HOTTEYA **du japon** (*Hotteya japonica*). ♃. En juin et juillet, fleurs blanches. Terre légère ; multipl. d'éclats, au printemps.

HOUX **commun** (*Ilex aquifolium*). ♄. Toujours vert. En mai et juin, fleurs verdâtres ; baies blanches, jaunes ou rouges. Tout terrain ; semis aussitôt la maturité des graines. Variétés à feuilles panachées de blanc, de rouge et de violet.

HYDRANGÉE **a feuilles de chêne** (*Hydrangea quercifolia*). ♄. En été, panicules de fleurs blanches. Terre légère et fraîche ; couverture l'hiver ; multipl. de marcottes, boutures et drageons. Même culture pour l'*H. arborescens*.

IBÉRIDE **de Perse** ou *Thlaspi vivace* (*Iberis semperflorens*. ♃. En avril et mai, corymbe de fleurs blanches. Terre franche légère ; boutures et marcottes, tout l'été.

IF **commun** (*Taxus baccata*). ♄. Toujours vert, se prêtant très bien à toutes les formes qu'on lui donne par la taille. Terre ordinaire, multipl. de graines, marcottes et boutures.

IMMORTELLE **puante** (*Gnaphalium fœtidum*). ♂. De juin en septembre, fleurs jaunes. Terre légère, avec couverture l'hiver ; multipl. de graines sur couche, ou de boutures en été. Même culture pour les *G. orientalis, eximium, margaritaceum*.

IPOMÉE **écarlate** (*Ipomea coccinea*). ⊙. Grimpante de juillet en septembre, fleurs écarlates. Terre légère et chaude ; semis sur couche ; repiquer en avril et mai. Même cult. pour les *I. quamoclit*, d'un rouge vif ; —*I. nil*, à fleurs bleues ; — *I. insignis*, fl. rose en dedans et rouge en dehors ; — enfin le *volubilis* des jardiniers ou *I. purpureus* et ses nombreuses var. blanches, bleues, roses, panachées.

IRIS **d'Allemagne** (*Iris germanica*). ♃. En mai et juin, belles fleurs d'un bleu violacé. Variétés nombreuses, de diverses nuances. Terre ordinaire ; multipl. de caïeux pour les iris bulbeuses, ou par éclats de racines, pour les autres. Toutes se cultivent facilement et de la même manière. *I. florentina*, fl. blanches ; — *variegata*, blanche veinée de pourpre ; — *susiana*, d'un violet brun marbré de pourpre ; *pumila, fœtidissima, spuria, sibirica, dichotoma, graminea*, etc., etc. Les *I. Swertii, pseudo-acorus* et *lutescens* se plaisent dans les terres marécageuses. — *I. xiphium* et *xiphioides*; elles ont fourni un grand nombre de jolies variétés bulbeuses.

ISOTOME **axillaire** (*Isotoma axillaris*). ♂. Tout l'été, fleurs blanches. Multipl. de graines.

ITÉE **de Virginie** (*Itea virginica*). ♄. En juin, grappe de fleurs blanches. Terre sablonneuse, ombragée ; multipl. de rejetons et marcottes par strangulation.

JACINTHE (*Hyacinthus orientalis*). ♃. Au printemps, fleurs de toutes les nuances, simples ou doubles, selon la variété. Terre sans engrais, sablonneuse ou très légère ; plantation à la fin de septembre, à 4 pouces de profondeur et 6 pouces d'intervalle. Multipl. par la séparation des caïeux, en levant les ognons en été.

JASMIN COMMUN (*Jasminum officinale*). ♄. Grimpant.
De juillet en octobre, fleurs blanches, odorantes. Terre
ordinaire ; multipl. de marcottes et rejetons. Il sert de
sujet pour greffer les autres espèces. — JASMIN JAUNE,
J. fruticans, non grimpant ; fleurs jaunes, inodores. —
J. D'ITALIE, *J. humile*, fleurs d'un jaune plus pâle. — J.
TRIOMPHANT, *J. revolutum*, fl. d'un jaune vif, très odorantes. Couverture l'hiver. — J. D'ESPAGNE, *J. grandi-*
florum, fleurs rouges en dehors, blanches en dedans, odorantes. Orangerie.

JOUBARBE DES TOITS (*Sempervivum tectorum*). ♃. Tout
l'été, épis de fleurs rougeâtres. Terre légère et sèche ;
multipl. par la séparation des rosettes. De même pour le
S. arachnoideum.

JULIENNE DES JARDINS (*Hesperis matronalis*). ♂. De
mai en juin, fleurs simples ou doubles, blanches ou violettes. Terre franche, substantielle ; multipl. de boutures
et d'éclats. — JULIENNE DE MAHON (*H. maritima*). ☉.
Fleurs rouges et lilas, puis blanches et violettes. Semis
de mars en juillet.

KALMIA A LARGES FEUILLES (*Kalmia latifolia*). ♄. En
juin et quelquefois en septembre, corymbe de fleurs roses, carnées ou blanches. Terre de bruyère humide ;
demi-ombre ; multipl. de semis en terrines, de marcottes
et de rejetons. Orangerie pendant les 2 premières années
des semis. Même culture pour les *K. glauca*, *angustifolia*,
oleifolia.

KAULFUSSIE AMELLOIDE (*Charicis heterophylla*). ☉.
Tout l'été, fleurs bleues ; semis en place, au printemps.

KETMIE DES JARDINS (*Hybiscus syriacus*). C'est l'*Al-*
thæa frutex des jardiniers. D'août en septembre, fleurs
grandes, simples ou doubles, blanches, rouges, violettes
ou panachées. Terre franche légère, un peu fraîche ; multiplication de semis, boutures et marcottes.

KOELREUTERIA PANICULÉE (*Kœlreuteria paullinoides*).
♄. En juin, fleurs jaunes. Terre franche, fraîche et lé-

gère ; multipl. de semis, marcottes, boutures et rejetons. Abriter les jeunes sujets pendant les 2 premières années.

LAMIER ORVALE (*Lamium orvala*). ♃. D'avril en juin, fleurs blanches, tachées de rouge ; terre franche, humide, au soleil ; multipl. d'éclats, ou de semis au printemps pour repiquer en automne.

LAURIER COMMUN (*Laurus nobilis*). ♄. Aromatique. En mai, fleurs jaunâtres, dioïques. Terre franche, légère, au levant ou au couchant ; multipl. de rejetons, marcottes ou boutures. Couverture l'hiver. Même culture pour les variétés panachées, à feuilles crispées, à feuilles étroites.

LAURIER-TIN (*Viburnum tinus*) ♄. En mars et avril, fleurs blanches. Terre franche légère ; couverture l'hiver ; multipl. de marcottes et drageons.

LAVATÈRE MAUVE FLEURI (*Lavatera trimestris*) ⊙. De juillet en septembre, fleurs blanches ou roses. Terre franche légère ; midi ; semis sur couche tiède.

LAVANDE COMMUNE (*Lavandula spica*) ♃. Aromatique, propre à faire des bordures. Terre sèche, légère et chaude ; multipl. de graines, et d'éclats profondément plantés.

LEDON THÉ DU LABRADOR (*Ledum latifolium*) ♄. Aromatique. En avril, fleurs blanches. Terre de bruèyre ombragée ; multipl, de boutures, marcottes et rejetons.

LEPTOSIPHON ANDROSACE (*Leptosiphon androsaceus*) ⊙. Tout l'été, fleurs bleues ou blanches. Terre légère ; semis au printemps. Même culture pour le *L. densifolium*, à fleurs d'un rose clair.

LEYCESTERIA ÉLÉGANTE (*Leycesteria formosa*) ♄. Tout l'été, fleurs d'un blanc rosé. Terre légère ; multipl. de marcottes et boutures. Couverture l'hiver.

LIATRIS RUDE (*Liatris squarrosa*) ♃. D'août en octobre, épis de fleurs purpurines. Terre ordinaire ; multipl. de graines aussitôt mûres, ou par éclats. Même culture pour les *L. odoratissima*, *spicata* et *elegans*, cette dernière à fleurs lilas.

LIERRE d'**IRLANDE** (*Hedera hibernica*) ♄ . A feuilles plus grandes que le lierre commun, et croissant beaucoup plus vite. Var. panachée. Multipl. de graines, boutures, ou branches enracinées. Tout terrain.

LILAS **COMMUN** (*Syringa vulgaris*) ♄ . En avril et mai, thyrse de fleurs odorantes. Terre ordinaire; multipl. de boutures, marcottes et rejetons. Variétés: *à fleurs blanches simples*; — *id. doubles*; — *à fleurs pourpres*; — *à fleurs tardives*; — *à fleurs pâles*; — *a feuilles panachées*, — *de Marly*; — *virginal*; — *Charles X.* Même culture pour les:

LILAS DE PERSE, *S. persica*, à panicules de fleurs rouges; var. à *fleurs blanches*, à *feuilles laciniées.* Le **LILAS VARIN**, *S. rothomagensis*, en est une variété hybride, à fleurs lilas ou d'un rouge vif. **LILAS JOSIKA**, *S. josikœa*, espèce à fleurs violâtres. *S.* **SAUGÉ**, variété du varin.

LIN VIVACE (*Linum perenne*) ♃. En août, fleurs bleues. Tout terrain; multipl. de graines et d'éclats.

LINAIRE **A** **FEUILLES** d'**ORCHIS** (*Linaria bipartita*) ☉. En été, jolies fleurs d'un bleu violacé. Terre ordinaire; semis au printemps. **L.** **DES ALPES**, *L. alpina*, ♂, fleurs d'un bleu pourpre, à palais orangé. Même culture

LIQUIDAMBAR **COPAL** (*Liquidambar styraciflua*) ♄ . Au printemps, fleurs verdâtres, odorantes. Terre humide; exposition abritée; multipl. de rejetons, ou de marcottes par incision. Même culture pour le *L. imberbe.*

LINNÉE **BORÉALE** (*Linnœa borealis*) ♃ En mai, fleurs odorantes, roses à l'intérieur, blanchâtres en dehors. Terre de bruyère fraîche et ombragée. Multipl. de marcottes ou de rameaux enracinés; couverture l'hiver.

LIS **BLANC** (*Lilium candidum*) ♃. En juillet, fleurs blanches. Terre franche légère; multipl. par la séparation des caïeux tous les deux ou trois ans. Même culture pour tous. Variétés: à feuilles panachées; id. bordées; à longues fleurs; à fleurs doubles; à feuilles panachées de rouge; de Constantinople — *L. bulbiferum*, fleur d'un rouge orangé; var. double; — *L. japonicum*, fleur blanche en dedans, lavée de rouge en dehors; — *L. crocceum*, d'un jaune rougeâtre, ponctué de noir; — *L. speciosum*, à tige rameuse et à pétales roulés; —. *L. angustifolium*, jaune, ponctué de noir; *L. pomponium*, d'un rouge ponceau; — *chalcedonicum*, écarlate, ponctué, *L. pyrenaicum*, jaune pâle, ponctué de brun rouge; — *L. canadense*, jaune, tâché de fauve et de noir; — *L. maculatum*, rouge, maculé de pourpre; — *L. kamtschense*, rayé de pourpre; — *L. martagon*, à fleur révolutée, d'un rouge safrané, ponctué de noir. Var. à fleurs pourpres, blanches, d'un jaune brillant, piquetées de blanc, id. de rouge, doubles, etc, il faut les couvrir l'hiver. — *L. philadelphicum*, d'un rouge orangé; — *L. tigrinum*, plus grand que le précédent; — *L. monadelphum*, rouge orangé; — *L. superbum*, jaunâtre, ponctuée de noir; — *L. concolor*, d'un rouge écarlate; — *L. carolinianum*, jaune, taché d'orangé; — *L. catesbœi*, varié de jaune, de rouge et d'orangé.

LISERON BELLE DE JOUR (*Convolvulus tricolor*) ⊙. De juin en septembre, fleurs bleues, blanches ou panachées. Terre légère et chaude; semis au printemps.

LOASA ORANGÉE (*Loasa aurantia*) —. Grimpante; en été, grandes fleurs jaunes. Terre ordinaire; midi; semis au printemps; ou multipl. de boutures. Orangerie.

LOBÉLIE CARDINALE (*Lobelia cardinalis*) ♄. De juillet en novembre, fleurs écarlates. Terre de bruyère; multipl. de marcottes et boutures, ou de semis sur couche tiède. Couverture l'hiver; ou, mieux, orangerie. Même culture pour les *L. bellifolia, laurentia, inflata, erinus*. — Les *L. lœvigata, syphilitica* et *purpurea*, craignent moins le froid.

LOPÉZIE A GRAPPE (*Lopezia racemosa*) ⊙. De mai en décembre, fleurs d'un rose foncé. Terre franche légère et chaude; semis sur couche chaude.

LOTIER ROUGE (*Lotus tetragonolobus*) ⊙. En juin et juillet, fleurs d'un rouge foncé. Terre légère et chaude; semis sur couche. Même culture pour le *L. jacobœus*, à fleurs d'un brun foncé.

LUNAIRE MONNAYÈRE (*Lunaria annua*) ⊙. En avril et mai, fleurs rouges ou pourpres. Terre ordinaire; semis.

LUPIN VIVACE (*Lupinus perennis*) En mai et juillet, fleurs d'un bleu lilas. Terre légère et chaude; semis aussitôt la maturité des graines. Même culture pour le *L. luteus*, à fleurs jaunes.

LYCHNIDE CROIX DE JÉRUSALEM (*Lychnis chalcedonica*) ♃. En juin et juillet, fleurs d'un rouge éclatant, en forme de croix de Malte. Variété: *blanche, rose, safranée, écarlate, double.* Terre légère et fraîche; multipl. de graines, de boutures et d'éclats. De même pour les *L. fulgens, grandiflora*, mais orangerie.

LYCIET DE LA CHINE (*Lycium sinense*) ♄. Tout l'été, fleurs d'un violet pourpre. Tout terrain; multipl. de drageons, comme les *L. jasminoide, L. barbarum.*

LYSIMACHIE COMMUNE (*Lysimachia vulgaris*) ♃. En juillet, fleurs jaunes. Terre humide; multipl. par traces. Même culture pour la *L. ephemerum*, à fleurs blanches.

MACLURE ÉPINEUX (*Maclura aurantiaca*) ♄. Bel arbre. En juin et juillet, fleurs verdâtres; fruit de la grosseur d'une orange. Terre légère, ombragée; multipl. de marcottes et rejetons.

MADIA DU CHILI (*Madia elegans*) ⊙. Tout l'été, fleurs jaunes, à rayons rougeâtres à la base. Terre ordinaire; semis au printemps.

MAGNOLIER A GRANDES FLEURS (*Magniola grandiflora*). ♄. De juillet en novembre, fleurs larges de 7 à 8 pouces, blanches, odorantes. Terre franche, substantielle et profonde, au sud-ouest; multipl. de marcottes, ou par la greffe. Même culture pour les *M. acuminata*, fleurs d'un bleu jaunâtre; — *cordata*, d'un jaune verdâtre; — *tripetla*; à fleurs blanches; — *macrophylla*, à fleurs blanches; — *auriculata*, fleurs d'un blanc jaunâtre; — *glauca*, fleurs odorantes, blanches; — *Thompsoniana*, fleurs blanches; —

obovata, fleurs pourpres ; — *tomentosa,* fleurs blanches ; — *discolor,* fleurs blanches en dedans, odorantes dans la variété *soulangiana* ; — *gracilis,* fleurs blanches en dedans, pourpres en dehors.

MAHONIE **a feuilles de houx** (*Mahonia aquifolia*) ♃. En avril et mai, grappes de fleurs jaunes. Terre de bruyère, et même culture que l'épine-vinette, sur laquelle on peut la greffer. On cultive encore les *M. fascicularis, aquifolia, glumacca, repens* et *tenuifolia.*

MALOPE **a trois lobes** (*Malope trifida*) ⊙. Tout l'été, fleurs d'un rose foncé, ou blanches. Semis sur couche ou sur place. *M. grandiflora,* à fleurs plus rouges. Même culture, mais orangerie.

MARRONNIER **d'inde** (*OEsculus hippocastanum*) ♃. Bel arbre. En mai, fleurs blanches, panachées de rouge. Variétés à fleurs rouges ; — à feuilles panachées. Terre franche et profonde ; multipl. de graines stratifiées.

MATRICAIRE **mandiane** (*Matricaria mandiana*) ♃. Toute l'année, fleurs blanches, très doubles. Terre légère multipl. de semis ou d'éclats.

MAURANDIE **toujours fleurie** (*Maurandia semperflorens*). ♃. Grimpante. De mars en septembre, grande fleur d'un rose pourpre. — *M. antirrhiniflora,* fl. lilacée ; — *M. Barclayana,* fl. très grandes et bleues. Terre légère ou de bruyère ; exposition chaude ; multipl. de graines, boutures ou marcottes. Couverture l'hiver ou orangerie.

MAUVE **crépue** (*Malva crispa*). ⊙. En juillet, fleurs blanches. Terre ordinaire ; semis dès la maturité des graines. Même cult. pour la *M. creeana,* à fl. roses ou d'un rouge de cinabre.

MÉLÉZE **d'Europe** (*Larix Europœa*). ♃. Bel arbre résineux, à feuilles caduques. Terre franche légère ; exposition en plein nord ; mult. de semis. Var. noir d'Amérique ; — à rameaux pendants.

MELILOT **bleu** (*Melilotus cœrulca*). ⊙. En août, fleurs bleues, en grappes. Terre légère, chaude ; semis au printemps.

MÉLISSE A GRANDES FLEURS (*Melissa grandiflora*). ♃. Aromatique. De juin en sept. Fleurs rouges. Terre légère et chaude ; multipl. de graines et d'éclats. Même cult. pour la *M. officinalis*.

MELITTE A FEUILLES DE MÉLISSE (*Melittis melissophyllum*). ♃. En mai et juin, fleurs blanches ou roses. Terre légère et fraiche ; multipl. de graines ou d'éclats.

MENISPERME DU CANADA (*Menispermum canadense*). ♄. Grimpant. En juin et juillet, fleurs verdâtres. Terre ordinaire ; multipl. de traces, d'éclats et de boutures. De même pour les *M. virginicum* et *carolinianum*.

MENTHE POIVRÉE (*Mentha piperita*). ♃. Aromatique. Terre ordinaire ; multipl. de drageons et d'éclats, comme pour la *M. sativa*.

MENYANTHE TRÈFLE D'EAU (*Menyanthes trifoliata*). ♃. En juillet, épis de fleurs blanches, à limbe couvert de cils blancs. Terre marécageuse ou inondée ; multipl. par éclats.

MENZIEZIE A FEUILLES DE POLIUM (*Menziezia poliifolia*). ♄. En été, fleurs pourpres. Terre de bruyère ; demi-ombre ; multipl. de marcottes.

MERENDÈRE BULBOCODE (*Merendera bulbocodium*). ♃. En mars, fleurs blanches, puis purpurines. Terre légère ; multipl. par caïeux qu'on replante de suite. Même culture pour le *M. tigrinum*.

MERATIER DU JAPON (*Meratia fragrans*). ♄. Tout l'hiver, fleurs d'un blanc sale, très odorantes. Terre légère et fraiche, à demi-ombre ; multipl. de rejetons et marcottes.

MERISIER A GRAPPES (*Cerasus padus*). ♄. En mai, fleurs blanches ; fruits noirs. Cult. des cerisiers.

MICOCOULIER DE PROVENCE (*Celtis australis*). ♄. Fleurs verdâtres ; fruit d'un rouge noirâtre, comestible. Terre profonde, franche et chaude ; semis en pot aussitôt la maturité des graines ; le jeune plant en orangerie pendant

es 3 premières années. De même pour les *C. orientalis,
t occidentalis.*

MILLEPERTUIS **a grandes feuilles** (*Hypericum caly-
cinum*). ♄. De juin en sept., fleurs jaunes. Terre franche,
légère, à demi-ombre; multipl. de graines et marcottes,
de boutures et d'éclats. De même pour les *H. rosmarini-
folium, macrocarpum, elegans, pyramidatum, hirsutum, olym-
picum.*

MIMULE **de Virginie** (*Mimulus ringens*) . ♃. De juillet
en août, fleurs bleues. Terre légère, humide, à demi-ombre; multipl. d'éclats, ou de graines aussitôt mûres. De
même pour les *M. guttatus*, à fl. jaunes ponctuées de
rouge;—*M. viscosus*, mais couverture l'hiver;—*M.roseus*,
fl. roses, ponctuées; — *M. cardinalis*, fl. écarlates; — *M.
moschatus*, à fl. jaunes, musquées comme toute la plante.

MOLÈNE **purpurine** (*Verbascum phœniceum*). ♂. De
mai en juillet; fleurs d'un rouge bleuâtre. Var. à fleurs
pâles et à fleurs roses. Terre légère, substantielle; multipl. de graines aussitôt mûres. — *V. ferrugineum*, ♃.
Fleurs ferrugineuses. Même culture.

MITCHELLA **rampante** (*Mitchella repens*). ♄. En juin,
fleurs blanches, odorantes. Terre de bruyère humide;
multipl. de marcottes et de rameaux enracinés.

MONARDE **fistuleuse** (*Monarda fistulosa*). ♄. De juillet
en août, fleurs d'un pourpre pâle, ou blanches. Terre légère, substantielle; demi-ombre; multipl. d'éclats; couverture l'hiver. Même culture pour les *M. didyma*, fleurs
d'un rouge vif. *M. punctata.*

MORÉE **de la Chine** (*Morea sinensis*). ♃. En juin et
juillet, fleurs orangées, ponctuées de rouge. — *M. iridioi-
des*, fl. blanches, tachées et ponctuées de jaune. Terre
franche, légère; multipl. de graines et d'éclats; couverture l'hiver.

MORELLE **a feuilles de chêne** (*Solanum quercifolium*).
♃. En juillet, fleurs d'un beau violet. — S. *dulcamara*, ♃

128

Grimpante. Fleurs violettes. Terre légère et fraiche ; multipl. de drageons, éclats et boutures.

MORINE A LONGUE FEUILLES (*Morina longifolia*). ♃. En juin et juillet, fleurs d'un blanc rosé. Terre légère ; multipl. de graines et d'éclats.

MUFLIER DES JARDINS (*Anthirrhinum majus*). ♂. En mai et juin, fleurs pourpres, à palais jaune. Var. *bicolor, fulgens, tricolor*, etc. Terre ordinaire ; multipl. de graines, d'éclats, et de boutures.

MUGUET DE MAI (*Convallaria maïalis*). ♃. D'avril en juin ; fleurs en grelots, odorantes. Var. *à fl. doubles, à fl. rouges, à feuilles panachées.* Terre fraiche et ombragée ; multipl. de drageons. Même cult. ponr le *C. japonica.*

MURIER BLANC (*Morus alba*). ♄. Cultivé pour les vers à soie, comme le mûrier noir. Voyez le verger.

MUSCARI A GRAPPE (*Muscari racemosum*). ♃. En avril, fleurs d'un bleu foncé. Terre ordinaire ; multipl. par caïeux 'evés tous les 3 ans. Même culture, en terre légère, pour les *M. moschatum*, d'un jaune violâtre ; — *comosum* à fl. brunes à la base de l'épi, bleues au sommet ; — *monstruosum*, d'un bleu violacé.

NAPÉE LISSE (*Napæa lævis*). ♃. En août et sept., fleurs blanches. Terre profonde ; multipl. d'éclats ou de semis. De même pour la *N. scabra.*

NARCISSE DES POÈTES (*Narcissus poeticus*). ♃. En mai, fleur blanche, odorante, à godet bordé de rouge. Var. à fl. doubles. Terre franche, un peu fraiche ; multipl. par la séparation des caïeux, en juillet. — **JONQUILLE**, *N. jonquilla*, fl. jaunes, odorantes, simples ou doubles. Même culture, mais terre composée d'un tiers terreau très consommé, un tiers terreau de feuilles, et un tiers terre franche. Planter les ognons en septemb. et les lever lorsque les fanes sont sèches. — *N. pseudo-jonquilla*, jaune, sans odeur. Cult. du N. des poètes, ainsi que pour les suivants — *N. pseudo-narcissus*, fl. jaunes, doubles ; — *N. dubius*, fl. blanche, à couronne tronquée ; — *N. odorus,* *trilobus, orientalis*, etc., etc.; N. **A BOUQUET**, *N. tazetta*, en mai, fleurs jaunes, odorantes; il a fourni un grand nombre de belles variétés, mais il craint nos gelées.

NEFLIER **AZEROLIER** (*Mespilus azerolus*). ♄. En mai et juin, fleurs blanches; fruits rouges ou jaunes. Terre ordinaire, mieux, franche légère; multipl. de graines, de marcottes, ou par la greffe sur l'aubépine. Même culture pour les *M. crus-galli; corallina; japonica; linearis*, ou parasol; *pyracantha* ou buisson ardent. — Aubépine, *M. oxiacantha*, et ses variétés à fl. doubles, à fl. roses

NÉMÉSIE **FLEURIE** (*Nemesia floribunda*). ⊙. Tout l'été, fleurs lilas, jaunes et blanches. Terre légère; semis en place.

NEMOPHILE **REMARQUABLE** (*Nemophila insignis*). ⊙. Tout l'été, fleurs d'un beau bleu. Terre légère; semis en place.

NÉNUPHAR **BLANC** (*Nymphœa alba*). ♃. Aquatique. En juin et août, grandes fleurs blanches, nageantes à la surface des eaux. Multipl. de racines plantées dans la vase, ou de graines jetées dans une pièce d'eau. Même cult. pour le N. **JAUNE**, *N. lutea*.

NERPRUN **ALATERNE** (*Rhamus alaternus*). ♄. Toujours vert. En avril, fleurs verdâtres. Var. *angustifolius, hispanicus, auro-variegatus, albus, albo-variegatus*. Terre ordinaire; multipl. de graines, de rejetons, de boutures et marcottes.

NÉSÉE **A FEUILLES DE SAULE** (*Nesea salicifolia*). ♃. En été, fleurs jaunes. Terre légère; couverture l'hiver; mult. de graines et boutures.

NIGELLE **DE DAMAS** (*Nigella damascena*). ⊙. De juin en sept., fleurs d'un bleu pâle; graines odorantes. Var. doubles, à fleurs bleues, à fleurs blanches. Terre légère et chaude; semis en place. De même pour les *N. hispanica, sativa, orientalis*.

NOLANE **A FEUILLES D'ARROCHE** (*Nolana atriplicifolia*).

☉. Tout l'été et l'automne, fleurs bleues. Semis au printemps.

NIVÉOLE **du printemps** (*Leucoium vernum*). ♃. En mars, fleurs blanches, à bords verts. Terre fraîche, légère; séparation des caïeux tous les 3 ans. Même culture pour les *L. tricophyllum, œstivum, autumnale*.

NOYER **noir** (*Juglans nigra*). ♄. Bel arbre d'Amérique, cultivé comme le noyer commun, ainsi que les *J. olivæformis, cinerea, alba, fraxinifolia*, etc.

OEILLET **des fleuristes** (*Dianthus caryophyllus*). ♃. Les amateurs divisent les œillets en *flammand* et *fantaisie*. Les *œillets à cartes* ne sont plus de mode. Ils les soudivisent ensuite en *ardoisés; fond jaune; fond jaune strié; fond blanc; fond blanc à liseré*, et *bichons*, dont les couleurs ne sont apparentes que sur la lame supérieure des pétales, etc. Tous aiment une terre substantielle, légère, mêlée à moitié terreau très consommé; ils craignent la neige et l'humidité, plus que la gelée. Pour obtenir des variétés nouvelles on sème en avril, et on repique à 3 pouces de distance. Pour multiplier les variétés, on fait des boutures, et depuis la fin de juillet jusqu'au commencement de septembre, des marcottes à talon. Même culture pour l'*œillet à ratafiat* ou *grenadin*.

Les œillets les plus cultivés, et dont plusieurs se multiplient par éclats, sont : L'OEILLET LIGNEUX, *D. lignosus*, à fleurs blanches, puces ou panachées. — OEILLET LACINIÉ, *D. plumarius*, var. à fleurs simples, doubles, rouges ou roses. — MIGNARDISE, *D. moschatus*, *œillet de mai*, *œillet éclatant*. — OEILLET SUPERBE, *D. superbus*, fleurs blanches ou carnées. — OEILLET DE POÈTE, *D. barbatus*, à fleurs blanches, roses, rouges ou panachées, simples ou doubles. — OEILLET D'ESPAGNE, *D. hispanicus*, à fleurs rouges, doubles. — OEILLET PAQUERETTE, *D. pulcherrimus*, à fleurs d'un rouge vif. Celui-ci en terre de bruyère, avec couverture l'hiver. — OEILLET DE LA CHINE, *D. si-*

nensis, ♂. Fleurs doubles ou simples, d'un rouge vif, violet clair, etc.

ONOPORDE D'ARABIE (*Onopordium arabicum*). ♂. En juillet et août, grosse tête de fleurs blanches ou purpurines. Terre ordinaire; semis au printemps.

ORIGAN DICTAME (*Origanum dictamnus*). ♃. Aromatique. Tout l'été, fleurs purpurines. O. MARJOLAINE, *O. majoranoïdes*. Terre légère et chaude, mult. de graines, boutures et éclats.

ORME CHAMPÊTRE (*Ulmus campestris*). ♄. Bel arbre dont on cultive les var. pyramidal, pleureur, ormille, tortillard, tilleul, etc., et les espèces : *U. americana, suberosa, integrifolia, pedunculata, rubra, alata*, et *pumila*. Terre franche légère, profonde. Mult. de graines, de marcottes, et par la greffe sur le *campestris*.

ORNITHOGALE DAME D'ONZE HEURES (*Ornithogalum umbellatum*). ♃. En mars et avril, fleurs blanches, s'ouvrant à 11 heures du matin; tout terrain; mult. de caïeux. Même culture pour l'*O. pyramidale*.

OROBE PRINTANIER (*Orobus vernus*). ♃. En mars, fleurs purpurines. Terre ordinaire, mult. de semis et d'éclats; de même pour l'*O. varius*.

PACHYSANDRE COUCHÉ (*Pachysandra procumbens*). ♃. En mars et avril, épis de fleurs roses, odorantes. Terre légère; mult. d'éclats et de rejetons.

PALIURE ARGALOU (*Paliurus aculeatus*). ♄. En juin et juillet, fleurs jaunes. Terre sèche et chaude; mult. de rejetons.

PANCRATIER MARITIME (*Pancratium maritimum*). ♃. En juillet et août, fleurs blanches, odorantes. Terre sablonneuse, chaude; culture des amaryllis; couverture l'hiver.

PANICAUT AMETHISTE (*Eryngium amethystinum*). ♃. En juillet et août, fleurs bleues. Terre légère, chaude; mult. de graines et de drageons. Même culture pour l'*E. alpinum*.

PAQUERETTE MARGUERITE (*Bellis perennis*). ♃. Variétés doubles, blanches, roses, rouges, panachées, prolifères. Tout terrain; mult. d'éclats en les replantant tous les ans en automne.

PARNASSIE DES MARAIS (*Parnassia palustris*). ♃. En juin, fleur blanche, ciliée de jaune. Terre de bruyère constamment humide; mult. d'éclats.

PAULOUNIA IMPÉRIAL (*Paulownia imperialis*). ♄. Magnifique arbre à feuilles très grandes et fleurs bleues. Croissance très rapide. Terre légère, fraîche; mult. de boutures.

PAVIER ROUGE (*Pavia rubra*). ♂. En mai, fleurs d'un rouge foncé. Terre légère et fraîche; mult. de graines en terrine, de marcottes, et par la greffe sur le maronnier d'Inde. Même culture pour les *P. hybrida, macrostachys, lutea, ohiolensis, scarlatina, discolor.*

PAVOT DES JARDINS (*Papaver somniferum*). ⊙. En juillet et août, grandes fleurs doubles, de toutes nuances. Terre ordinaire; mult. de semis en place, en automne et au printemps. De même pour le COQUELICOT, *P. rhœas*, offrant aussi un grand nombre de variétés. Les *P. bractealum, orientale, nudicaule* et *cambricum*, se cultivent de même et se multiplient de rejetons ou, mieux, de graines.

PENTAPÉTÈS ÉCARLATE (*Pentapetes phœnicea*). ⊙. En août, fleurs écarlates. Terre légère et chaude; semis sur couches chaudes et en pots. Repiquer avec la motte.

PENTSTÉMON A FEUILLES LISSES (*Pentstemon lœvigatum*). ♃. En juillet, fleurs violettes. Terre légère; mult. de graines et d'éclats. De même pour les *P. gentianoides, digitalis.*

PERIPLOCA ARBRE A SOIE (*Periploca grœca*). ♄. Grimpant. En août, fleurs purpurines, bordées de vert. Tout terrain à demi-ombre; mult. de graines, drageons, boutures et marcottes.

PERSICAIRE D'ORIENT (*Polygonum orientale*).⊙. D'août

en octobre, épi de fleurs d'un beau rouge. Terre ordinaire; semis au printemps.

PERVENCHE (GRANDE) *Vinca major*). ♄. De mai en septembre, fleurs blanches, bleu pâle, roses ou panachées. Terre fraîche, ombragée ; mult. de graines ou de rejetons. De même pour les *V. minor*, et ses variétés à feuilles dorées, argentées, larges, à fleurs blanches, blanches précoces, pleines, rouges.

PÉTUNIE ODORANTE (*Petunia nyctaginiflora*). ♃. En été et en automne, fleurs grandes, blanches, odorantes. Mult. de graines au printemps, ou de boutures en mars. Même culture pour le *P. violacea*.

PEUPLIER (*Populus*). Ces beaux arbres exigent une terre humide et légère; on les multiplie de boutures, de marcottes et de rejetons. *P. alba, tremula, nivea, tremuloïdes, monilifera, fastigiata, ontariensis, grandidentata, angulata, græca, viminea, heterophylla, trepida, balsamifera, suaveolens.*

PHALANGÈRE RAMEUSE (*Phalangium ramosum*). ♃. En juin, fleurs blanches. Terre légère, substantielle; mult. de graines ou d'éclats. Même culture pour les *P. liliastrum*, à fleurs blanches; *P. bicolor; P. liliago.*

PHACÉLIE A FEUILLES DE TANAISIE (*Phacelia tanacetifolia*). ☉. Tout l'été, fleurs d'un bleu pâle. Semis au printemps.

PHLOMIS TUBÉREUX (*Phlomis tuberosa*). ♃. De juin en septembre, fleurs rouges. Terre légère et chaude; mult. par la séparation des tubercules, tous les 3 ans. *P. lichnitis.* ♄. Fleurs jaunes; mult. de graines, marcottes et boutures. Couverture l'hiver. *P. fructicosa, laciniata, alpina, herba-venti.*

PHLOX PANICULÉ (*Phlox paniculata*). ♃. D'août en septembre, beaux panicules de fleurs lilas ou rouge pâle; var. à fleurs blanches, à feuilles panachées, à fleurs roses, pourpres, lilas, gris de lin, etc., etc. Terre franche et fraîche; mult. de graines pour obtenir des variétés, ou d'éclats. Même cult. pour les *P. decussata, ovata, maculata, setacea, reptans, pilosa, suaveolens, divaricata, pyramidalis, amœna, undulata, glaberrima, setacea, carolina, subulata, omniflora, sufruticosa*, qui tous ont fourni de jolies et nombreuses variétés.

PHYTOLACCA RAISIN D'OURS (*Phytolacca decandra*).♃. En août et septembre, fleurs rougeâtres et blanches; grappe de baies rouges. Terre franche et chaude; mult. de graines et d'éclats au printemps.

PICRIDIE TINGITANE (*Picridium tingitanum*). ⊙. Tout l'été, fleurs jaunes, à fond noir. Terre ordinaire, semis au printemps.

PIGAMON A FEUILLES D'ANCOLIE (*Thalictrum aquilegifollum*). ♃. En mai, fleurs vertes, à étamines nombreuses, blanches ou rouges. Terre substantielle, légère; multipl. de graines, drageons et éclats. De même pour les *T. flavum* et *glaucum*.

PIN (*Pinus*). Arbres résineux, d'un bel effet. Les plus cultivés sont : *P. sylvestris* et ses variétés *rubra, genevensis, navalis, tatarica, montana. — P. laricio*, var. *calabra. — P. pinaster; — pinea; — Massoniana; — resinosa; — alepensis; — inops; — divaricata; — maritima; — uncinata; — pumilo; — variabilis; — P. tœda; — rigida; — strobus; — cembro; — occidentalis.* Tout terrain, mieux terre légère, franche, sabloneuse, un peu humide; multipl. de graines semées en terrine aussitôt leur maturité.

PINKNEYA PUBESCENT (*Pinkneya pubescens*). ♄. Au printemps, fleurs blanches, rayées de pourpre. Multipl. de graines sur couche chaude, ou de boutures étouffées, ou de marcottes. Terre légère, fraîche.- Couverture les premières années.

PISTACHIER TÉRÉBINTHE (*Pistacia terebinthus*). ♄. En juin et juillet, fleurs purpurines. Terre franche, légère et chaude ; multipl. de graines sur couche chaude, ou de marcottes. Même culture pour le *Pistacia trifolia* ou *vera*.

PIVOINE OFFICINALE (*Pæonia officinalis*). ♃. En mai,
fleurs rouges, simples ou doubles. Var. rose, carnée passant au blanc. etc. Terre franche; multipl. par la séparation des tubercules en septembre. Les variétés les plus
belles sont. P. de la Chine, à fl. blanches, odorantes. —
P. à odeur de rose; — reine des Français; — comte de
Paris. — *Hericartiana*; — victoire modeste; — *anemonæ-
flora striata*; — *violacea grandiflora*; — *pulcherrima*; —
elegans; — *luteo-alba*. **PIVOINE EN ARBRE OU MOUTAN.**
(*P. Moutan*). ♄. En avril et en mai, fleurs simples, semi-
doubles ou doubles, larges de 7 à 8 pouces et plus, blanches, tachées de pourpre à la base des pétales. Var. *P.
papaveracea*; — *P. arborea rosea*. Ces trois pivoines ligneuses ont fourni plus de trente variétés. Terre légère,
mélangée à moitié terre de bruyère. Multipl. par marcottes qu'il ne faut sevrer que lorsqu'elles ont des racines charnues, de boutures étouffées, de greffe sur le
tubercule d'une pivoine ordinaire, ou de graines, mais
ce dernier moyen est excessivement long. Couverture
l'hiver. — Renouveler leur terre tous les trois ans.

PLANÈRE DE RICHARD (*Planera Richardi*). ♄. Bel
arbre que l'on cultive comme l'orme et que l'on greffe
sur lui, ainsi que le *P. Gmelini.*

PLAQUEMINIER D'ITALIE (*Diospyros lotus*). ♄. Fleurs
insignifiantes; fruit d'une saveur agréable, de la grosseur d'une prune. Terre franche, fraîche; multipl. de
graines, ou par la greffe en approche sur le suivant:
D. virginiana, même culture, mais au nord.

PLATANE D'ORIENT (*Platanus orientalis*). ♄. Très bel
arbre cultivé pour avenue, ainsi que les espèces *acerifolia, occidentalis, cuneata, laciniata, stellata, undulata.*
Terre franche légère; multipl. de marcottes, boutures à
talon, et de graines.

PODALYRE A FLEURS BLEUES (*Podalyra australis*). ♃.
En juillet, longues grappes de fleurs bleues. Terre légère
et chaude; multipl. d'éclats et de graines.

PODOPHYLLE EN BOUCLIER (*Podophyllum peltatum*). ♃. En mai, fleurs blanches. Terre fraîche, demi-ombre ; multipl. de graines ou d'éclats. Même culture pour le *P. palmatum.*

POLÉMOINE VALÉRIANE GRECQUE (*Polemonium cœruleum*). ♃. De mai en juillet, fleurs blanches ou bleues. Terre ordinaire ; multipl. d'éclats. Même culture pour le *P. reptans.*

POPULAGE DES MARAIS (*Caltha palustris*). ♃. En avril et en mai, fleurs d'un beau jaune, simples ou doubles. Terre humide ; multipl. d'éclats.

PONTÉDERIE CORDIFORME (*Pontederia cordata*). ♃. En mai, épis de fleurs d'un beau bleu. Terre humide, multipl. d'éclats. Couverture l'hiver.

POTENTILLE FRUTIQUEUSE (*Potentilla fruticosa*). ♄. En juillet et août, fleurs blanches ou jaunes. Terre ordinaire. Multipl. de graines et d'éclats. Même culture pour les *P. alba, atrosanguinea, formosa.*

PRENANTHE BLANC (*Prenanthes alba*). ♃. En sept., Fleurs blanches, penchées. Terre fraîche ; demi-ombre ; multipl. de graines et d'éclats. Même culture pour le *P. purpurea.*

PRIMEVÈRE COMMUNE (*Primula elatior*). ♃. Au printemps, fleurs simples ou doubles, dans toutes les nuances, selon les variétés qui sont très nombreuses. Toute terre fraîche ; multipl. d'éclats, ou de semis en automne et peu recouvrir les graines.

La **P. OREILLE D'OURS** (*P. auricula*) renferme également un très grand nombre de variétés que les amateurs ont divisées 1° en *anglaises* ou *poudrées* ; 2° en *françaises* ou *flamandes* ; 3° en *doubles* ou *mordorées*. Même culture, et multipl. d'éclats et de graines. Le semis se fait de septembre en mars, en terrine et terre de bruyère. Très peu recouvrir la graine. Exposition du nord ou du levant. On cultive de même les *P. cortusoides, integrifolia,* et *farinosa.*

PRINOS APALANCHINE (*Prinos verticillatus*). ♄. En juillet et en août, grappes de fleurs blanches. Terre légère ou de bruyère; multipl. de graines, boutures et rejetons. Même culture pour les *P. lucidus, lanceolatus, prunifolius, glaber.*

PTÉLÉE TRIFOLIÉE (*Ptelea trifoliata*). ♄. En juin, fleurs verdâtres; graines aromatiques. Terre franche légère; multipl. de graines et marcottes.

PTEROCARYA A FEUILLES DE FRÊNE (*Ptérocarya fraxinifolia*). ♄. Feuilles odorantes; fleurs verdâtres. Terre ordinaire; multipl. de marcottes.

PULMONAIRE DE VIRGINIE (*Pulmonaria virginica*). ♃. De mars en mai, fleurs blanches, bleues ou rouges. Terre fraîche; multipl. d'éclats. Même culture pour les *P. sibirica, angustifolia.*

PYROLE A FEUILLES RONDES (*Pyrola rotundifolia*). ♃. En juin, grappes de fleurs blanches et odorantes; terre légère et humide; demi-ombre; multipl. d'éclats et d'œilletons.

RAMONDE DES PYRÉNÉES (*Ramondia pyrenaïca*). ♃. En mai, fleurs d'un bleu purpurin. Multipl. de graines et d'éclats; terre légère.

RENONCULE DES JARDINS (*Ranonculus asiaticus*). ♃. Au printemps, fleurs de couleurs variées à l'infini, dont les amateurs possèdent de jolies collections. On les cultive absolument comme les anémones (Voy. ce mot). Même culture pour la variété nommée PIVOINE.

La **RENONCULE BOUTON D'OR** (R. *acris*). ♃. A fleurs jaunes, doubles, aime une terre légère et fraîche. Multipl. d'éclats, tous les trois ans. Même cult. pour le BOUTON D'ARGENT (*R. aconitifolius*), à fleurs blanches, doubles.

RESEDA ODORANT (*Reseda odorata*). ♄ en Algérie, ⊙ chez nous. De juin jusqu'en hiver, fleurs jaunâtres, petites, odorantes. Terre ordinaire, semis au printemps.

RHEXIE DE VIRGINIE (*Rhexia virginica*). ♃. En juin et en juillet, fleurs d'un rose vif. Terre tourbeuse, ou de bruyère humide ; multipl. de drageons, éclats, ou graines. Même culture pour le *R. mariana*.

RHODANTHE DE MANGLES (*Rodanthe Manglesii*). ☉. Tout l'été, fleurs très jolies, d'un rose foncé. Semis sur couche au printemps ; terre légère ou de bruyère, ombragée.

RHODODENDRON ou **ROSAGE FERRUGINEUX**. (*Rhododendrum ferrugineum*). ♄. En juin, fleurs roses ou d'un rouge vif. Terre de bruyère, au nord ou à l'est. Multipl. de semis en terrine et terre de bruyère, au printemps ; ou de marcottes qui mettent 2 ans à s'enraciner. Même culture pour les *R. chamœcistus ; punctatum ; hirsutum ; davuricum ; kamtschatica ; caucasicum ; chrysantum, maximum, azaloïdes ; catawbiense ; ponticum* ; et leurs variétés, nombreuses dans la dernière espèce.

RHODORA DU CANADA (*Rhodora canadensis*). ♄. De mars en avril, fleurs purpurines, à odeur de rose. Culture des rosages.

RICIN COMMUN (*Ricinus communis*). ♄ dans l'Inde ; ☉ chez nous. Beau feuillage ; en juin, fleurs en grappes ; terre légère et chaude ; multipl. de graines.

RINDÈRE AILÉE (*Rindera tetraspis*). ♃. En mai et juin, fleurs jaunes, en girandoles. Terre légère ; mi-soleil ; multipl. de semis et boutures.

ROBINIER FAUX-ACACIA, ACACIA COMMUN (*Robinia pseudo-acacia*). ♄. En mai et juin, grappes de fleurs blanches et odorantes. Variétés : *macrophylla, microphylla, macrocantha, crispa, spectabilis, inermis, monstruosa, procera, stricta, spiralis,* etc. Terre franche légère, un peu humide ; multipl. de graines au printemps ; les var. se greffent sur leur type. Même culture pour les espèces : *viscosa, hispida,* ou acacia rose. De même pour les *caragana* ou robiniers à feuilles pinnées sans impaire.

ROMARIN OFFICINAL (*Rosmarinus officinalis*). ♄. Aromatique ; de janvier en mai, fleurs d'un bleu pâle. Terre

159

légère et chaude ; multipl. d'éclats, boutures et marcottes.

RONCE **commune** (*Rubus fruticosus*). ♄ . On cultive ses variétés : à fleurs doubles, roses ou blanches ; à feuilles laciniées, panachées ; à fruits blancs ; sans épines. Terre franche ; multip . de rejetons, marcottes et éclats. Même culture pour le *R. odoratus*, à fleurs roses.

ROSEAU **a quenouille** (*Arundo donax*). ♃ . Tiges de 10 à 12 pieds ; en août, fleurs pourpres. Terre franche, substantielle, humide ; exposition chaude ; multiplication d'éclats. Var. à feuilles panachées.

ROSIER (*Rosa*). ♄ . Ce charmant arbrisseau a fourni une immense quantité de variétés, dont la nomenclature se trouve dans les catalogues des jardiniers. Nous nous bornerons ici à indiquer les espèces ou types qui les ont produites.

SECTION 1re.

R. **a feuilles simples**. *R. berberifolia ;* d'un beau jaune, à onglets des pétales d'un rouge noirâtre. Variété : *Hardyana.*

SECTION 2.

R. **féroce**, *R. ferox ;* d'un rose foncé, odorante. Les *R. rugosa* et *kamtschatika* appartiennent à cette tribu.

SECTION 3.

R. **a bractées**, *R. bracteata*, grande, double, blanche à cœur jaune. Les *R. Lyllii* et *involucrata* sont de cette division.

SECTION 4.

R. **de mai**, *R. maialis*, petite, d'un rose pâle.

R. **turneps**, *R. rapa*, fleurs rouges.

R. **glauque**, *R. rubrifolia*, petite, d'un rose vif.

R. **luisant**, *R. lucida*, d'un rouge vif.

R. **a petites fleurs**, *R. parviflora*, d'un rose pâle.

R. **de la Caroline**, *R. Carolina*, d'un rouge foncé. Les *R. macrophylla, nitida, laxa, blanda, cinnamomea, fraxinifolia* et *Woodsii* appartiennent à cette division.

SECTION 5.

R. PIMPRENELLE, *R. spinosissima*, qui a fourni plus de 50 variétés.

R. DES ALPES, *R. alpina*, fleurs rouges.

R. SOUFRÉ, *R. sulfurea*, jaune, double, éclosant difficilement. On range dans cette section les *R. involuta, stricta, rubella, acicularis, sabini, lutescens, grandiflora* et *miriacantha*.

SECTION 6.

R. DE PUTEAUX, *R. belgica*, d'un rose foncé.

R. CENTFEUILLE, *R. centifolia*, la plus ancienne et la plus belle des roses. Elle a fourni plus de 100 variétés.

R. DE DAMAS, *R. damascena*. Un grand nombre de variétés.

R. DE PROVENCE, *R. provincialis*, rouge ou carnée. Beaucoup de variétés.

R. DE PROVINS, *R. gallica*. Elle a fourni plus de 350 variétés.

R. DE BOURGOGNE, *R. parvifolia*, petite, très double, pourpre.

SECTION 7.

R. VELU, *R. villosa*, d'un rouge pâle.

R. BLANC, *R. alba*. Plus de 100 variétés.

R. COTONNEUX, *R. tomentosa*, fleurs rouges.

R. DE FRANCFORT, *R. turbinata*, d'un rouge foncé. On place dans cette division les *R. evratina, hibernica, spinifolia*.

SECTION 8.

R. ROUILLÉ, *R. rubiginosa*, d'un rose clair. 30 variétés.

R. JAUNE, *R. lutea*, jaune ou couleur capucine. Cette section comprend encore les *R. glutinosa, montezumæ* et *vulverulenta*.

SECTION 9.

R. ÉGLANTIER, *R. canina*, la meilleure espèce pour recevoir la greffe des autres. Var. à fleurs doubles.

R. NOISETTE, *R. noisettiana;* variétés nombreuses et jolies.

R. **des Indes**, *R. indica.* Une trentaine de variétés, parmi lesquelles la *rose thé* et la *bengale jaune.*

R. **du bengale**, *R. semperflorens;* fleurs pourpres. Variétés très nombreuses.

R. **de la Chine**, *R. sinensis,* à fleur cramoisie. On place dans cette section les *R. microphylla, sericea, caucasica* et *rubrifolia.*

SECTION 10.

R. **des champs**, *R. arvensis,* blanche. Plusieurs var.

R. **multiflore**, *R. multiflora,* d'un rose pâle.

R. **toujours vert**, *R. sempervirens,* blanche, odorante. 6 à 7 variétés.

R. **musqué**, *R. moschata,* blanche, odorante. Les *R. abyssinica, systyla* et *rubrifolia* appartiennent à cette section.

SECTION 11.

R. **de Banks**, R. *Banksiana,* blanches, odorantes, très doubles. On place dans cette section les *R. sinica, setigera, hystrix, lævigata, microcarpa.*

Aujourd'hui l'on possède un grand nombre de variétés remontantes, dans la plupart des espèces, ce qui permet de jouir de cette charmante fleur pendant toute l'année. Les rosiers aiment une terre légère, franche, substantielle, meuble, un peu fraîche, mélangée à du terreau consommé. On les multiplie de graine semées à l'automne, pour obtenir des variétés, ou de rejetons, de marcottes, de boutures sous cloche, et par la greffe en écusson sur églantier.

RUDBÈQUE **lacinié** (*Rudbekia laciniata*). ♃. En juillet, fleurs radiées, jaunes. Terre franche, légère ; multipl. de graines et d'éclats. Même culture pour les *R. purpurea, pinnata, hirsuta, Drummondii* et *digitata.*

RUELLIÉ **élastique** (*Ruellia strepens*). ♃. En juillet et août, fleurs d'un lilas tendre. Terre légère ; multipl. de boutures, ou semis sur couche.

SAINFOIN **a bouquet** (*Hedysarum coronarium*). ♃. En

juillet, fleurs odorantes, d'un rouge foncé, à étendard rayé de blanc. Terre légère et chaude; multipl. de graines au printemps, ou par éclats. Même culture pour les *H. canadense* et *caucaseum.*

SALICAIRE EFFILÉ (*Lytrum virgatum*). ♃. En juillet et août, fleurs purpurines. Terre humide ou marécageuse; multipl. de drageons. Même culture pour les *L. salicaria, verticillatum.*

SALPIGLOSSIS POURPRE (*Salpiglossis atropurpurea*). ☉. En juillet et août, fleurs d'un pourpre noirâtre. Terre légère; semis sur couche, au printemps. Même cult. pour le *S. straminea.*

SANGUINAIRE DU CANADA (*Sanguinaria canadensis*). ♃. Feuille unique, radicale; fleur blanche, assez grande. Terre humide, légère, à demi-ombre; multipl. d'éclats.

SANTOLINE COMMUNE (*Santolinus chamæcyparissus*). ♄. En juillet et août, fleur d'un beau jaune, odorante. Terre légère, chaude; multipl. d'éclats, marcottes et boutures. De même pour les *S. viridis* et *rosmarinifolia.*

SAPIN COMMON (*Abies taxifolia*). ♄. Bel arbre résineux, très propre à la décoration des grands jardins. Culture des pins, ainsi que les *A. picea, canadensis, nigra, alba, balsamea.*

SAPONAIRE OFFICINALE (*Saponaria officinalis*). ♃. En uillet, gros bouquet de fleurs roses ou rouges, simples ou doubles. Terre ordinaire; multipl. de traces; même cult. pour la *S. ocymoides.*

SARRACENIE POURPRE (*Sarracenia purpurea*). ♃. En juin et juillet, fleurs vertes à l'intérieur et pourpres à l'extérieur. Terre marécageuse ou de bruyère; multipl. de semences et d'éclats; couverture l'hiver.

SARRÈTE AILÉE (*Serratula alata*). ♂. En août et septembre, fleurs d'un rose violacé. Terre légère; de graines semées aussitôt la maturité.

SAUGE DE CRÈTE (*Salvia cretica*). ♄. En été, fleurs d'un rose vif. Terre légère et chaude; multipl. d'éclats et de boutures. Même culture pour les *S. paniculata*, bleu pâle; *S. canariensis*, d'un rose pourpre; *S. indica*, bleue, tachée de violet et bordée de blanc; *S. formosa* d'un rouge écarlate; *S. bicolor*, lèvre supérieure bleue, l'inférieure blanche; *S. argentea*, blanche; *S. officinalis*, et ses variétés *tricolore*, *panachée*, *à petites feuilles*. *S. orminum*, ⊙ ainsi que ses variétés à bractées violettes ou rouges. On la sème sur place au printemps.

SAULE COMMUN (*Salix alba*). ♄. Propre, comme tous ses congénères, à la décoration du bord des eaux. Terre humide ou marécageuse; multipl. de boutures en plançons. Même cult. pour le **SAULE PLEUREUR**, *S. babylonica*, d'un effet très pittoresque.

SAXIFRAGE PYRAMIDALE (*Saxifraga pyramidalis*). ♃. De mai en juillet, longue panicule de fleurs blanches. Terre fraiche, à demi-ombre; multipl. de graines, et par éclat des touffes et des rosettes. Même cult. pour toutes: *S. umbrosa*, *sarmentosa*, *hypnoides*, *hirsuta*, *furcata*, *granula*, *geranoides*, *crassifolia*.

SCABIEUSE FLEUR DE VEUVE (*Scabiosa atropurpurea*). ♂. De juillet en octobre, fleurs roses, d'un rouge noirâtre velouté, blanches, panachées, selon la variété. Terre franche, légère et chaude; multip. de semences. Même cult. pour la *S. stellata*.

SCHISANDRE ÉCARLATE (*Schisandra coccinea*). ♃. Grimpant. En juillet, fleurs petites, écarlates. Terre légère, avec couverture l'hiver; multipl. de graines et de drageons.

SCHISANTHE A FEUILLES AILÉES (*Schisanthus pinnatus*). ⊙. Au printemps, fleurs d'un lilas clair, à palais jaune, tigré de pourpre, entouré de quatre taches violettes. Terre substantielle, légère; semis sur couche; repiquer avec la motte.

SCILLE AGRÉABLE (*Scilla amœna*). ♃. En mars et avril, fleurs bleues rayées de blanc. Terre sablonneuse ou au moins très légère; multipl. par la séparation des caïeux, tous les 4 ans. Même culture pour les : *S. maritima*, à ognon gros comme la tête d'un enfant. *S. italica*, fl. bleues, odorantes ; *undulata, prœcox, autumnalis, campanulata*, et *peruviana*, ces deux dernières avec couverture l'hiver.

SCORPIONE DES MARAIS, SOUVENEZ-VOUS DE MOI (*Myosotis scorpioides*). ♃. D'avril en août, épi arqué de jolies fleurs bleues. Terre marécageuse ; multip. de graines ou d'éclats.

SEDUM ORPIN (*Sedum telephium*). ♃. En juillet et août, fleurs purpurines ou blanchâtres. Terre ordinaire et sèche ; multipl. de graines, d'éclats ou de drageons. Même cult. pour les *S. spurium, populifolium, rhodiola*.

SELAGINE BATARDE (*Selago spuria*). ☉. En juillet, épi de fleurs violettes. Terre légère, mêlée à un tiers de terreau ; midi ; semis sur couche chaude.

SENEÇON ÉLÉGANT (*Senecio elegans*). ☉. En août, fleurs à rayons pourpres et disque jaune. Var. à fl. doubles pourpres ; à fl. doubles blanches. Terre légère ; midi ; semis sur vieille couche, au printemps.

SILÉNÉ DIVISÉ (*Silene bipartita*). ☉. En été et en automne, fleurs roses. Terre légère ; semis au printemps. On sème en automne, le *S. virginica*, à fleurs écarlates. Couverture l'hiver.

SERINGA ODORANT (*Philadelphus coronarius*). ♄. En juin et juillet, fleurs blanches, odorantes. Var. *nain ; à feuilles panachées ; à fl. semi-doubles*. Tout terrain ; multipl. par boutures, drageons, et éclats. Même culture pour le *P. grandiflora*, sans odeur.

SILPHIUM LACINIÉ (*Silphium laciniatum*). ♃. Au printemps, fleurs jaunes, radiées ; multip. de semis et d'éclat. Terre profonde. Même culture pour les *S. terebinthinaceum, conatum, perfoliatum, trifoliatum, ternatum, integrifolium, atro-purpureum*, tous à fleurs jaunes.

SMILACINE A GRAPPE (*Smilacina racemosa*). ♃. En juin, grappes de petites fleurs blanchâtres. Terre de bruy r ombragée; multipl. de drageons et d'éclats. Même cult. pour la *S. stellata.*

SOLDANELLE **des Alpes** (*Soldanella alpina*). ♃. En avril et mai, fleurs pendantes, rougeâtres, en cloche. Var. à fl. pourpres, à fl. blanches. Terre légère ou de bruyère; demi-ombre; multipl. de graines ou d'éclats en octobre. Couverture l'hiver.

SOLEIL **a grande fleur** (*Helianthus annuus*). ⊙. De juillet en septembre, fleurs jaunes, simples ou doubles. Terre ordinaire; semis. S. **vivace**, *helianthus multiflorus*, ♃. En août, fleurs simples ou doubles, jaunes; multipl. par éclats. De même pour les *H. atrorubens, giganteus, altissimus, mollis, diffusus.*

SOPHORA **du Japon** (*Sophora japonica*). ♄. En juillet, fleurs blanches, en grappe. Terre franche et chaude; multipl. de graines et rejetons. Même cult. pour le *S. pendula.*

SORBIER **des oiseleurs** (*Sorbus aucuparia*). ♄. En mai, fleurs blanches, en corymbe; fruits d'un rouge de corail. Terre franche, légère; multipl. de graines, ou de greffe sur l'aubépine. Même cult. pour les *S. hybrida, intermedia, sambucifolia, spuria.*

SOUCI **commun** (*Calendula officinalis*). ⊙. De juin en septembre, fleurs jaunes, simples ou doubles. Terre ordinaire; semis au printemps. Même culture, en terre de bruyère, pour le *C. pluvialis*, à fl. violettes en dehors, blanche à l'intérieur.

SPARTIUM **a fleurs blanches** (*Spartium album*). ♄ En mai et juin, fleurs blanches ou roses, analogues à celles du genet. Terre légère, chaude; couverture l'hiver; multip. de graines.

SPIGÉLIE **du Maryland** (*Spigelia marylandica*). ♃. En août, fleurs jaunes en dedans, rouges en dehors, odorantes. Terre fraîche, légère, un peu ombragée; multip. d'éclats ou de semences.

SPIRÉE **ulmaire** (*Spiræa ulmaria*). ♃. En juillet, grand

corymbe de fleurs blanches. Var. *à fleurs doubles, à feuilles panachées.* Terre humide ou légère et fraiche ; multip. de graines, d'éclats, ou de rejetons. Même cult. pour les *S. ulmifolia, populifolia, hypericifolia, crenata, aruncus, trifoliata, lævigata, salicifolia, sorbifolia, lobata, tomentosa, filipendulata, chamœdrifolia, triloba, bella, alpina, flexuosa, corymbosa, oblongifolia* et *thalictroides.*

STAPHYLIER FAUX PISTACHIER (*Staphylea pinnata*). ♄. En avril et juin, grappes de fleurs blanches. Terre ordinaire ; multipl. de graines, rejetons et marcottes. Même culture pour le *S. trifoliata.*

STATICÉ GAZON D'OLYMPE (*Statice armeria*). ♃. Propre à faire de jolies bordures. De mai en août, tête de fleurs blanches, lilas, ou rouges. Terre ordinaire, fraiche ; multipl. par éclats. Même cult. pour les espèces : *scoparia, limonium, tatarica, speciosa, reticulata, lusitanica, purpurata, cordata, graminifolia.*

STENACTIS AGRÉABLE (*Stenactis speciosa*). ♃. Tout l'été, fleurs d'un pourpre violacé, à disque jaune. Terre légère ; multipl. de graines ou par éclats.

STEVIA POURPRE (*Stevia purpurea*). ♃. En été, fleurs pourpres, en corymbe. Terre légère, chaude ; couverture l'hiver ; multipl. de semis sur couche, ou par éclats. Même cult. pour les *S. serrata, pedata, salicifolia, punctata.*

STRAMOINE FASTUEUX (*Datura fastuosa*). ☉. De juillet en novembre, fleurs en cloche, blanches en dedans, d'un rose violacé en dehors, ayant souvent 2 ou 3 corolles l'une dans l'autre. Semis sur couche chaude ; repiquer au midi. Même culture pour le *D. cerataucola*, à fleurs odorantes ; *D. tabula*, et *ferox.*

SUMAC DES VINAIGRIERS (*Rhus glabrum*). ♄. En juillet, panicule de fleurs verdâtres ; fruits d'un beau rouge. Terre ordinaire ; multipl. de graines et de rejetons. *R. coriaria ; —* R. *cotinus.* Même culture.

SUREAU COMMUN (*Sambucus nigra*). ♄. En juin, cime ombelliforme de fleurs blanches. Var. *à fruits blancs* ou *verts;* à *feuilles panachées,* à *feuilles bipinnées,* etc. Tout terrain; multipl. de graines et boutures. Même cult. pour les *S. racemosa, pubescens.*

SWERTIA vivace (*Swertia perennis*). ♃. En juin et juillet, panicules de fleurs bleues, en étoiles, rayées et ponctuées de verdâtre. Terre humide ou marécageuse; multipl. de drageons, ou de graines aussitôt leur maturité.

SYMPHORINE a grappes (*Symphoricarpos racemosa*). ♄. En août, fleurs très petites, roses; tout l'hiver, grappes de fruits blancs. Terre ordinaire; multipl. de marcottes et drageons. Même cult. pour la *S. parviflora.*

TAGÈTE oeillet d'Inde (*Tagetes erecta*). ☉. De juillet en octobre, fleurs jaunes, plus ou moins mordorées, doubles ou simples, exhalant une odeur désagréable. Terre ordinaire, ou franche légère; semis au printemps. Même culture pour le *T. patula,* à fleurs orangées, rayées de jaune.

TAMARISC de Narbonne (*Tamaris gallica*). ♄. De mai en octobre, fleurs d'un blanc pourpré; feuillage pittoresque. Terre humide, fraîche, ombragée; mult. de boutures et marcottes. Même culture pour le *T. germanica.*

TANAISIE commune (*Tanacetum vulgare*). ♃. Aromatique. En août, fleurs d'un beau jaune; var. à feuilles crépues. Terre franche ou sablonneuse, fraîche; mult. de drageons et d'éclats. Même culture pour le *T. boreale.*

THUNBERGIE ailée (*Thunbergia alata*). ♃. Grimpante. Tout l'été, fleurs jaunes, à centre pourpre; var. à fleurs blanches. Terre légère et chaude; semis au printemps; orangerie si on veut la conserver l'hiver. Cultiver de même la *T. fragrans.*

THUYA d'Occident (*Thuya occidentalis*). ♄. Bel arbre résineux, à cônes obovales. Terre fraîche, légère et substantielle, et culture des pins. De même pour le *T. orientalis* et sa variété à rameaux pendants.

TIGRIDIE panachée (*Tigridia pavonina*). ♃. En juillet,

belles fleurs jaunâtres et écarlates, ponctuées de rouge foncé. Terre substantielle et légère; mult. de caïeux, aussitôt replantés, en avril.

TILLEUL D'EUROPE (*Tilia europœa*). ♄. Bel arbre propre à planter des promenades, ainsi que ses var. *platiphyllos, à feuilles panachées, à feuilles laciniées, corail, pleureur*, et les espèces *bohemica, carolina*. Terre ordinaire, mieux, fraîche et profonde; mult. de graines stratifiées, et par la greffe.

TOURETTE PRINTANIÈRE (*Turritis verna*). ♃. De mars en mai, bouquets de fleurs blanches. Terre ordinaire; mult. de semis et de traces. Même culture pour la *T. caucasiensis*.

TRILLE SESSILE (*Trillium sessile*). ♃. En avril, fleurs d'un rouge brun, à pétales spatulés. Terre de bruyère, demi-ombre; mult. de graines aussitôt mûres, ou par séparation des racines.

TROÈNE COMMUN (*Ligustrum vulgare*). ♄. Propre à faire de jolies haies; au printemps, panicule de fleurs blanches; var. à fruits jaunes. Terre franche légère; mult. de rejetons, boutures et marcottes. Par un phénomène inconcevable, la greffe de l'olivier réussit très bien sur cet arbrisseau. Même culture pour le troène du Japon.

TOURNEFORT COUCHÉ (*Tournefortia heliotropioides*). ♃. Tout l'été, fleurs bleuâtres. Terre légère et chaude; la lever en automne pour lui faire passer l'hiver en orangerie; mult. de graines et de boutures.

TRACHÉLIE BLEUE (*Trachelium cœruleum*). ♃. Tout l'été, fleurs d'un bleu violacé. Terre légère; mult. de graines et de boutures.

TROLLE D'EUROPE (*Trollius europœus*). ♃. En avril et mai, fleurs grandes et jaunes. Terre franche légère; midi; mult. de graines et d'éclats. Même culture pour le *T. asiaticus*, à fleurs d'un jaune orangé.

TUBÉREUSE DES JARDINS (*Polianthes tuberosa*). ♃. En août et septembre, fleurs grandes, blanches, très odorantes. Au printemps, mettre l'ognon en pot, sur couche tiède et sous châssis; arrosements abondants pendant la végétation. Quand l'ognon a fleuri on peut le jeter, car il ne refleurira plus, ni même ses caïeux; il faut donc en faire venir chaque année d'Italie.

TULIPE sauvage (*Tulipa sylvestris*). ♃. En avril et mai, fleurs jaunes, un peu penchées, à pétales pointus. Var. à fleurs doubles; — TULIPE TURQUE, *T. turcica*; —*celsiana*; — *biflora*; — *gallica*;—*campsopetala*; — *clusiana*; —*oculus solis*. Toutes ces jolies espèces aiment une terre légère et se mult. de caïeux qu'on sépare après la dessication de la fane.

TULIPE des fleuristes. (*T. gesneriana*). ♃. On cultive 5 ou 600 variétés de cette charmante fleur, que les amateurs ont divisées en 4 classes, savoir : 1º les *doubles*, peu estimées; — 2º les *dragonnes*, à pétales très longs et laciniés; — 3º les *bizarres* ou à fond brun; — 4º les *flamandes*, ou à fond blanc. Ces deux dernières classes sont les seules dont on fait collection; mais pour être estimées, il leur faut les qualités suivantes : une tige ferme, droite et haute; une fleur formant parfaitement le calice, à pétales bien arrondis au sommet. Il faut encore que deux ou trois couleurs vives et tranchées se détachent sur le fond, et si ce fond est blanc, la fleur est regardée comme parfaite. Les tulipes aiment une terre franche, douce, légère, très bien ameublie et mélangé de terreau de feuilles. Lorsque les fanes sont desséchées, on lève les ognons de terre, on les nettoie, on sépare les caïeux qui servent à la multiplication; on fait sécher les uns et les autres à l'air et à l'ombre, puis on les conserve en lieu sec jusqu'en octobre et novembre; à cette époque on les plante à 3 pouces de profondeur, et à 6 ou 8 pouces les uns des autres. On sarcle, et l'on abrite les fleurs du grand soleil si on veut en jouir longtemps. On cultive de même la T. duc de thole (*T. suaveolens*) dont la fleur, qui paraît en mars, est odorante. Les tulipes se multiplient aussi de semences, mais ce moyen est excessivement long, et il faut toujours attendre une jeune tulipe 6, 7, ou même 10 ans, avant qu'elle prenne les beaux panaches qui en font une tulipe de choix.

TULIPIER DE VIRGINIE (*Liriodendron tulipifera*). ♄. En juin et juillet, fleurs d'un jaune verdâtre, tachées de rouge, en forme de tulipe. Var. à fleurs jaunes, plus odorantes. Terre fraîche et franche; mult. de semis en terrine, au printemps, et préserver le jeune plant du froid pendant ses premières années.

TUPELO A FEUILLES ENTIÈRES (*Nyssa villosa*). ♄. Fleurs peu apparentes et fruits bleus, oliviformes. Terre humide ou marécageuse; semis au printemps, en terrine. Même culture pour le *N. aquatica*.

TUSSILAGE ODORANT (*Tussilago fragrans*). ♃. De novembre en janvier, fleurs pourpres, à odeur d'héliotrope. Terre fraîche, légère; mult. de drageons.

VALÉRIANE ROUGE (*Valeriana rubra*). ♃. De juin en juillet, panicule de fleurs blanches, rouges ou pourpres, suivant la variété. Terre ordinaire, mieux, légère et chaude; mult. d'éclats et de semences. Même culture pour les *V. phu, cornucopiæ, pyrenaica, grandiflora*.

VARAIRE ELLEBORE BLANC (*Veratrium album*). ♃. De juin en août, grappes de fleurs blanchâtres. Terre franche et fraîche; mult. d'œilletons ou de semis. De même pour le *V. nigrum*.

VELAR JULIENNE JAUNE (*Erysimum barbareum*). ♃. En mai, fleurs jaunes. Terre ordinaire; mult. d'éclats ou de boutures.

VERGE D'OR DU CANADA (*Solidago canadensis*). ♃. De juillet en septembre, panicules de fleurs d'un beau jaune. Terre franche et légère, bonne exposition; mult. de graines aussitôt mûres, ou par éclats des pieds tous les 3 ans. Même culture pour les *S. lateriflora, altissima, flexicaulis, bicolor, lœvigata, gigantea*.

VERNONIE ÉLEVÉE (*Vernonia præalta*). ♃. En octobre

et novembre, corymbes de fleurs d'un violet pourpre. Terre ordinaire ; mult. d'éclats ou de drageons. Même culture pour les *V. novæboracensis*, à fleurs purpurines, et *V. anthelmintica*.

VÉRONIQUE **DE SIBÉRIE** (*Veronica sibirica*). ♃. En juin et juillet, bel épi de fleurs blanches. Mult. de graines au printemps, ou d'éclats. Terre légère, substantielle et fraîche. Même culture pour les *V. virginica, maritima* et ses variétés blanches, roses et bleuâtres ; *gentianoides, elegans*, à fleurs roses, exigeant la terre de bruyère ; *bellidioides, orientalis, austriaca, incana, pinnata*, etc.

VERVEINE **DE MIQUELON** (*Verbena aubletia*). ♃. De juillet en novembre, épis de fleurs rouges. Terre chaude, légère, franche, mêlée de terreau ; au printemps, semis sur couche tiède. **VERVEINE VEINÉE.** *V. venosa*, fleurs très jolies, d'un pourpre violacé. Même culture.

VIGNE-VIERGE **A CINQ FEUILLES** (*Cissus quinquefolia*). ♄. Grimpante, propre à couvrir des murailles et des berceaux ; mult. de graines, boutures et marcottes. Terre fraîche, demi ombragée.

VIOLETTE **ODORANTE** (*Viola odorata*). ♃. En mars et avril, fleurs violettes, odorantes. Var. de Parme, à fleurs d'un bleu pâle, en arbre, semidoubles, de septembre, très odorantes, à fleurs blanches, roses, doubles blanches ; doubles pourpres ; doubles bleues, précoces. Terre ordinaire, ou fraîche et ombragée ; mult. de graines, pius ordinairement de rejetons et d'éclats. **VIOLETTE PALMÉE** (*V. palmata*), feuilles palmées ; fleurs pâles, inodores. — **VIOLETTE PENSÉE** (V. *grandiflora*), fleurs ayant les deux pétales supérieurs violets, les inférieurs jaunes, tachés de violet et réticulés de noirâtre. Variétés très grandes, à fleurs entièrement blanches ou jaunes, à pétales inférieurs nuancés de mille manières. Culture des précédentes. V. **PENSÉE ANNUELLE**, fleurs odorantes ; mult. de graines. *V. lutea, biflora, pubescens, striata, pedata, lanceolata, lactea, montana, cucullata, canadensis*.

VILLARSIE **A FEUILLES DE NÉNUPHAR** (*Villarsia nymphoides*). ♃. En juillet, fleurs jaunes, en épi. Terre marécageuse ou inondée; mult. par éclats.

VIORNE **LAURIER-TIN** (*Viburnum tinus*). ♄. Toujours vert; en mars et avril, fleurs blanches; var. à feuilles panachées. Terre franche légère, à demi ombre, couverture l'hiver; mult. de boutures et drageons.

VIORNE **BOULE DE NEIGE** (*V. opulus sterilis*). ♄. En mai, fleurs blanches, réunies en une grosse boule. Terre fraîche et même culture.

VIRGILIER **A BOIS JAUNE** (*Virgilia lutea*). ♄. Bel arbre à fleurs blanches, odorantes, en juin. Terre ordinaire; mult. de graines et de marcottes difficiles à la reprise.

XÉRANTHÈME **ANNUEL** (*Xeranthemum annuum*). ☉. De juillet en octobre, fleurs blanches, gris de lin ou purpurines, simples ou doubles. De graines au printemps ou à l'automne; repiquer en terre légère et chaude.

XIMÉNÉSIE **A FEUILLES D'ENCELIE** (*Ximenesia enceloides*). ☉. De juin en novembre, fleurs jaunes. Semis sur couche: repiquer en terre franche, légère et chaude.

YUCCA **NAIN** (*Yucca gloriosa*). ♄. En août, panicule terminale de 150 à 200 fleurs blanches; var. à feuilles glauques. Terre sablonneuse, sèche, sans engrais. Mult. d'œilletons enracinés, ou de boutures qu'on ne plante qu'après avoir fait sécher la plaie; couverture l'hiver. Même culture pour l'*Y. filamentosa*, et sa var. à feuilles panachées.

ZANTHORIZA **A FEUILLES DE PERSIL** (*Zanthoriza appiifolia*). ♄. En mars et avril, panicule de fleurs d'un brun violâtre. Terre ordinaire; multipl. de graines, d'éclats et de rejetons.

ZINNIA BRÉSINE (*Zinnia multiflora*). ☉. De juillet en octobre, fleurs à rayons rouges et disque jaune. Var. à rayons jaunes, à fleurs doubles, etc. Terre légère, franche et chaude; mult. de graines au printemps.

QUATRIÈME PARTIE.

Appendice ne contenant que des plantes remarquables.

ACERANTHE A DEUX FEUILLES (*Aceranthus diphyllus*). Plante vivace, du Japon ; tiges de quatre à six pouces. Au printemps, fleurs blanches, à pétales sans cornet. Pleine terre de bruyère un peu ombragée. Multiplication par éclats des pieds en automne.

ADIANTE PÉDIAIRE (*Adiantum pedatum*). Très jolie fougère apportée du Canada pour l'ornement de nos plates-bandes de terre de bruyère, ou pleine terre humide et ombragée, où on la multiplie par l'éclat de ses racines. Elle est très remarquable par ses tiges luisantes, d'un pourpre noir, et par l'élégance de son feuillage.

AGRAPHIS PENCHÉ (*Agraphis nutans*). Jolie plante indigène, ayant de l'analogie avec une jacinthe. De mars en mai, hampe d'un pied, terminée par une grappe unilatérale de fleurs bleues. Pleine terre sablonneuse ou très légère. Tous les trois ou quatre ans on relève les ognons pour en séparer les cayeux que l'on replante aussitôt.— On cultive de même les agraphis inclinés, *A. cernua* à fleurs rougeâtres. — A. CAMPANULÉE (*A. campanulata*) à fleurs d'un joli bleu clair ou violacé, paraissant en juin.— A. ÉTALÉ (*A. patula*). Celle-ci, originaire d'Espagne, produit en mai une grappe de grandes fl. d'un bleu violacé.

AILANTHE GLANDULEUX (*Ailanthus glandulosa*). Nommé mal à propos par nos horticulteurs Vernis du Japon. Cet arbre magnifique, qui mériterait tous les soins de nos cultivateurs forestiers, s'élève rapidement de dix-neuf à vingt mètres, et dans les terrains qui lui plaisent, il n'est pas rare de le voir s'élever d'un mètre et plus par an. Ses fleurs verdâtres, paraissant en août, offrent peu d'intérêt, mais son feuillage est magnifique et sa tige droite et élancée lui donne un port très gracieux. Pleine terre ordin., mieux un peu humide et abritée. Mult. de rejetons de boutures, de racines et de graines. Son bois satiné, jaunâtre et très liant est plus beau que celui de l'érable.

AKÉBIE **a cinq feuilles** (*Akebia quinata*). Plante grimpante, du Japon, très singulière par ses grappes de formes variées, et ses fl. d'un rouge vineux, paraissant en juin. Pleine terre légère, sablonneuse, à exposition très chaude et très sèche, car elle craint beaucoup l'humidité. A Paris, il faut l'empailler pendant l'hiver ; mais dans le midi de la France, elle le passe très bien en plein air. Mult. de boutures, soit avec ses rameaux, soit avec ses racines.

ALSTROÉMÈRE **perroquet** (*Alstroemeria psittacina*). Magnifique plante du Mexique, à tiges de deux pieds et feuilles ponctuées de pourpre. Tout l'été, fl. grandes, d'un pourpre foncé, inférieurement vertes à leur sommet. Pleine terre légère, fertile, à exposition très chaude et couverture l'hiver. Il est prudent d'en avoir quelq. pieds en orangerie.

AMARANTHE **élégante** (*Amaranthus speciosus*). Belle plante annuelle, de trois à six pieds ; de juillet en septembre, panicule longue d'un pied, de fleurs d'un pourpre cramoisi. Pleine terre ordinaire. Multiplication de graines semées en place au printemps.— Même culture pour l'**amaranthe** sanguine, dont les fleurs sont d'un pourpre foncé.

AMARYLLIS **rubannée ou belladone d'été** (*Amaryllis vittata*). Hampe de deux pieds ; en juin et juillet, quatre ou cinq fleurs blanches rayées en dessus de trois bandes rouges ; tube long, d'un vert rougeâtre. Elles exhalent une odeur agréable de cassis. Cette belle plante est ordinairement cultivée en orangerie, mais elle passe assez bien l'hiver en pleine terre dans les terrains secs et légers, au moyen d'une bonne couverture de feuilles sèches. On la mult. par ses cayeux, quelle produit quelquefois assez rarement.— **Amaryllis belladone d'automne**. (*A. belladona*). D'août en octobre, huit à douze grandes fl. odorantes, roses, penchées. On en possède deux autres variétés.

l'une plus pâle et l'autre plus foncée. Comme la précédente, on la cultive en orangerie ; mais elle fleurit beaucoup mieux en pleine terre légère et chaude, franche, mêlée à quelques platras. Il lui faut une exposition très chaude et une bonne couverture l'hiver. On peut encore cultiver de même, en pleine terre avec bonne couverture, l'AMARYLLIS DE VIRGINIE , *A. atamasco*, à fleurs assez grandes, solitaires, blanches, nuancées de rose, paraissant en juillet. A. A LONGUES FLEURS, *A. longiflora*, à fleurs nombreuses, grandes, blanches, rayées de rose, paraissant de juin en juillet. On la cultive comme les deux premières, mais avec la précaution d'enfoncer l'ognon très profondément dans la terre. Toutes les espèces du Cap peuvent se cultiver en pleine terre de bruyère, avec la seule précaution de les recouvrir d'un châssis pendant l'hiver, et de bons paillassons pour empêcher la gelée.

ANSONIE A LARGES FEUILLES. (*Ansonia latifolia*). Plante vivace, de deux pieds. De mai en juillet, fleurs d'un bleu pâle, en panicule. Pleine terre légère et exposition chaude et ombragée. Arrosements soutenus. Multiplication de graines ou d'éclats. — Même culture pour l'ANSONIE à feuilles de Saule, et l'ANSONIE à feuilles étroites.

ARABÈTE PRINTANIÈRE. (*Arabis verna*). Petite plante vivace. De mars en mai, fleurs d'un blanc pur, assez grandes, en bouquet spiciforme. Pleine terre rocailleuse, légère, fraîche, ombragée. Multiplication de graines, d'éclats et de drageons.

ARCTOTIDE FASTUEUSE. (*Arctotis fastuosa*). D'août en octobre, fleurs à disque d'un pourpre noirâtre, à rayons orangés, ayant leur base d'un rouge de sang. Pleine terre franche, légère et chaude. Multiplication de graines semées sur couche chaude au printemps, et repiquer en place quand le plant est assez fort. Même culture pour A. RÉVOLUTÉE (*A. revoluta*), dont les fleurs jaunes ont une bande noirâtre à la base de leurs rayons.

AURICULE, voyez Primevère oreille-d'ours, page 136.

La **petite Auricule** (*Auricula minima*) est une charmante miniature ne s'élevant jamais à plus de deux ou trois pouces, et donnant au printemps de jolies fleurs d'un pourpre vif, ou blanches.

BAMBOU **noir** (*Bambusa nigra*). Sorte de roseau de la Chine, de deux mètres à deux mètres et demi de hauteur. Tige noueuse, d'un beau noir luisant et servant à faire des cannes élégantes. Pleine terre de bruyère ou très légère, tenue un peu humide. Mult. par drageons. Il réussit très bien sur le bord des bassins, à exposition aérée.

BAPTISIE **australe** (*Baptisia australis*). Plante vivace, fort jolie, de l'Amérique septentrionale. En été, fleurs papillonnacées, grandes, d'un bleu foncé panaché de blanc, ou entièrement blanches dans une variété. Pleine terre franche, légère; exposition chaude. Multiplication de graines semées sur couche au printemps ou, par éclats des pieds. — B. **a fleurs blanches** (*B. alba*). En été, fleurs blanches, en grappes longues de un à deux pieds. On la cultive de même, mais en terre fraîche ou même humide.

BARTONIE **élégante** (*Bartonia ornata*). Plante bisannuelle fort jolie, de trois à quatre pieds. D'août en novembre, fleurs nocturnes, odorantes, larges de trois à quatre pouces, d'un blanc jaunâtre. Pleine terre sèche; arrosements très modérés. Multiplication de graines semées en place au printemps.

BENJOIN **odorant** (*Benzoin odoriferum*). Arbrisseau de six à dix pieds, aromatique dans toutes ses parties. En mai, fleurs jaunâtres, auxquelles succèdent des baies d'un rouge vif. Pleine terre de bruyère humide, un peu ombragée; arrosements très abondants en été. Multiplication de graines fertilisées par un pied mâle.

BUDLÈJE **de lindley** (*Budleia Lindleyana*). Arbrisseau touffu de la Chine. En été, fl. en épis, tubuleuses, d'un rouge pâle à l'intérieur et d'un pourpre violacé à l'extérieur. Pleine terre légère ou de bruyère. Mult. de boutures ou d'éclats.

CALLIMÉRIS a grandes fleurs (*Callimeris platyce-phala*). Plante vivace, de Sibérie, de dix-huit pouces à deux pieds de hauteur. En juillet et août, fleurs grandes, bleues ou lilas, à disque jaune. Si on coupe les tiges lors-qu'elles se défleurissent, il en repousse d'autres qui re-fleurissent de nouveau. Pleine terre légère, substantielle. Multiplication par éclats.— Même culture pour le C. **incisé** (*C. incisa*) à fleurs grandes et d'un lilas clair.

CALLIOPSIDE des teinturiers (*Calliopsis bicolor*). Plante bisannuelle, à tiges grêles et rameuses. De juin en octobre, fleurs assez grandes, à rayons jaunes tachés de brun à la base; disque d'un pourpre brun. Variété à fleurs plus grandes, marquées d'une plus grande tache brune à l'onglet. Pleine terre légère à exposition chaude. Arrosements seulement en été. Mult. de graines semées en place au printemps, ou, pour avoir des fleurs plus belles, semées sur couche en automne. — C. **d'alkinson** (*C. Alkinsoniana*). Comme la précédente. Fleurs plus gran-des, quelquefois entièrement jaunes. Semis en automne.

CALYSTÉGIE pubescente (*Calystegia pubescens*). Plante vivace, de la Chine, ayant beaucoup d'analogie avec notre liseron. En été, fl. très doubles, grandes, nuancées d'un rose pâle et d'un rose vif. Racines fibreuses, traçantes et comes-tibles. Pleine terre légère; arrosem. abondants pendant les chaleurs. Mult. facile par ses nombreux drageons.

CARYOPTÈRE de la Chine (*Caryopteris Mongolica*). Arbrisseau de quatre à cinq pieds, aromatique dans toutes ses parties quand on le froisse. De juillet en septembre, fleurs bleues, nombreuses et verticillées. Pleine terre lé-gère mélangée à de la terre de bruyère; exposition chaude; peu d'arrosements. Multiplication de graines et de boutures en terre de bruyère.

CHLIDANTHE odorant (*Chlidanthus fragrans*). Plante vivace, bulbeuse. Hampe d'un pied, terminée par deux ou trois fleurs odorantes d'un jaune brillant, à tube très long et à divisions étalées. Pleine terre légère avec couverture l'hiver. Mult. par la séparation des cayeux au printemps.

CISSE ou VIGNE-VIERGE DE ROYLE (*Cissus Roylii*). Cet arbrisseau grimpant, originaire du Népaul, est extrêmement remarquable par les espèces de ventouses opposées aux feuilles, et par lesquelles il se cramponne contre les murailles, au point qu'il est presque impossible de l'en arracher; du reste, ses fleurs sont peu remarquables. Pleine terre substantielle, contre un mur qu'il couvre bientôt d'un magnifique tapis de verdure. Multiplication de boutures et de marcottes. Exposition chaude.

CLIANTHE A FLEURS POURPRES (*Clianthus puniceus*). Arbuste de quatre ou cinq pieds. En mai et juin, fleurs papillonnacées, grandes, d'un pourpre brillant, en grappes pendantes. Pleine terre franche, légère, substantielle, à exposition très chaude contre un mur, avec une bonne couverture l'hiver. Mult. de marcottes et de boutures.

CLINTONIE CHARMANTE (*Clintonia pulchella*). Plante annuelle, de la Californie; tige couchée. En été, fleurs bleues à gorge blanche tachée de jaune. Pleine terre légère à demi ombragée. Multiplication de graines très peu recouvertes de terre.— Même culture pour la C. ÉLÉGANTE (*C. elegans*) à fleurs d'un bleu pâle ou blanches.

COIX LARMES DE JOB (*Coix lacryma*). Plante annuelle de l'Inde, dont les graines luisantes, grisâtres et très dures, ressemblent à des perles et servent à faire des colliers et des chapelets. Elles mûrissent en septembre et octobre. Pleine terre légère et chaude; arrosem. très fréquents en été. Mult. de graines semées sur couche au printemps, et repiquer le jeune plant en place à bonne exp.

COSMIDIE A FEUILLES FILIFORMES. (*Cosmidium filifolium*). Plante annuelle, d'Amérique. En automne, fl. à involucre double, à rayons larges, dentés et d'un beau jaune. Pleine terre légère et chaude; arrosem. abondants pendant les chaleurs. Mult. de graines semées en place au printemps.

DAHLIA A FLEURS DE COSMOS. (*Dahlia cosmœflora*). Jolie et nouvelle espèce du Mexique, plus petite dans toutes ses parties. Ses fleurs. qu'on n'a pas pu obtenir doubles jusqu'à ce jour, ont le disque pourpre et les rayons lilas. On le multiplie de graines ou de boutures, et, du reste, on le cultive comme le dahlia ordinaire.

DEUTZIE **a grandes fleurs** (*Deutzia grandiflora*). Arbuste de quatre à cinq pieds, à feuilles tellement rudes, qu'on s'en sert pour polir le bois. En mai et juin, fleurs blanches, en grappes droites. Pleine terre légère et fraîche. Multiplication d'éclats, de boutures et de marcottes.

DIDISQUE **bleue** (*Didiscus cœruleus*). Charmante ombellifère annuelle, de la Nouvelle-Hollande. En automne, ombelles de fleurs du plus joli bleu. Pleine terre légère, substantielle et chaude, à l'exposition du midi. Au commencement de mars semis sur couche et sous châssis. Repiquer en place vers le milieu d'avril.

DIELYTRE **a belles fleurs** (*Diclytea formosa*). Plante vivace de l'Amérique septentrionale. En mai et août, grappe de jolies fleurs roses, pendantes, à quatre pétales soudés, et à deux éperons. Pleine terre, franche, légère. Multiplication par éclat de racines. Il est prudent d'en avoir quelques pieds en orangerie.

DIERVILLE **du Canada** (*Diervilla canadensis*). Arbuste traçant. De juin en novembre, fleurs un peu odorantes, petites et jaunes. Pleine terre fraîche, à demi ombragée. Mult. facile par boutures, marcottes et par ses traces.

EDOUARSIER **a petite feuille** (*Edwarsia microphylla*). Arbrisseau de la Nouvelle-Zélande. En avril et mai fleurs papillonacées, jaunes, courtes et grosses. Culture de l'E-DOUARSIER à grandes fleurs. Voir la page 109.

EPHÉDRA **élevé** (*Ephedra altissima*). Arbrisseau de Barbarie, très remarquable par ses rameaux touffus, filiformes et pendants, entièrement dépourvus de feuilles, et d'un effet très pittoresque. Pleine terre franche et légère, à exposition chaude. Couverture l'hiver, et mult. de rejetons.

EPHEMERINE **droite** (*Tradescantia erecta*). Plante annuelle, du Mexique. Tige droite. De juillet en septembre, grappes de fleurs d'un pourpre violet. Pleine terre, légère, chaude, à l'exposition du midi. Multiplication de graines semées sur couche chaude en mars. Repiquer en place et laisser quelques pieds sur la couche pour avoir des graines en maturité. L'E. ONDULÉE, *T. undata*, se cultive de la même manière. De juillet en septembre fl. d'un rose vif.— E. POILUE, *T. pilosa*. Vivace, des États-Unis. Tout l'été, fleurs violettes, à anthères jaunes. Pleine terre ordinaire, à toute exposition. Multiplication par éclats. Même culture pour l'E. RUDE, *T. subaspera*, vivace et du même pays. De mai en septembre, fleurs violettes.

ÉPILOBE A FEUILLES DENTICULÉES, *Epilobium angustissimum*. Belle plante vivace, des Alpes. De juillet en août, fleurs moyennes, purpurines, à style de moitié plus court que les étamines. Pleine terre fraîche et humide. Multiplication par ses nombreuses traces.

ESCALLONIE A FLEURS BLANCHES (*Escallonia floribunda*). Arbrisseau de huit à dix pieds, de la Nouvelle-Grenade. En août et septembre, fleurs blanches; en panicules droites. Pleine terre franche, légère, mêlée à moitié terre de bruyère. Mult. de marcottes et de boutures sur couche tiède. Il est prudent d'en avoir quelq. pieds en orangerie.

ESCHSHOLTZIE SAFRANÉE (*Eschsholtzia crocea*). Plante vivace, de la Californie. Pendant une grande partie de l'année, fleurs grandes, safranées, imitant un peu celles d'un pavot. Pleine terre ordinaire. Multiplication de graines semées en place ou sur vieux terreau en mars et avril.

FRITILLAIRE VERTICILLÉE (*Fritillaria verticillata*). Cette plante, originaire de Sibérie, n'en crains pas moins le froid de nos hivers. Néanmoins, on la conserve assez facilement en pleine terre légère et chaude, au moyen d'une bonne couverture de feuilles sèches. Elle est remarquable par ses verticilles de fleurs blanches, paraissant au printemps. Culture de la fritillaire damier.

GILIE TRICOLORE (*Gilia tricolor*). Plante annuelle, de la Californie; fleur à tube jaune, à gorge pourpre et à limbe bleuâtre. Elle a fourni plusieurs variétés à fleurs entièrement blanches et à fleurs carnées. Il lui faut une terre légère, chaude, ou on la sème en place au printemps. — La G. ANDROSACE, se fait remarquer par ses jolies têtes de fleurs, munies de grandes bractées bleues ou blanches. Même cult.—La GILIE A FEUILLE D'ACHILLÉE (*G. Achillœfolia*) a les fl. d'un bleu foncé, terminales et rapprochées.

GLAÏEUL MAGNIFIQUE (*Gladiolus pulcherrimus*). Quoiqu'on en ait fait une espèce, je suppose que ce glaïeul n'est qu'une variété du *Cardinalis*, et il se cultive de la même manière. Ses fleurs, qui paraissent en août, sont lilas, et leurs divisions inférieures ont au milieu une tache blanche entourée d'un cercle bleu. On lève l'ognon en automne pour ne le replanter qu'au printemps. — Parmi les espèces les plus jolies, et que l'on cultive de la même manière, nous citerons les Glaïeuls : FRONCÉ (*G. ringens*) à fleurs grandes, exhalant une douce odeur de violette ; elles sont d'un bleu ardoisé à leur base, ponctuées, striées de lilas violacé sur un fond blanc ou grisâtre au sommet des pétales ; leurs divisions ont une bande longitudinale d'un jaune doré.—G. CHANGEANT (*G. versicolor*). Ses fleurs, odorantes, paraissent en août et juillet ; elle sont brunâtres le matin, puis elles passent au bleu dans la journée. Il ne faut pas le confondre avec le versicolor du *Bon jardinier* ; ce dernier a les fl. écarlates avec le tube d'un beau jaune à la base, et un cercle d'un pourpre noir entre ces deux couleurs.—Le G. de Gand (*G. gandavensis*) a les fl. d'un vermillon vif nuancé de jaune, d'amaranthe et de vert.— Le G. QUADRANGULAIRE (*G. quadrangularis*) est rayé de jaune et de rouge, avec les divisions inférieures panachées de jaune et de noir.—Le G. A CASQUE (*galeatus*) a les fl. écarlates et jaunes, avec les divisions inférieures voûtées.

IPOMOPSIDE ÉLÉGANTE (*Ipomopsis elegans*). Cette plante bisannuelle, de la Caroline, est remarquable par ses tiges de trois à quatre pieds, ses feuilles pinnatifides et ses magnifiques grappes de grandes fleurs paraissant de juillet en septembre. Elles sont écarlates, intérieurement ponctuées de pourpre brun, ou quelquefois jaunes, ponctuées de carmin. Il lui faut une terre légère, meuble, sans engrais ni terreau, et des arrosements très modérés. On la sème en mars sur couche chaude; on la repique en pot pour lui faire passer l'hiver à l'abri des gelées, et on la remet en pleine terre au printemps.

KADSURA DU JAPON (*Kadsura Japonica*). Joli arbuste de cinq à six pieds, toujours vert, à rameaux volubiles. En été, fleurs à calice d'un blanc jaunâtre, et pétales d'un blanc pur. Pleine terre légère et chaude avec couverture pendant l'hiver. Mult. de boutu. et de marcottes.

KETMIE ÉLÉGANTE (*Hibiscus speciosus*). Plante vivace, de quatre à cinq pieds. En septembre et octobre, fleurs pourpres ou écarlates, larges de cinq pouces. Pleine terre légère, bien abritée, mélangée à moitié de terreau de bruyère. Multiplication de graines et de boutures sur couche. Il est prudent d'en avoir quelques pots en bâche ou en orangerie pendant l'hiver. — **KETMIE DE VIRGINIE** (*H. virginicus*) à fleurs penchées, roses, larges de deux pouces, paraissant en été. Même culture, mais à exposition très chaude ; arrosements fréquents pendant les chaleurs. — **K. MUSQUÉE** (*H. moschatus*). Plante vivace, de trois à quatre pieds. En septembre, fl. larges de quatre pouces, tachées de pourpre à la base des pétales. Pleine terre et même cult.— **K. DES MARAIS** (*H. palustris*). Tige de quatre à cinq pieds. En juillet, fl. de trois à quatre pouces, blanches ou roses, à base des pétales pourpre. Même culture. — **K. TRIFOLIÉE** (*H. trionum*). Plante annuelle, d'un à deux pieds, remarquable, de juin en septembre, par ses fleurs larges d'un pouce et demi, jaunes, et pourpres au centre. Pleine terre et semis en place.

LIS DE BROWN (*Lilium Brownei*). Cette espèce, du Japon, ne s'élève pas à plus de dix-huit pouces. En été, fleurs blanches, à pétales d'un pourpre violacé en dessous, et d'un blanc assez pur en dessus. Il se cultive comme le lis blanc ordinaire. — L. **magnifique** (*Lilium speciosum*). Tige de deux à trois pieds. En juillet, fleurs longues de trois pouces, roses, tachées de pourpre, dentées en dessus. Variété à fleurs blanches. Culture du précédent. — L. **a longues fleurs** (*L. longiflorum*). Magnifique espèce, dont la fleur, qui paraît en juin et juillet, est blanche, tubulée, campanulée, trois fois plus grandes que celle du lis ordinaire. On peut le risquer en pleine terre composée de moitié de terre de bruyère et moitié terre franche, en le couvrant d'une épaisse couche de feuilles sèches, pardessus laquelle on pose une cloche pour en écarter l'humidité.— L. **de Wallich** (*L. Wallichianum*). Sa tige s'élève jusqu'à quatre et cinq pieds. Il ne produit qu'une fleur : celle-ci est longue et large de sept à huit pouces, blanche, lavée de jaune en dessus et de vert en dessous. Même culture que le précédent. — L. **de la Daourie** (*L. Davuricum*). En juin, fleur de la grandeur du *lilium croceum*, laineuse en dessous, orangée ou d'un rouge de brique en dessus. Culture du lis commun. — L. **de Thunberge** (*L. Thunbergianum*). Tige velue au sommet. En juin, fleurs orangées. — L. **de Szowitz** (*L. Szowitzianum*). Tige de trois ou quatre pieds. En juin, fleur jaune, tachée de rouge foncé ; authère à pollen rouge. Même culture que le lis de Wallich.

LUPIN polyphylle (*Lupinus Polyphyllus*). Plante vivace de la Colombie, à tige touffue, de trois pieds de haut ; à la fin du printemps ou en été, grappes longues de deux pieds, à fleurs assez grandes, panachées de bleu et de violet, ou entièrement blanches. Cette belle plante vivace demande la terre de bruyère ou du moins une terre très légère et chaude. On la sème en pot sur couche au printemps, et on la repique en place lorsque le plant est assez fort.

On cultive beaucoup d'espèces de **lupins**, tous de la même manière. Nous citerons ici les plus jolies. Parmi les espèces annuelles : L. **charmant** (*L. pulchellus*). — L. **a feuilles étroites** (*L. angustifolius*). Le premier, à fl. panachées de bleu, de violet et de jaune; le second, à fl. d'un bleu de ciel panachées de blanc. Parmi les espèces vivaces : L. BLANCHATRE (*L. incanus*), à fl. d'un lilas pâle, lavées de jaune et de blanc à la base de l'étendard. — L. A FLEURS BLANCHES (*L. leucophyllus*), à fl. blanches lavées de rose, en grappes d'un pied de longueur, et paraissant de mai en octobre. — L. A GRAPPES LACHES (*L. laxiflorus*), à fl. d'un bleu vif avec la carène d'un joli rose. — L. TOUFFU (*L. arbustus*), à fleurs panachées de jaune, de violet et de rose.

MAYANTHÈME A DEUX FEUILLES (*Maïanthemum bifolium*). Jolie petite plante vivace et indigène. Tige de sept à huit pouces. En mai et juin, jolies petites grappes de fleurs blanches. Pleine terre ordinaire, fraîche et demi-ombragée. Multiplication de drageons ou d'éclats.

MÉLANTHE DE VIRGINIE (*Melanthum virginicum*). Jolie plante vivace; tige de trois pieds. En juin et juillet, fl. d'un blanc livide avec deux taches pourpre à la base de ses divisions. Pleine terre légère ou de bruyère, un peu fraîche. Mult. de caïeux. Il est prudent d'en avoir en orangerie.

NYMPHÉA COMMUN, cultivé aussi sous le nom de *Nénuphar blanc*. Voyez la page 129.

On cultive en plein air, dans les bassins de nos jardins, des espèces étrangères d'un grand intérêt. On les multiplie également de racines plantées dans la vase, ou de graines jetées dans une pièce d'eau; tels sont les NYMPHÉA ODORANT (*N. odorata*) des Etats-Unis. Il ressemble au précédent, mais ses feuilles ont les lobes plus divariqués.— N. PYGMÉE (*N. pygmœa*) de Sibérie; il ressemble à l'*alba*, mais ses fl. blanches sont plus petites et à pétales pointus; ses stigmates n'ont que huit rayons. Même cult.

PARISETTE A QUATRE FEUILLES (*Paris quadrifolia*). Plante indigène, vivace et très remarquable par la bizarrerie de toutes ses parties. Une tige de dix à douze pouces se termine par quatre feuilles ovales et en croix. En mai, fleurs verdâtres, d'une forme très singulière. Pleine terre, légère, un peu humide et ombragé. Multiplication par éclat des racines, ou de graines semées sur place au printemps.

REINE-MARGUERITE ou Callistèphe de la Chine (*Callistephus sinensis*). Tige de un à deux pieds. De juillet en septembre, fleurs simples ou doubles, grandes, nuancées de presque toutes les couleurs, excepté le jaune. Elle a pour variété la *pyramidale* à rameaux droits et élancés ; la *naine hative*, moins étalée que les précédentes et plus convenables pour faire des bordures ; l'*anémone* ou *péluche*, dont le disque est couvert de fleurons de la même couleur que les fleurons de la circonférence ; la *double*, à fleurons jaunes et demi-fleurons de la circonférence, d'une autre couleur ; la *Marguerite pompon*, dont les demi-fleurons, très-courts, sont débordés par les écailles du calice ou involucre. Toutes ces variétés sont très fugaces et dégénèrent ou se mêlent si on n'a pas la précaution de les semer à une grande distance les unes des autres. Ces plantes ne sont nullement difficiles sur la qualité du terrain et viennent assez bien partout ; mais elles préfèrent les terres franches, légères, bien ameublies et amandées. On les sème en mars et avril en plates-bandes au pied d'un mur au midi, ou sur le terreau d'une vieille couche, et on les repique en place lorsque le plant est assez fort. Arrosements soutenus, surtout pendant l'époque de la floraison. On prétend que les graines recueillies sur les rameaux inférieurs de la plante, donnent plus de fleurs doubles que les autres.

SMILACINE a grappes (*Smilacina racemosa*). Plante vivace, de Virginie, de un à deux pieds. En juin, grappes de fleurs petites et blanchâtres. Pleine terre, fraîche et un peu ombragée, et mult. par ses traces. — S. étoilée, *S. stellata*, vivace et de l'Amérique sept., comme la précédente. En juin, épis de fl. blanches et en étoiles. Même cult.

STUARTIE monostyle (*Stuartia malacodendron*). Très joli arbrisseau de dix à douze pieds de hauteur. En juillet et août, fleurs blanches très odorantes, larges de deux pouces et tachées de rouge à la base des pétales. Il est prudent d'en avoir quelques pieds en orangerie, surtout pendant les deux ou trois premières années de leur jeunesse. Terre franche, sablonneuse, légère, substantielle, ou de bruyère. Exposition abritée. Multiplicat. de marcottes, qui mettent quelquefois deux ans à s'enraciner, ou de boutures, ou enfin de graines venues de son pays.

TÉCOMA ou JASMIN DE VIRGINIE (*Tecoma radicans*). Arbrisseau grimpant, de vingt à trente pieds. En août et septembre, fleurs grandes, d'un rouge de cinabre, à tube de la corolle trois fois plus long que le calice. Elle est très propre à recouvrir des berceaux ou des vieux murs. Pleine terre franche, légère, un peu humide, mais à exposition chaude. Multiplication d'éclats enracinés, de boutures avec du bois de deux ans, ou de marcottes. On peut aussi la multiplier de graines, mais celles-ci ne lèvent qu'au bout de deux ans. On en cultive de même trois variétés, savoir : 1° à fleurs plus rouges et plus grandes; 2° à fleurs plus petites ainsi que toute la plante; 3° à fleurs pourpres.— TÉCOMA DE LA CHINE (*T. grandiflora*). Arbrisseau grimpant comme le précédent. En août, fl. plus nombreuses, d'un rouge safrané, à tube plus court, mais à limbe plus large. Même culture, et pour la faire fleurir plus tôt, on peut la greffer sur la précédente.

TRILLE A GRANDES FLEURS (*Trillium grandiflorum*). Vivace et des États-Unis. Tige d'un pied. En mai, fleurs blanches, penchées. Pleine terre de bruyère, humide, ombragée. Multiplication de graines semées en place aussitôt leur maturité, ou par la séparation des racines. — Même culture pour les suivants . T. PENDANT, *T. pendulum*. Tige de quatre à six pouces. En avril et mai, fleurs pendantes, blanches. T. PENCHÉ, *T. cernuum*. Tige de cinq à six pouces. En avril, fleurs penchées, blanches en dehors, pourpres en dedans. T. DROIT, *T. rhomboïdeum*. Tige de huit à dix pouces. D'avril en juin, fleurs les plus grandes du genre, droites et d'un pourpre noirâtre. Toutes ces jolies plantes sont de l'Amérique septentrionale.

TULIPE. Voyez Tulipe des fleuristes, page 149. Mais on connaît de ce genre une foule d'espèces véritables, que les amateurs cultivent avec grand soin. Ces espèces sont, outre celles citées à la page 149, celles qui suivent : TULIPE ODORANTE, *Tulipa suaveolens*. En mars, fleur odorante panachée de jaune et d'écarlate, ou d'écarlate et d blanc. Pleine terre franche, légère, un peu sablonneuse, à exposition chaude. Multiplication par caïeux, qu'on lève ainsi que les ognons quand les feuilles sont desséchées, et que l'on replante en septembre.— T. ÉTRANGLÉE, *T.strangulata*. En mai, fleur resserrée au dessus de son sommet ; pétales pourpres ayant à leurs bases une tache noirâtre entourée de jaune. — T. DE BUONAROTTI, *T. Buonarottiana*. Au printemps, fleur droite, grande, évasée, pourpre en dessus, jaunâtre en dessous, à cœur violet. — T. ETOILÉE, *T. stellata*. Au printemps, fleur droite, blanche, jaune à la base, teintée de rose en dessous du sommet des pétales. — T. PRÉCOCE, *T. præcox*. Au printemps, fleur grande, droite, d'un pourpre violet, les divisions extérieures plus grandes que les inférieures. Toutes se cultivent de même.

UVULAIRE PERFOLIÉE (*Uvularia perfoliata*). Vivace; du Canada. En mai, fleurs axillaires et pendantes. Pleine terre ordinaire. En automne, multiplication par la séparation des pieds. Même culture pour les UVULAIRES *flava* à fleurs jaunes en mai; *grandiflora*, à fleurs plus grandes, jaunes, en juillet ; *sessilifolia*, également à fleurs jaunes.

WISTÉRIE DE LA CHINE (*Wisteria sinensis*. — *Glycine sinensis*). Arbrisseau à tiges très longues et sarmenteuses. En avril, grappes pendantes à grandes fleurs odorantes, panachées de violet et de bleu. Variété à fleurs blanches, autre à fleurs rouges. Pleine terre substantielle et profonde, à exposition chaude. Arrosements soutenus en été. Mult. de graines, de boutu., de marcottes et de drageons.

YUCCA FLASQUE (*Yucca flaccida*). Arbre très pittoresque, de l'Amérique septentrionale. Tronc de quatre à six pieds. En août et septembre, grappe de fleurs nombreuses, en forme de tulipe, d'un jaune verdâtre. Culture du *Yucca gloriosa* (Voir page 152). Mais il est un peu plus délicat, et non seulement il faut garantir le pied au moyen de feuilles sèches, mais il faut encore défendre sa tête des pluies au moyen de paillassons soutenus par des bâtons. — Y. PUBÉRULE, *Y. puberula.* Celui-ci n'a pas de tige. En août et septembre fleurs blanches à pétales externes verdâtres à l'extérieur.—Y. A FEUILLES GLAUQUES, *Y. glaucescens.* Il manque de tige comme le précédent. En septembre et octobre, hampe de cinq à six pieds, pourpre, chargée de 4 à 500 fleurs penchées, blanches, marquées de pourpre à l'extérieur. Pleine terre ordinaire. Multipl. aisée par œilletons.

ZOÉGÉE D'ORIENT (*Zoegea leptaurea*). En juillet, fl. jaunes, à involucre campanulé. Terre légère, substantielle, à exposition chaude; mult. de semis sur couche au printemps.

FIN DE L'APPENDICE

FIN DE LA TABLE.

Imprimerie MAULDE ET RENOU, rue de Rivoli, 114.

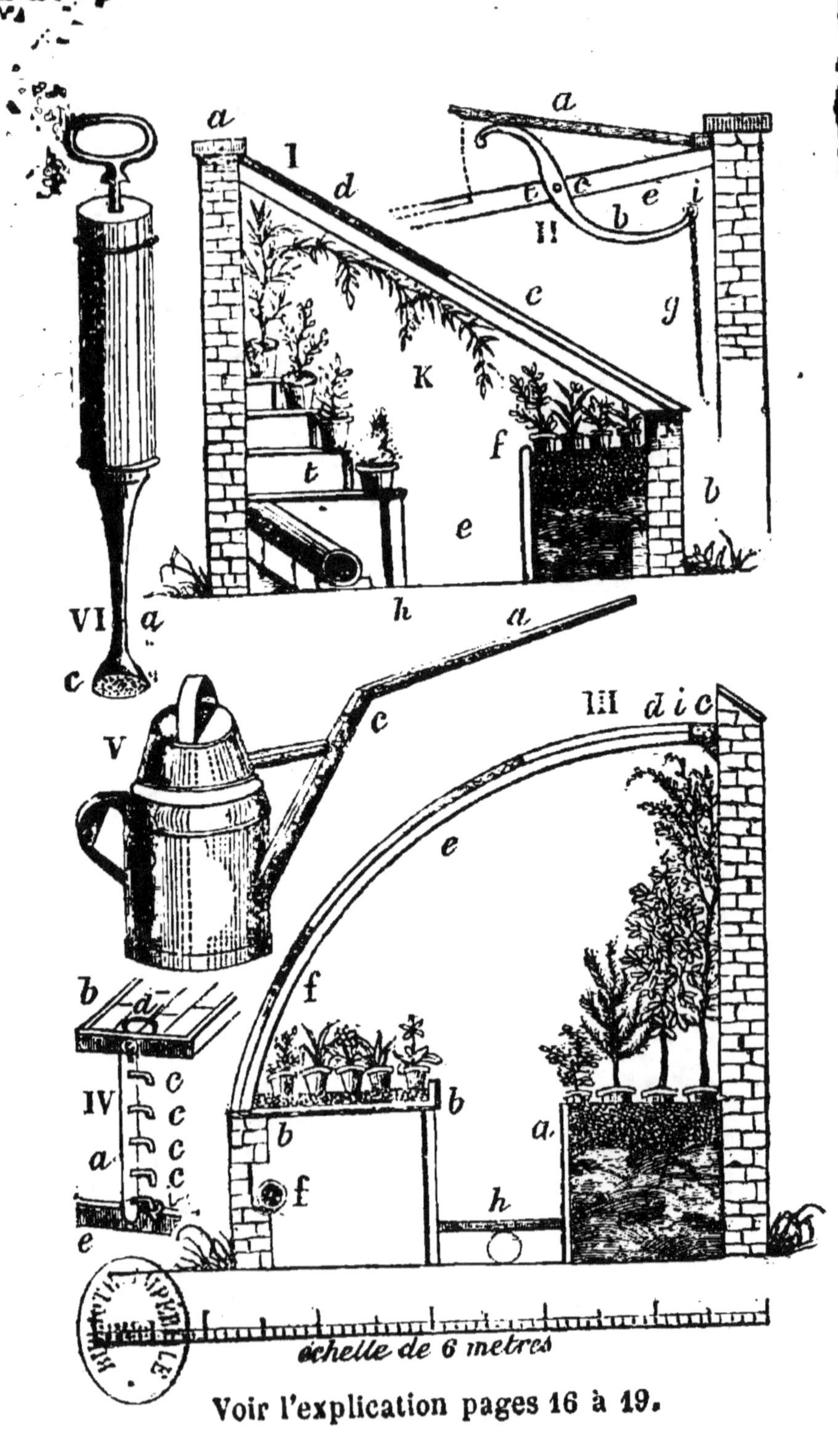

Voir l'explication pages 16 à 19.

MANUEL DE LA CULTURE

DES

PLANTES DE SERRE CHAUDE

De la Serre chaude.

On cultive en *orangerie* les plantes du Midi qui ne peuvent résister au froid de nos contrées, sans exiger cependant une haute température pendant l'hiver ; il suffit pour la conservation de ces végétaux d'empêcher la gelée de pénétrer dans la serre, que l'on maintient ordinairement entre 3 à 6° centig. de température.

Mais il n'en est pas de même pour les végétaux des pays chauds, tels que ceux qui croissent près des tropiques et sous l'équateur ; pour ceux-là, il faut plusieurs sortes de *serres chaudes*, où, pour parler plus juste, des serres chaudes chauffées à diverses températures, selon la contrée et le climat où croissent naturellement les espèces que l'on veut cultiver.

La serre chaude exige rigoureusement trois choses, savoir : 1° la plus grande somme possible de lumière ; 2° le renouvellement de l'air ; 3° une température convenable. Nous allons d'abord indiquer les différentes manières dont on peut remplir ces conditions.

1° La *lumière*. Quelle que soit la forme arbitraire que l'on donne à la serre chaude, sa façade doit être tournée le plus directement possible au midi, et entièrement construite en panneaux vitrés. Ces panneaux, au moins dans la moitié supérieure de leur hauteur, seront inclinés de manière que les rayons du soleil, en hiver, les frappe le plus perpendiculairement possible. Quelques-uns seront ajustés de manière à pouvoir être soulevés plus ou moins, afin de donner de l'air toutes les fois que la température le permettra. Le toit de la serre sera appuyé contre un mur épais et plus élevé que la serre de 75 cent. à 1 mètre. Si la serre a une certaine largeur, on pratiquera le long de ce mur une sorte de petit sentier qu'un homme puisse parcourir, afin de pouvoir accrocher à des crampons, lorsque les circonstances l'exigeront, des paillassons pendant les fortes gelées de l'hiver, pour empêcher le froid de pénétrer dans l'intérieur, ou pour suspendre des toiles légères et d'un tissu très-clair, pour intercepter les rayons trop brûlants du soleil pendant l'été, et surtout pendant les premiers jours du printemps.

Lorsque les plantes ont poussé des bourgeons pendant l'hiver, si elles se trouvent tout à coup exposées aux rayons trop vifs du soleil, surtout au mois de mars, les jeunes bourgeons encore d'une nature tendre et herbacée, loin de prendre une consistance ferme ou ligneuse selon l'espèce de plante, sont surpris, se flétrissent et meurent *brûlés*, pour me servir de l'expression des jardiniers. (Il en est de même d'une plante qui est dans la serre depuis l'automne précédent, et que l'on veut faire passer l'été en plein air. Si on l'exposait de suite au soleil elle périrait instantanément.) Il est donc indispensable, quand on peut craindre ce résultat désastreux, d'abriter les plantes de ces rayons desséchants, au moins pendant quelques heures de la journée, c'est-à-dire autant de temps que le soleil frappe presque perpendiculairement sur le plan incliné des vitraux de la serre. On emploie pour y parvenir des toiles d'un tissu assez clair pour rompre les rayons du soleil, sans néanmoins intercepter absolument la lumière; un canevas clair mais solide est excellent pour cet usage.

Quant aux plantes qui doivent passer les trois mois de chaleur en plein air, il faut ne les sortir de la serre que

par un temps couvert, et les placer à demi-ombre pendant
quatre ou cinq jours au moins, afin de leur donner le temps
de s'accoutumer peu à peu à l'air et au soleil.

Toutes les plantes phanérogames, sans exception, exigent de la lumière, et même parmi les cryptogames il n'y
a guère que certaines espèces de moisissures et de champignons qui puissent vivre dans une obscurité totale.
Mais toutes les plantes de serre n'en exigent pas la même
somme pour prospérer, quoique toutes s'en accommodent
très-bien. Par exemple, les *eurycles coronata*, *dipladenia
urophylla*, *clusia rosea*, *blakea trinerva*, *solandra grandiflora*, etc., etc., et toutes les plantes qui fleurissent en
hiver jusqu'en février, mars et avril, exigent une lumière
constante si on veut les voir pospérer et fleurir. En second lieu, les végétaux dont les tissus sont constamment
tendres, charnus, ou d'une nature herbacée, sont exposés à
périr de pourriture ou par l'étiolement, s'ils ne jouissent pas
d'une quantité suffisante de lumière. Il faut donc que le
jardinier intelligent s'attache à bien connaître, parmi les
plantes qu'il cultive, toutes les espèces qui exigent le plus
impérieusement de la lumière, et qu'il les place au premier
rang dans la serre, et le plus près possible des vitraux.

Quelques végétaux, loin de rechercher la lumière, se
plaisent dans les lieux ombragés, par exemple l'*episcia bicolor*, et quelques autres; mais, quoiqu'ils craignent le
grand jour, ils craignent davantage encore l'obscurité, et
ils périraient bientôt si on les plaçait dans une obscurité
un peu profonde.

En général, les plantes d'un tissu ligneux sec et serré,
et celles qui renouvellent leur feuillage chaque année
(sans pour cela être à feuilles caduques, car il en existe
peu de ces dernières dans les serres chaudes), se soutiennent mieux que les autres dans les places les moins éclairées de la serre; et il est très-remarquable aussi que ce
sont celles qui exigent le moins de chaleur.

De ces observations, que j'aurais pu multiplier beaucoup, mais qui me paraissent suffisantes pour un cultivateur intelligent, on doit conclure que, dans la serre, les plantes du tissu le plus sec, ainsi que celles qui ont un temps de repos dans leur végétation, doivent occuper le fond de la serre, c'est-à-dire les places les moins éclairées, et que les autres doivent occuper des places calculées sur le plus ou le moins de lumière qu'elles exigent. Je n'ai pas besoin de dire que, à quelques rares exceptions près, toutes doivent jouir d'autant de lumière qu'on pourra leur en donner. En plaçant celles qui doivent être près des vitraux, il faudra bien prendre garde à ce qu'aucune de leurs parties, feuilles ou tiges, ne se trouve en point de contact avec les verres, car ces parties gèleraient ou pourriraient infailliblement.

2° *Le renouvellement de l'air.* Les végétaux respirent comme les animaux, et leur respiration s'opère par des pores dont toutes leurs parties vertes ou parenchymateuses sont pour ainsi dire criblées ; il y a cette différence que les animaux s'emparent constamment de l'oxygène de l'air et rejettent de l'acide carbonique, tandis que les plantes absorbent de l'acide carbonique et rejettent de l'oxygène. L'air est tellement indispensable aux plantes, que si on les en prive totalement en les plaçant sous un globe de verre dont on a extrait l'air au moyen d'une pompe pneumatique, elles périssent très-rapidement. Il est donc de nécessité absolue de renouveler celui d'une serre chaude aussi souvent que possible, avec l'extrême attention cependant de ne pas y introduire de l'air froid. Pour cela il faut avoir une attention scrupuleuse, car si un air trop au-dessous de la température de la serre y est introduit tout à coup, ne fût-ce que pendant une minute ou deux, les plantes sont sujettes à prendre ce qu'on appelle un *coup d'air* et à périr subitement. (Aussi, pour éviter cet accident, on a l'habitude de faire devant la porte de la serre un tambour de quatre à cinq pieds de largeur, muni d'une porte que l'on ouvre pour entrer, et que l'on referme avant d'ouvrir celle de la serre. C'est aussi dans ce tambour qu'est établie l'ouverture par laquelle on allume le poéle et on jette le bois pour l'entretenir et maintenir la serre au degré voulu de température.)

On ne doit soulever les panneaux vitrés destinés à donner de l'air que lorsque le soleil échauffe assez l'atmosphère pour faire monter le thermomètre au moins à 10 degrés de chaleur, c'est-à-dire au même degré que doit avoir l'intérieur de la serre pendant la nuit. On ne laisse ces ventilateurs ouverts que pendant les trois ou quatre heures les plus chaudes de la journée, et seulement quand le temps est sec.

Quelques personnes ont proposé d'établir dans la serre des tuyaux pour y introduire de l'air chauffé par des moyens fort ingénieux. Mais malheureusement l'expérience n'a pas répondu aux succès qu'on en attendait.

3° *La température de la serre.* Les plantes, selon leurs espèces, ou plutôt selon leur organisation, et aussi selon les pays où elles croissent naturellement, exigent un degré de température plus ou moins élevé. Mais comme, sous la même latitude, les hautes montagnes offrent un climat souvent beaucoup plus froid que la plaine, il en résulte que les plantes qui croissent sur ces points élevés ne prospéreraient pas à la température chaude dont jouissent les plaines dans le même pays, et *vice versa.* Il a donc été impossible de régler la chaleur de nos serres sur la chaleur moyenne que sembleraient exiger toutes les espèces de végétaux croissant dans une contrée s'étendant sous le même degré de latitude. Aussi, les auteurs qui ont proposé de faire plusieurs serres chaudes, trois par exemple, dont une pour les végétaux qui croissent dans les climats chauds mais sous des parallèles au nord des tropiques, une autre pour celles qui croissent sous les tropiques, et une troisième qui renfermerait toutes celles de la zone torride, sous l'équateur, tous ces auteurs, dis-je, se sont grandement trompés. Citons quelques exemples pour nous faire

mieux comprendre : Dans l'Inde, vous trouvez le maronnier d'Inde de nos promenades publiques, les *crossandra
undulæfolla*, *mogarium trifoliatum*, etc., qui se contentent
fort bien d'une serre chauffée de 5 à 10 degrés, et qui
même passent l'été en plein air, tandis que pour les *cerbera*, *fragræa*, *hedychium*, *carica*, *pitcairnia*, *poinciana*,
il faudra 15 degrés et la tannée, et pour le *desmodium gyrans*, une température de 20 degrés et la tannée.

Il en sera de même pour les plantes du Brésil et de toute
l'Amérique méridionale et de l'Afrique. Les *ixia* du Cap
périssent si vous leur donnez la serre chaude, et les *stapelia*, *strelitzia*, etc., du même pays, ne peuvent vivre que
dans cette serre. Il est donc impossible de placer toutes
les plantes qui croissent naturellement sous les mêmes
parallèles, dans une température qui soit pour chacune la
température de son pays natal.

Mais on a pris deux termes moyens, celui de la *serre
chaude* et de la *serre tempérée*, et, par divers procédés
que nous allons indiquer, on est parvenu à créer une température convenable pour chaque végétal, quelle que soit
sa patrie. Ces procédés consistent à avoir, au moyen du
feu et des couches, des degrés divers de chaleur dans la
même serre.

La *serre chaude* proprement dite exige pendant l'hiver
une chaleur soutenue de 12 à 15 degrés centigrades pendant la nuit, et de 20 à 25 pendant le jour. La *serre tempérée*, qu'il ne faut pas confondre avec l'orangerie éclairée
(ainsi que le faisait M. Poiteau), ne diffère en rien de la
serre chaude, si ce n'est qu'on y maintient la chaleur à
6 degrés pendant la nuit, et à 12 ou 13 degrés pendant le
jour. Nous n'avons pas besoin de dire que nous indiquons
ici le minimum de la température, car en été elle peut
naturellement monter plus haut sans le secours du feu.
Du reste, tout ce que nous allons dire du gouvernement
de l'une s'applique également à l'autre.

Il y a plusieurs manières de chauffer une serre. La plus

simple consiste en un poêle que l'on tient constamment allumé, et dont les tuyaux *en poterie* parcourent la serre dans toute sa longueur. On peut faire passer ces tuyaux, soit sous les planches qui forment un sentier exhaussé au milieu de la serre, soit le long d'un des murs, soit enfin dans une large rainure creusée dans un des murs, au-dessus des couches. Il est indispensable de veiller au feu jour et nuit, afin que le thermomètre se soutienne constamment, sans la moindre interruption, aux degrés indiqués. Si, par négligence, on oubliait d'entretenir le feu pendant une partie de la nuit, surtout lors des fortes gelées, il ne faudrait pas s'étonner d'avoir perdu une grande partie des plantes le lendemain matin. Cependant, si l'on n'a qu'un garçon jardinier, il est impossible de le faire veiller toutes les nuits pendant tout le temps que durent les grands froids. Dans ce cas on peut se borner, en y mettant une scrupuleuse exactitude, à visiter le fourneau ou poêle au moment d'aller se coucher, puis à minuit et à quatre heures du matin. Avec un peu d'habitude de la serre, et ces trois visites de nuit, on viendra facilement à bout de gouverner le feu de manière à maintenir le thermomètre aux degrés nécessaires.

On peut également chauffer les serres à la vapeur et à l'eau bouillante, au moyen d'appareils que le cadre de cet ouvrage ne nous permet pas de décrire ici, et d'ailleurs ce serait à peu près inutile, parce que les fabricants spéciaux de ces appareils viennent les poser eux-mêmes et indiquer la manière de les gouverner.

Le second procédé pour donner plus de chaleur à certaines plantes, consiste à établir dans le sens de la longueur de la serre et contre un des murs, un encaissement en briques ou en planches solides, que l'on remplit de fumier neuf de cheval mélangé à un tiers de feuilles sèches, de manière à former une couche chaude de 1 mètre au moins de hauteur et de largeur; on la recouvre de 2 ou 3 décimètres de terre de bruyère ou de terre légère ordinaire, et on y enfonce les pots de certaines plantes, avec la précaution que le fond des pots ne touche pas au fumier. Cette couche chaude est surtout très-commode pour faire certaines marcottes.

Enfin, au lieu de recouvrir cette couche avec de la terre, on la recouvre avec du tan, et comme pour la précédente, on y enfonce les pots quand la plus grande chaleur du fumier est passée.

On peut établir deux couches chaudes encaissées l'une à côté de l'autre, en laissant entre deux un sentier assez large pour qu'on puisse aisément aller et venir lorsqu'il s'agit d'arroser et de soigner les plantes. On établit les couches chaque année dans le commencement d'octobre, et on les remanie dans le cours de l'hiver si elles ont perdu leur chaleur. Ce remaniement consiste à les refaire entièrement, mais avec le même fumier, auquel cependant on ajoute une certaine quantité de fumier neuf, si on le juge nécessaire. Au mois de mars on refait entièrement les couches avec du fumier neuf, et on les recouvre avec moitié du vieux tan qu'on en a retiré et moitié de tan neuf, le tout bien mélangé.

On conçoit qu'une serre ainsi gouvernée offre plusieurs températures différentes très-marquées. La plus haute température se trouve dans la partie de la serre qui avoisine le fourneau, soit dans les couches, soit sur les tablettes ; cette température est moins élevée à l'autre extrémité de la serre ; les tannées donnent beaucoup plus de chaleur que les couches recouvertes de terre de bruyère ; enfin, les tablettes placées le long du mur près des tuyaux du fourneau sont plus chaudes que les autres, etc., etc. C'est sur ces considérations, calculées avec le plus ou moins de lumière, que le jardinier habile détermine la place que chaque plante doit occuper, tout en ayant soin de placer les plus basses sur le devant, afin d'ombrager le moins possible celles qui seront sur le derrière. Il faut aussi qu'il ait soin de ne pas les entasser trop près les unes des autres, afin de laisser à l'air la faculté de circuler librement autour de chacune. Donnons un exemple de la manière dont il placera les plantes dans la serre, selon le plus ou moins de chaleur que chaque espèce exige : près du poêle, dans la tannée, les *lasiandra, petrea, limodorum, desmodium*, etc.; dans la tannée, au moins jusqu'à la floraison, les genres *methonica, crossandra*, le *tournefortia*, etc.; dans la tannée toute l'année, les genres *carica, pitcairnia, poinciana, carolinea, bilbergia*, etc.

Nous remarquerons que beaucoup de plantes qui aiment une grande chaleur se conservent bien dans la serre tempérée, et même dans une orangerie éclairée, telles, par exemple, que beaucoup d'espèces de la famille des cactées, mais elles ne développent dans toute leur beauté les fleurs magnifiques qui les font admirer, que sur les tablettes de la serre chaude.

Avec l'air, la lumière et la chaleur, il faut encore aux plantes de serre chaude, une terre convenable à chaque espèce, et des arrosements plus ou moins abondants.

Des terres. Il faut, non-seulement aux végétaux cultivés en serre chaude, mais encore à tous ceux que l'on cultive en pots et en caisses, une terre beaucoup plus riche en principes nutritifs qu'aux plantes cultivées en pleine terre, et cela se conçoit aisément. Les racines emprisonnées dans un vase ne peuvent tirer leur nourriture que de la petite quantité de terre qui les entoure, tandis que les racines des plantes de pleine terre, après avoir épuisé les sucs nourriciers autour de leur collet, s'étendent et s'allongent continuellement, souvent très-loin, pour trouver une terre neuve. Il faut donc pour les premières une terre composée, très-riche en humus. Aux unes on préparera une terre légère, et aux autres une terre plus ou ou moins consistante, selon que nous l'indiquons à l'article de chaque plante, et on exclura sévèrement de ces composts toute espèce de fumier qui ne serait pas entièrement décomposé et parfaitement réduit à l'état de terreau ; le fumier qui n'est pas encore arrivé à l'état complet de terre, entretient autour des racines une humidité stagnante qui les fait rapidement pourrir et entraîne la perte de la plante. Si les vieux terreaux de couches que l'on emploie souvent dans les mélanges ou compots ne sont pas entièrement consommés, il faut, avant d'employer le mélange qu'on en a fait avec d'autres terres, le laisser reposer en tas et en plein air au moins pendant un an, avec la précaution de l'arroser de temps à autre pour hâter son entière décomposition.

De tous les terreaux, celui qui convient le mieux à toutes les plantes délicates de serre chaude est le terreau naturel connu sous le nom de *terre de bruyère*. Il s'emploie sans mélange pour cultiver presque toutes les plantes liliacées et à ognons, ainsi que celles dont les racines ont un chevelu délié et délicat, et pour beaucoup d'autres végétaux qui exigent une humidité légère mais continue. Pour d'autres, on le mêle à une certaine quantité de terre franche légère, au terreau de couche, etc.

La terre de bruyère, quand on n'en a pas à sa portée, peut très-bien se remplacer par du *terreau de feuilles* bien consommé et mêlé avec un peu de terre très-sablonneuse, ou même avec du sable pur et très-fin.

Le *terreau de couche*, lorsqu'il a entièrement perdu la propriété de retenir une humidité stagnante, s'emploie en mélange, ainsi que nous l'avons dit. Il convient surtout pour rendre les autres terres moins compactes, plus légères, et surtout pour les ameublir ; mais il a le défaut essentiel de perdre très-promptement sa fertilité. Les jardiniers maraîchers sont dans l'usage, quand le terreau de couche dans lequel ils cultivent leurs légumes est entièrement usé, de le renouveler et de vendre à bas prix ce vieux terreau à des petits amateurs de fleurs. Nous devons avertir ici nos lecteurs que ce terreau ne peut être utile que pour rendre plus légères et plus poreuses les terres argileuses et compactes de leur jardin, mais qu'il ne doit entrer dans aucun mélange des terres employées pour les cultures en pots ou en caisses.

Le *terreau de saule*, si recherché par les cultivateurs d'œillets, de primevère auricule, etc., se trouve dans le tronc caverneux des vieux saules et autres arbres dont le bois est pourri à l'intérieur. Il a les mêmes propriétés que la terre de bruyère, et, à l'état de pureté, il est même plus fertile. Sa rareté est la seule chose qui empêche de beaucoup s'en servir.

Quant aux terres que l'on emploie dans les compots, elles se bornent : 1° en *terre franche*, c'est-à-dire en terre neuve prise dans un pré, ou dans un champ fertile où l'on n'a jamais cultivé ni fleurs ni légumes ; 2° en *terre ordinaire*, ou terre de jardin non épuisée par une longue culture sans engrais ; 3° en *terre légère*, fertile, poreuse et s'ameublissant aisément ; 4° en *terre sablonneuse*, composée d'un sable très-fin mélangé d'un humus qui la rend très-fertile ; 5° en *terre sableuse*, composée comme la précédente, mais à grains de sable plus gros et souvent granitique ; 6° en *terre forte*, très-difficile à ameublir à cause de l'argile qu'elle contient, et quand elle en contient trop elle est très-peu perméable à l'eau ; en mélange avec un peu de sable et de marne, elle devient très-fertile.

Avec un mélange ou compot habilement calculé de quelques-unes de ces terres et de ces terreaux, on peut cultiver avec succès toutes les plantes en vases.

Il nous reste à parler des arrosements, et nous tâcherons d'établir à ce sujet quelques principes généraux faciles à employer.

Nous avons dit qu'il fallait de l'air aux plantes, et que cet air devait être renouvelé dans les serres le plus souvent possible, au moyen de bascules qui permettent de soulever des panneaux en temps opportun. Mais il faut aussi, pour que l'air soit profitable aux végétaux, qu'il jouisse de toutes ses propriétés, et particulièrement de l'élasticité qu'il doit à la légère vapeur d'eau répandue dans l'atmosphère. Il faut donc, lorsque le temps est sec et chaud, et que les panneaux sont ouverts, arroser non-seulement les pots, mais encore le feuillage des plantes. Pour cela on se sert d'une petite pompe à main ou d'une très-grosse seringue au bout de laquelle on ajuste une pomme d'arrosoir percée de très-petits trous, et on lance l'eau de manière qu'elle retombe en forme de pluie fine sur les feuilles des plantes. Néanmoins on s'abstiendra de mouiller les plantes grasses, celles dont le feuillage en rosettes serrées serait disposé de manière à retenir l'eau un certain temps, et celles qui, étant hérissées, pourraient retenir des gouttelettes d'eau entre leurs poils. Cette opération doit se faire par un temps sec et très-chaud, lorsque les panneaux sont ouverts, et il faut que les feuilles aient le temps de parfaitement sécher avant qu'on les referme.

On profitera aussi de ce temps sec et chaud pour faire le lavage des plantes. Cette opération consiste à sortir les unes après les autres toutes les plantes de la serre, à les visiter toutes scrupuleusement, et, avec de l'eau qu'on a laissée s'échauffer au soleil, de laver leurs feuilles et leurs tiges de manière à n'y pas laisser la plus petite ordure ni la moindre crasse. Pour cela on se sert d'une éponge et d'un chiffon pour les feuilles, et d'une petite brosse très-douce pour les tiges. Chaque plante, après qu'on l'a laissée sécher à l'ombre pendant quelques heures, est rentrée et remise à sa place afin d'éviter tout encombrement.

Tous les végétaux exigent, pour croître vigoureusement, une terre humide, car c'est lorsqu'ils sont délayés par l'eau que les éléments de leur nutrition s'insinuent dans les vaisseaux de leurs tissus. Il est donc indispensable de ne jamais laisser se dessécher la terre des pots, même à sa surface, et il en résulte qu'il faut arroser tous les jours assez pour entretenir l'humidité nécessaire; mais il ne faut pas non plus noyer la terre au point d'arrêter une fermentation chimique qui agit sur les sels nutritifs, les combine et les rend propres à la végétation. On tiendra donc la terre des vases constamment humide sans être entièrement mouillée. Si on arrose trop, les racines de la plante ne renvoient aux tiges et aux feuilles qu'une séve trop délayée, peu ou point nutritive; les racines souffrent et quelquefois pourrissent, les feuilles jaunissent et tombent, et le végétal ne tarde pas à périr. On a le soin d'arroser la terre des vases de manière à ne pas la battre, ce qui formerait á sa surface une croûte qui, en séchant, deviendrait imperméable à l'eau et à l'air. Pour éviter le grave inconvénient qui en résulterait, il est indispensable de sarcler très-souvent la terre des pots et des caisses. Nous n'avons pas besoin de dire qu'en faisant cette opération, on arrache toutes les plantes parasites qui ont pu y croître.

Il faut que le cultivateur évite les deux extrêmes de sécheresse et d'humidité. Pour cela il arrosera deux fois par jour les végétaux cultivés dans des petits pots, qui perdent vite leur humidité; une fois par jour les pots d'une grandeur moyenne; une fois tous les deux ou trois jours les vases les plus grands. Le moment d'arroser peut aussi être avancé ou retardé selon le plus ou moins de chaleur de la serre et le plus ou moins d'humidité de son atmosphère. C'est surtout pendant les deux mois les plus chauds de l'année, époque où les panneaux de la serre restent presque constamment ouverts pendant le jour, qu'il se fait le plus d'évaporation, et que l'on doit veiller avec le plus d'attention aux arrosements. Répétons ici le principe invariable que nous avons déjà énoncé : *Il faut que la terre des pots soit constamment humide et jamais mouillée.*

Mais toutes les plantes n'aiment pas l'eau autant les unes que les autres. Il en est qui pourrissent infailliblement si on leur en donne trop; telles sont, par exemple, les plantes grasses et toutes celles dont les tissus sont tendres, herbacés, plus ou moins succulents. D'autres, sans être positivement des plantes aquatiques, demandent beaucoup d'arrosement. Il en est d'autres, enfin, qui ne prospèrent que dans l'eau; pour celles-ci on a de grands baquets remplis d'eau et placés dans une partie éclairée de la serre, et on y submerge les pots de ces plantes tout à fait aquatiques, et on a la précaution de renouveler l'eau des baquets de temps à autre, afin qu'elle ne se corrompe pas.

Il est rigoureusement nécessaire que l'eau dont on se sert pour arroser ou pour entretenir celle des baquets, ait préalablement séjourné dans la serre pendant deux ou trois jours au moins, afin qu'elle se soit mise à la même température. Si l'on avait négligé cette précaution, il faudrait déposer de l'eau froide dans un tonneau, et y jeter de l'eau chaude en remuant continuellement, jusqu'à ce que cette eau ait acquis la même température que celle de la serre, ce dont on s'assurerait au moyen du thermomètre. Mais ce moyen ne doit s'employer que le plus rarement possible, parce que l'eau chauffée par le feu dégage l'air qu'elle contient, et l'air introduit sur les racines étant un agent puissant de végétation, il ne faut pas l'en dépouiller.

De riches amateurs ont fait construire dans leurs serres des bassins plus ou moins grands pour cultiver les plantes aquatiques des tropiques, et particulièrement celles de la famille des nymphéacées, dont la plus remarquable par les proportions gigantesques de ses feuilles, et de ses fleurs blanches passant au rose et ensuite au rouge, est la *victoria regia*. Beaucoup en ont obtenu des résultats assez peu satisfaisants, et cela pour deux causes que voici : la plupart ont chauffé leur eau au moyen du feu, et l'ont ainsi dépouillée d'une partie de l'air nécessaire à la végétation ; outre cela, ils ont maintenu la température de l'eau à 21 degrés au moins, sans réfléchir que pour que l'ascension de la sève prenne son cours naturel des racines aux tiges, il est indispensable que ces dernières soient à une température plus élevée que les racines.

Du dépotage. Généralement les plantes en vases doivent être dépotées toutes les fois que leurs racines forment une sorte de tapis de chevelu autour des parois du vase, ou qu'on les voit percer en dessous par le trou du fond et y former une sorte de houppe, ou enfin que la terre, continuellement lavée par les arrosements, ait perdu ses sucs nutritifs. La terre des petits pots au-dessous de la grandeur d'un pot à œillet, s'usant plus vite que celle des grands vases, doit être renouvelée par un dépotage annuel. Les plantes cultivées dans des vases plus grands et dans des caisses, seront dépotées tous les deux ans. Telles sont les règles générales; mais l'habile horticulteur y trouvera beaucoup d'exceptions, soit à cause du plus ou moins de porosité des terres, soit parce qu'il y a des plantes plus voraces les unes que les autres, comme, par exemple, celles à bois tendre et spongieux, comme les datura, et d'autres dont la végétation est très-vigoureuse et très-rapide; on conçoit que celles-là usent beaucoup plus vite la terre que celles à bois mince et sec, à croissance lente et à feuillage peu étoffé.

Le *demi-dépotage* se fait, comme le dépotage, en automne ou au printemps, au moment où la végétation des plantes paraît suspendue ou du moins très-ralentie.

Pour opérer le dépotage, on renverse le pot pour en sortir la plante avec sa motte entière; on coupe avec un instrument très-tranchant toutes les petites racines qui tapissent cette motte sur les côtés et en dessous, et on enlève en même temps une lame de terre un peu épaisse tout au tour et au fond; mais on se donne bien de garde de toucher aux grosses racines. Ceci fait, on diminue encore la grosseur de la motte en faisant tomber la terre du dessus du pot, de manière à mettre le collet de la plante à découvert jusqu'aux premières racines, et l'on prendra bien garde de blesser celles-ci. Dans un vase, soit de la même grandeur, soit un peu plus grand, on mettra au fond une certaine épaisseur de terre convenablement préparée; on la comprimera, et on y posera la motte de la plante. Entre la motte et les parois du vase, on fera glisser de la terre que l'on foulera tout au tour au moyen d'un morceau de bâton, puis on recouvrira le tour du collet avec de la même terre ; on donnera un arrosement et on enfoncera le pot dans la tannée d'une couche chaude.

Quant au demi-dépotage, il se borne à enlever autour des parois du vase autant de terre qu'on le peut en creusant avec un instrument tranchant, et à remplacer cette terre par une autre que l'on foule avec un bâton, ainsi que nous l'avons dit, à découvrir autour du collet jusqu'aux premières racines, et à recouvrir avec de la terre neuve.

Destruction des insectes. Si l'on ne veille pas aux plantes avec la plus grande attention, celles qui sont ligneuses peuvent se couvrir, sur leurs tiges et leurs branches, d'une sorte de cochenilles qui les épuisent rapidement en s'emparant de leur séve. On les en débarrasse, au moyen des lavages, en frottant exactement leur écorce avec la brosse douce. Les pucerons s'attachent aussi en très-grand nombre sur les jeunes pousses et sur les pédoncules de plusieurs sortes de plantes, et le lavage est souvent insuffisant pour les en débarrasser tout à fait. Dans ce cas, au moyen d'un soufflet et d'une boîte de fer-blanc destinés à cet usage, on leur insuffle des jets de fumée de tabac qui les font périr sur-le-champ. Les personnes qui n'ont pas ce petit appareil se bornent à leur lancer des jets de fumée de tabac avec un soufflet de cuisine et une pipe ordinaire.

De la construction des serres chaudes.

La *serre chaude*, fig. 1, planche 1re, est la plus simple et la moins dispendieuse. Elle doit être placée à l'exposition la plus chaude du jardin, et appuyée, si on le peut, contre le mur d'un bâtiment qui l'abrite des vents du nord.

a est un mur d'appui qui doit avoir au moins 50 centimètres d'épaisseur, et qui sera construit entièrement en briques ou en bons moellons liés au mortier de chaux, ou en bon plâtre ; *b*, mur du devant, auquel, si on le veut, on peut donner moins d'épaisseur, par exemple 33 cent.; *c* est un premier rang de panneaux mobiles que l'on pourra soulever pour donner de l'air, et que l'on maintiendra ouverts le temps voulu au moyen d'une crémaillère en bois. Sous la latitude de Paris, on peut incliner les panneaux de 45 à 55 degrés, mais jamais au-dessus de 60. L'inclinaison la plus ordinaire dans les serres de Paris est de 45 degrés. *d*, deuxième rang de panneaux immobiles ; *e*, sentier qui parcourt la serre d'une extrémité à l'autre ; *f*, couche chaude à tannée. Si on le veut, on peut reporter cette couche au fond de la serre, et on la remplace par une très-large tablette sur laquelle on dépose les plantes basses et qui n'exigent pas la couche chaude. *h*, gradin sur lequel on place les pots, avec la précaution de mettre les plantes basses sur le premier rang, de plus hautes sur le second, de plus hautes encore sur le troisième, et ainsi de suite jusqu'au fond, où l'on placera les plus hautes tiges. *i*, *i*, tuyau de chaleur passant sous le gradin.

La fig. II représente le mécanisme au moyen duquel on peut aisément, de dedans la serre, donner de l'air aux plantes en soulevant le panneau *d* de la serre, fig. I et fig. III. *a* fig. II est le panneau soulevé par l'effet de la bascule *b*, faite en forme de S, et fixée au moyen d'une forte vis, *t*, en *c* à la traverse *e* supportant les panneaux. Cette vis n'est pas très-serrée, de manière que la bascule peut jouer très-facilement lorsque l'on tire la corde *g* attachée à l'extrémité *i* de son levier. Je n'ai pas besoin de dire que plus ce levier aura de longueur, depuis l'anneau *i* jusqu'à la vis *c*, plus il aura de force et sera facilement baissé pour soulever le panneau. Quand on a donné à ce dernier l'ouverture que l'on désire, on fixe le bout de la corde à un fort crochet solidement enfoncé dans le mur.

Cette bascule, fort simple et très-solide, peut également s'adapter aux panneaux cintrés de la serre chaude de la fig. III.

Quant aux panneaux d'en bas, c, fig. I et f, fig. III, on les soulève par dehors et à la main; on les maintient ainsi, dans la position que l'on désire, au moyen d'une crémaillère.

Cette crémaillère, fig. IV, consiste en une tringle de fer a, munie de plusieurs crochets, c, c, etc., dont les pointes sont recourbées en bas. Cette tringle est fixée au panneau b au moyen d'une longue et solide vis qui lui laisse tout le jeu nécessaire, ou par un fort piton dans l'anneau duquel est passé l'anneau du sommet de la tringle. Lorsqu'on veut tenir le panneau ouvert, on le soulève à la main par la manette d, et, pour le fixer à la hauteur que l'on désire, on passe un des crochets c dans l'anneau i d'un piton qui est fixé solidement dans l'encadrement e du panneau.

La serre chaude, fig. III, est entièrement montée en fer forgé, quant à sa charpente et à ses panneaux, d, e, f. Une couche avec tannée, a, en occupe le fond, et les végétaux y sont placés selon les principes que nous avons enseignés. Elle manque de gradins, mais ces derniers sont remplacés par la tablette b, b, recouverte d'une bonne épaisseur de terre de bruyère, dans laquelle on enfonce les pots des plantes basses et précieuses qui exigent beaucoup de lumière. En c, au sommet des panneaux, est un sentier en plate-forme sur lequel un homme peut passer, afin d'attacher à des crochets, i, soit des toiles, soit des paillassons quand il est nécessaire de garantir les plantes contre les ardeurs du soleil ou le froid. On peut garnir les deux murs des extrémités de la serre avec des tablettes pour recevoir les pots des plantes qui craignent beaucoup l'humidité, ou bien on peut encore les tapisser avec le feuillage des plantes grimpantes.

Cette serre est chauffée par un poêle de faïence ou de briques, dont les tuyaux, qui doivent être en terre cuite pour répandre une chaleur plus égale et plus douce, et aussi pour éviter les accidents du feu , les tuyaux, dis-je, peuvent passer dans un canal creusé dans le mur de devant, comme en *f*, ou sous le sentier, *h*; et, dans ce cas, il faut éviter de les faire passer trop près des couches et des planches formant le plancher du sentier. Les couches surtout pourraient aisément s'enflammer quand le fumier qui les compose est dans son plus haut degré de fermentation.

Nous avons indiqué, par une échelle décimale placée au bas de la planche, les proportions que l'on peut donner à une serre chaude ; mais il est bien entendu que ces proportions peuvent varier en raison du plus ou du moins de dépense que l'on veut faire. Je n'ai pas besoin de dire que cette échelle ne s'applique qu'aux fig. I et III.

La fig. 5 représente un arrosoir à long goulot, servant à arroser les plantes les plus éloignées, sans courir la chance de mouiller le feuillage des plantes des premiers rangs. On peut se servir pour cela du premier arrosoir venu , pourvu qu'il ne soit ni trop grand ni trop lourd. Pour cela, il ne s'agit que d'y ajuster, en *c*, le goulot *a*, dont la longueur sera proportionnée à la distance des derniers pots.

La fig. VI n'est rien autre chose qu'une grande seringue dont les vétérinaires se servent pour donner des remèdes aux chevaux. Au bout du canon, en *a*, on ajuste une pomme d'arrosoir, *c*, percée de trous fort petits et très-rapprochés. On se sert de cet instrument pour arroser le feuillage des plantes en lui lançant de l'eau de manière qu'elle retombe sur les feuilles en forme de pluie fine. Si l'on faisait faire une seringue exprès pour cet usage, il serait bien de lui donner moins de diamètre et plus de longueur.

En ajoutant à cette seringue, à la place de la pomme *c*, un long bec comme celui de l'arrosoir *a*, mais recourbé à son extrémité, on s'en sert très-commodément pour arroser les pots placés sur les tablettes élevées.

CULTURE

DES

PLANTES DE SERRE CHAUDE.

ABROME ÉLÉGANT (*Abroma angusta*). Arbrisseau de l'Inde. En août, fleurs d'un beau rouge, pendantes. Terre substantielle, légère; arrosements abondants en été; multipl. de boutures étouffées sur couche chaude, et de marcottes.

ABUTILON, ou SIDA EN ARBRE (*Abutilon arboreum*). Arbrisseau du Pérou. En été, fleurs blanches, grandes. Terre franche légère; arrosements soutenus en été, rares en hiver; multipl. de graines semées au printemps, en terrine et sur couche chaude, ou de boutures étouffées sur la même couche. Même culture pour l'*A. venosum*, à fleurs campanulées, assez grandes, d'un jaune doré veiné de pourpre.

ACACIE LEBBEK (*Acacia Lebbek*). Arbrisseau de l'Inde. Au printemps, têtes ombelliformes de fleurs grandes, rougeâtres, pédicellées. Terre légère mêlée à moitié terre de bruyère; arrosements modérés; multipl. de graines semées au printemps sur couche chaude et en terrine, ou de marcottes, de boutures de jeune bois ou de racines. — Même culture pour les *acacia acanthoptera*, à fleurs d'un lilas pâle ou blanchâtre, et légumes plats bordés d'aiguillons. — *A. odoratissima*. En été, têtes de fleurs odorantes, d'un jaune pâle. — *A. arborea*. Au printemps et en été, têtes de fleurs d'un incarnat vif. — *A. leucocephala*. En septembre, fleurs odorantes, roses. — *A. glauca*. En été, fleurs blanches. Les autres acacies sont toutes d'orangerie ou de serre tempérée.

ACHIMÈNE A LONGUES FLEURS (*Achimenes longiflora*). Plante vivace, du Mexique. De juin en sept., fleurs tubuleuses, le tube long, courbé, évasé; limbe bleu, avec une auréole blanche et lavée de bleu à la gorge. Variété à fleurs deux fois aussi grandes. Terre légère mêlée à deux tiers de terre de bruyère, et arrosements très-abondants en été, nuls en hiver. Pendant le repos de la plante, placer les pots sur les tablettes de la serre. Multipl. au printemps, lors du dépotage, par la séparation des racines, ou de boutures étouffées sur couche chaude. Même cult. pour les *A. grandiflora, skinneri, patens, kleei, liepmanni.*

ÆSCHYNANTHE RAMEUX (*Æschynantus ramosissimus*). Arbrisseau de l'Inde, parasite sur les vieux arbres. De nov. en janv., fleurs tubuleuses, courbées, d'un pourpre écarlate, à limbe linée de noir en dehors, avec une tache cordiforme de pourpre noirâtre en dedans. Serre chaude humide, et cult. des orchidées parasites; arrosements fréquents. Multipl. de boutures.

ALLAMANDE CATHARTIQUE (*Allamanda cathartica*). Arbrisseau grimpant, de la Guyane. En juin et oct., fleurs grandes, jaunes, en entonnoir. Terre légère, substantielle. Multipl. de boutures étouffées sur couche chaude, et de marcottes.—Même cult. pour l'*A. de Schott* (*A. Schottii*), à fleurs grandes, campanulées, d'un jaune brillant, teintées de rose à l'extérieur.

ALLOPLECTE A TÊTES (*Alloplectus capitatus*). Plante vivace, de la Nouvelle-Grenade. En été, ombelle serrée de fleurs d'un jaune vif, à calice d'un beau rouge. Terre légère, mêlée à moitié terre de bruyère ou de terreau de feuilles; arrosements abondants pendant la végétation, nuls en hiver; dépotage au printemps. Multipl. par la séparation des racines, ou de boutures étouffées sur couche chaude. Même cult. pour les *A. cupreatus*, à fleurs d'un rouge éclatant.— *A. congestus*, à calice d'un rouge vif et corolle jaunâtre.

ALONZOA ARBRISSEAU (*Alonzoa linearis*), du Pérou. Tige de deux pieds; de juillet en oct., fl. écarlates, brunes au centre avec cinq lignes vertes. Terre substantielle, franche légère; arrosements soutenus pendant la végétation; multipl. de drageons quand il en produit, de marcottes et de boutures étouffées sur couche chaude.

ALPINIE DE MALACCA (*Alpinia Malaccensis*). Vivace et des Moluques. Tige de 6 à 10 pieds; feuilles larges de 2 à 3 pieds. En juin, fl. très-grandes, en grappe, à périanthe intermédiaire blanc, et celui du milieu panaché de rouge et d'orangé. Terre franche, substantielle, ou mieux, terre à orangers, mélangée à deux tiers de terre de bruyère; arrosements abondants pendant la végétation seulement. Multipl. par éclats des racines, en mars.

ALSTROÉMÈRE LIGTU (*Alstroemeria ligtu*). Très-jolie plante vivace du Pérou. Tige d'un pied et demi. En févr. et mars, ombelles de fl. très-odorantes, blanches, rayées de rouge foncé. Terre légère, substantielle, sans engrais, arrosements modérés. Multipl. tous les trois ans par la séparation des griffes ou racines, que l'on fait reprendre sur couche chaude. Même cult. pour les A. ODORANTES (*A. odorata*), à fl. d'un rose lilas, ponctuées et tachetées de blanc, exhalant une suave odeur de violette.—A. ÉCARLATE (*A. hœmantha*). Racines tuberculeuses, tige de 2 à 3 pieds. De juin en sept., fl. grandes, nombreuses, d'un rouge orangé; les divisions extérieures sans taches, les intérieures lavées de jaune et panachées de larges bandes d'un pourpre noirâtre, l'inférieure panachée de bandes d'un pourpre foncé.

AMARYLLIS DE LA REINE (*Hippeastrum reginœ*). Très-belle plante vivace, du Brésil. Hampe de 2 pieds, biflore. En hiver ou au commencement du printemps, fl. très-grandes, penchées, campanulées, d'un rouge ponceau. Terre de bruyère mélangée; arrosements abondants pendant la végétation, nuls pendant le repos; multipl. tous les 2 ou 3 ans par la séparation des caïeux qu'elle produit très-difficilement. Même cult. pour l'A. A FEUILLES COURBES (*Nerine curvifolia*). Hampe de 3 pieds. En juillet, 8 à 12 grandes fl. d'un rouge écarlate brillant.

AMHERSTIE MAGNIFIQUE (*Amherstia nobilis*). Arbrisseau de l'Inde. En été, grappes de 2 à 3 pieds, pendantes, de fl. longues de 4 à 5 pouces, larges de 2, d'un écarlate brillant; étendard avec un disque blanc, et au sommet une grande tache jaune bordée de pourpre violacé; pétales latéraux tachés de jaune; serre chaude et tannée. Terre franche légère, mêlée à moitié de terreau consommé; vase très-grand; arrosements soutenus pendant la végétation. Multipl. de graines venues de son pays natal ou de marcottes.

APHÉLANDRE TÉTRAGONE (*Aphelandra tetragona*). Arbrisseau des Antilles. En août et sept., fl. tubuleuses, très-longues, d'un rouge de vermillon, en épis tétragones. Terre substantielle, légère; arrosements soutenus pendant la végétation. Multipl. de boutures étouffées sur couche chaude. — Même culture pour les A. ORANGÉES (*A. aurantiaca*), à fl. d'un jaune doré, en été.— A. ÉCLATANTE (*A. fulgens*), à fleurs d'un rouge éclatant, en oct.

ARGYRÉE BRILLANTE (*Argyreia splendens*). Arbuste volubile, de l'Inde. En été, fl. d'un écarlate vif. Terre franche légère, mêlée à un tiers de terreau très-consommé; arrosements soutenus en été, rares en hiver. Multipl. de boutures étouffées sur couche chaude.— Même cult. pour les A. *speciosa* et *atrosanguinea*, toutes les deux à grandes fl., d'un rose foncé dans la première et d'un pourpre brillant dans la seconde.

ARISTOLOCHE A GRANDES FLEURS (*Aristolochia grandiflora*). Arbrisseau grimpant, de la Jamaïque. En été, fleur solitaire, très-grande, pourpre, large de 6 pouces et terminée par une pointe de près d'un pied. Terre franche légère; sa racine, très-grosse et très-longue, exige un grand vase; peu d'arrosements en hiver. Multipl. de marcottes et de boutures. Même culture pour les A. *labiosa, caudata* et *trilobata*, toutes les trois remarquables par la singularité de leurs grandes fleurs.

ARRHOSTOXYLON SUPERBE (*Arrhostoxylum formosum*).

Petit arbuste du Brésil. Fl. d'un rouge vif et brillant tout l'été. Terre substantielle, franche légère; arrosements fréquents pendant la végétation seulement; multipl. de boutures qu'il faut renouveler tous les ans, parce que l'arbuste ne vit pas longtemps : il dure un peu plus quand on le soumet à la taille.

ASTRAPÉE DE WALLICH (*Astrapœa Wallichii*). Arbre de Madagascar. En été, 40 à 50 fl. d'un rose pourpre, en ombelles axillaires. Terre substantielle, franche légère; multipl. de boutures étouffées sur couche chaude.

ASYSTASIE DU GANGE (*Asystasia Coromandeliana*). Plante vivace, de l'Inde. D'août en oct., fleurs en grappes, unilatérales, à tube jaune et limbe bleu. Terre franche légère, substantielle; arrosements fréquents pendant la végétation; multipl. de boutures sur couche chaude.

AYAPANE OFFICINALE (*Ayapana officinalis*). Plante vivace, du Brésil. En été, fl. pourpre. Terre légère, substantielle; multipl. par éclat, ou de graines semées sur couche aussitôt leur maturité.

BALSAMINE SANS TIGE (*Impatiens scapiflora*). Plante vivace, de l'Inde, à racines tubéreuses. En juillet et sept., grappes de 6 à 12 fl. grandes d'un blanc rosé, à pétales latéraux verdâtres; éperons grêles, longs de 3 à 4 pouces. Terre substantielle; arrosements soutenus pendant la végétation; multipl. de graines sur couche chaude, et de drageons.

BANANIER DE LA CHINE (*Musa Sinensis*). Arbuste ou plante bisannuelle, de 3 à 4 pieds de hauteur; bractées brunes en dessus, d'un violet glauque en dessous; fruits ou bananes, petits, mais excellents, jaunâtres, et mûrissant parfaitement dans nos serres. Pleine terre de bruyère dans la serre chaude; arrosements fréquents; multipl. par drageons. Même culture pour le B. COMMUN (*M. paradisiaca*), remarquable par ses feuilles larges de 2 pieds et longues de 8 à 12.

BARRÉLIÈRE A FEUILLES DE BUIS (*Barleria buxifolia*). Arbuste de l'Inde; tige épineuse. En été, fl. solitaires, axillaires, bleues. Terre substantielle, légère; arrosements soutenus en été, rares en hiver; multipl. de boutures étouffées sur couche chaude.

BAUHINE ÉPINEUSE (*Bauhinia spinosa*). Arbuste de Caracas. En été, fleurs blanches, longues de 2 pouces. Terre franche légère; arrosements abondants en été, soutenus en hiver; multipl. de graines en potelots sur couche chaude. Lorsqu'on repique le jeune plant, il faut le faire avec la motte sans toucher aux racines, et n'y pas toucher non plus lorsqu'on dépote. Même cult. pour la *B. variegata* à fl. roses, panachées de jaune et de pourpre.

BÉGONIE ÉCARLATE (*Begonia coccinea*). Arbrisseau du Brésil, à feuilles bordées de rouge. En été, fl. écarlates. Terre de bruyère un peu bourbeuse; arrosements fréquents en été; multipl. de rejetons et de boutures étouffées. Même cult. pour les *B. incarnata*, à fl. grandes, roses, au printemps et en automne; — *B. maculata*, à feuilles pourpres en dessous, tachées de blanc argenté en dessus, en automne, fl. blanches; — *B. suaveolens*, fl. blanches; légèrement odorantes; — *B. petaloides*, fl. à pétales presque égaux, les intérieurs blancs et les extérieurs rouges; — *B. dipetala*, fl. grandes, d'un rose pâle; — *B. heracleifolia*, feuilles à bords rougeâtres, hampe tachée de rouge; fl. en cime, d'un rose pâle; — *B. picta*, feuilles marbrées de noir en dessus; fl. roses; — *B. discolor*, feuilles d'un rouge de sang en dessus; fl. grandes, d'un rose pâle. Cette dernière peut, à la rigueur, se conserver en serre tempérée.

BESLÈRE A FEUILLES DE MÉLITE (*Besleria mellitifolia*). Très-joli arbuste de l'Amér. mérid. En juillet et août, fl. en ombelle, jaunes, rayées de rouge foncé; calice d'un rouge orangé, tubuleux. Serre chaude et tannée. Terre légère; arrosements fréquents pendant la végétation; multipl. de boutures.

BEURRÈRE A FEUILLES ÉPAISSES (*Beurreria succulenta*). Arbrisseau des Antilles. En sept., fl. odorantes, blanches. Serre chaude et tannée. Terre franche; dépotage annuel; arrosements fréquents en été; multipl. de boutures étouffées sur couche chaude.

BIGNONE GRACIEUSE (*Bignonia venusta*). Arbrisseau grimpant, du Brésil. En été, fl. d'un rouge safrané, bordées d'une liseré jaune ou blanc. Terr franche légère; arrosements fréquents en été; multipl. de marcottes ou de boutures faites avec du bois de deux ans, étouffées sur couche. Même cult. pour la *B. œquinoxialis;* grappes de 4 à 6 fl., à tube d'un jaune de soufre; — *B. Chamberlaynii*, à fl. très-grandes, d'un jaune doré.

BILBERGIE DE MORÈLE (*Bilbergia Moreliana*). Vivace, du Brésil. En été, hampe d'un rose pourpré, munie de bractées grandes, pétaloïdes, d'un beau rose; fl. d'un joli bleu. Serre chaude et tannée. Terre de bruyère; arrosements abondants pendant la végétation seulement; mult. par la séparation des œilletons.

BIOPHYTE SENSITIVE (*Biophytum sensitivum*). Plante vivace du Malabar; feuilles pennées, à folioles se contractant au moindre attouchement. En été, fl. jaunes. Terre de bruyère; multipl. de graines semées sur couche chaude.

BLUMENBACHIE REMARQUABLE (*Blumenbachia insignis*). Plante vivace, de 1 à 2 pieds. En été, fl. larges, à pétales extérieurs panachés de blanc, de jaune et de pourpre; les extérieurs blancs, capuchonnés, carénés sur le dos; chacune des trois carènes porte à sa base une soie subulée, jaune à la base, blanche au sommet. Terre franche légère, mêlée à un tiers de terre de bruyère; arrosements modérés; multipl. de graines semées sur couche chaude en automne, ou de boutures étouffées sur la même couche.

BOUGAINVILLE SUPERBE (*Bougainvillea fastuosa*). Arbrisseau grimpant, du Brésil. En avril et mai, fleurs d'un

nne de soufre, à tube grêle, et bractées d'un rose vio-
acé. Terre de bruyère; vase très-grand; arrosements fré-
uents pendant la végétation; mult. facile de boutures.

BROWNÉE A GROSSE TÊTE (*Brownea grandiceps*). Arbrisseau de l'Amér. mérid. En été, épi ovale orbiculaire,
erré, de 4 à 5 pouces de largeur et 6 de longueur, com-
osé de plusieurs centaines de fl. d'un rose très-vif, varié
e rose pâle et de pourpre. Serre chaude et tannée; beau-
oup de chaleur si l'on veut qu'elle fleurisse. Terre fran-
he légère, mêlée à moitié de terreau consommé.

BRUNSFELSIE D'AMÉRIQUE (*Brunsfelsia Americana*).
Arbrisseau des Antilles. En été, fl. odorantes, grandes,
ongues, d'abord d'un blanc pur, passant ensuite au jaunâtre. Serre chaude et tannée. Terre franche, mélangée à
moitié terre de bruyère; pendant l'été, arrosements fréquents sur les feuilles; multipl. de boutures étouffées
sur couche chaude. Même cult. pour la B. ONDULÉE (*B. undulata*), à fl. odorantes, blanches, grandes, et à fruits at-
teignant jusqu'à quatre pieds de longueur.

CACOUCIA ÉCARLATE (*Cacoucia coccinea*). Arbrisseau
grimpant, de l'Inde. En été, épi de 2 pieds de longueur,
de fl. d'un rouge de corail très-brillant, penchées. Terre
franche légère, mélangée à parties égales avec du terreau de feuilles très-consommé; arrosements fréquents.
En été, multipl. de boutures étouffées et de marcottes.

CADIA POURPRE (*Cadia purpurea*). Arbrisseau d'Arabie.
En juin et juillet, fl. larges d'un pouce, penchées, d'abord
blanches, passant au rose, puis au pourpre. Terre légère;
multipl. de marcottes et de boutures étouffées sur couche chaude.

CAFÉIER CULTIVÉ (*Coffea arabica*). Arbrisseau d'Arabie. Tout l'été, fl. odorantes, blanches, ressemblant à
celles du jasmin; il leur succède un fruit dont les graines
fournissent le café du commerce. Terre substantielle,
franche légère; arrosements pendant la végétation, mo-

dérés en hiver; dépotage annuel; multipl. de graines aussitôt mûres, en potelots et sur couche chaude.

CALADION BICOLORE (*Caladium bicolor*). Plante vivace, remarquable par ses feuilles sagittées, d'un rouge cramoisi, bordées de vert, quelquefois panachées de blanc ou de violet; fl. insignifiantes. Terre franche légère, tenue constamment humide pendant la végétation; dépotage en avril, et multipl. par œilletons.

CAMARA A FLEURS BLANCHES (*Lantana nivea*). Arbuste du Brésil. Presque toute l'année, fl. odorantes, grandes, d'un blanc pur. Terre franche légère; dépotage deux fois par an; arrosements soutenus pendant toute l'année; multipl. de boutures étouffées sur couche tiède, ou de graines semées en terrine sur la même couche. Même cult. pour les *L. camara*, à fl. d'abord jaunes, puis rouges; — *L. flava*, à fl. orangées; — *L. odorata*, à fl. d'un lilas pâle; — *L. Sellowiana*, à fl. très-odorantes, larges, d'un violet nuancé de blanc.

CANANG ODORANT (*Uvaria odorata*). Arbre de la Chine. Au printemps, fleurs très-odorantes, à pétales longs de 3 pouces et linéaires. Terre franche légère; multipl. de boutures étouffées et de marcottes.

CAPRIER TRÈS-ODORANT (*Caparis odoratissima*). Arbrisseau de l'Amérique mérid. En juin et juillet, fl. larges d'un pouce, très-odorantes, d'abord blanches, puis passant au violet et au pourpre. Terre légère, substantielle; arrosements modérés; multipl. de graines semées en pots aussitôt leur maturité. Ne laisser qu'un plant dans chaque pot.

CAPUCINE A FLEURS BLANCHES (*Tropæolum albiflorum*). Plante vivace du Chili, à racines tubéreuses. En été, fleurs moyennes, d'un blanc pur, tachées d'un jaune vif à l'onglet des pétales. Terre franche légère; arrosements soutenus en été; multipl. de graines semées sur couche chaude, et par la séparation des tubercules. Même cult.

pour le *T. umbellatum* ; ombelles de fl. à calice tubuleux, vert à l'éperon, d'un rouge orangé au milieu et jaune au sommet ; pétales très-courts, d'un rouge de brique.

CARISSE CARANDAS (*Carissa carandas*). Arbrisseau épineux, de l'Inde. De mai en juillet, fl. jaunes, à tube verdâtre. Il leur succède une baie semblable à une petite prune, mangeable. Terre substantielle, légère ; multipl. de marcottes et de boutures étouffées sur couche chaude.

CAROLINE MAGNIFIQUE (*Carolinea princeps*). Arbre de la Guyane. En été, fl. très-grandes, jaunes, à pétales longs d'un pied et larges de six pouces, et à étamines formant une belle aigrette rougeâtre. Serre chaude et tannée. Terre franche légère ; arrosements soutenus en été ; multipl. de boutures étouffées et de marcottes. Même cult. pour la *C. insignis*, à fl. larges de 10 pouces, à aigrette des étamines blanche.

CASSAVE, ou MANIOC (*Jatropha manhiot*). Arbrisseau de l'Amér. mérid. Racine tubéreuse, très-grosse, charnue, dont on se nourrit après en avoir exprimé le suc qui est très-vénéneux. En août, fl. rougeâtres. Terre franche ; arrosements modérés ; multipl. de boutures étouffées et de marcottes.

CATESBÉE ÉPINEUSE (*Catesbœa spinosa*). Arbrisseau des Antilles. En été, fl. pendantes, jaunâtres, longues de 5 à 6 pouces ; baie mangeable, de la grosseur d'un œuf de poule. Terre légère, substantielle ; arrosements fréquents pendant la végétation ; dépotage annuel ; multipl. de marcottes, de boutures étouffées, ou de graines semées au printemps sur couche chaude et sous châssis.

CENTROPOGON DE SURINAM (*Centropogon Surinamensis*). Arbuste de 3 à 4 pieds. En mars et avril, fl. longues, droites, d'un beau rouge. Terre légère, mélangée à moitié terre de bruyère ; arrosements soutenus en été, rares en hiver ; multipl. de graines ou de boutures étouffées.

CERBÈRE DES INDES (*Cerbera Manghas*). Arbrisseau de

l'Inde. En juillet, grappes de grandes fl. odorantes, blanches, tachées de rouge cramoisi. Serre chaude et tannée. Terre franche légère; peu d'arrosements dans leur jeunesse; multipl. de boutures étouffées sur couche chaude.

CESTREAU GALANT DU JOUR (*Cestrum diurnum*). Arbrisseau de Cuba. En nov., fl. blanches, odorantes pendant le jour. Terre franche légère ; arrosements fréquents en été, modérés en hiver; multipl. de marcottes, et de boutures étouffées sur couche chaude. Même cult. pour le **G. DU SOIR** (*C. vespertinum*), dont les fl., d'un blanc verdâtre, exhalent le soir l'odeur de la vanille ; — **G. DE NUIT** (*C. nocturnum*), à fl. verdâtres, odorantes seulement pendant la nuit.

CIERGE (*Cereus*). Ce genre contient un grand nombre de plantes plus belles les unes que les autres; aussi ne pouvons-nous indiquer ici que les noms des plus belles. Toutes, à la rigueur, peuvent se contenter d'une bonne terre tempérée, ou même d'une orangerie sèche et éclairée; mais elles fleurissent bien plus facilement dans une serre chaude, et se cultivent de la même manière. Terre franche légère ; arrosements soutenus pendant l'été, très-rares ou presque nuls en hiver; multipl. de boutures dont on a soin de laisser sécher la plaie avant de les planter.

1° Fleurs latérales, à long tube ; tige globuleuse ou déprimée.

Cereus pulchellus. Fleurs larges de près de 2 pouces, d'un blanc rosé, à tube long d'un pouce; — *C. tubiflorus,* fl. d'un blanc pur, larges de 3 ou 4 pouces, à tube long de 8 pouces; — *C. turbinatus,* fl. blanches, larges de 3 pouces, odorantes; tube long de 6 pouces; — *C. Cyriesii,* fl. très-odorantes, grandes, blanches, ne s'ouvrant que la nuit; — *C. oxygonus,* fl. roses, larges de 4 pouces, à tube de 8 à 10 pouces de longeur; — *C. multiplex,* fl. roses, larges de 4 pouces, à tube long de 9 à 10 pouces; —

C. leucanthus, fl. blanches, larges de 3 à 4 pouces, ne s'ouvrant que le soir.

2° *Tige non articulée, droite, le plus souvent simple, à côtes régulières.*

Cereus peruvianus. Tige de 40 pieds de hauteur; fleurs blanches, larges de 5 pouces et longues de 6, s'ouvrant la nuit; — *C. lanatus*, tige couverte de laine, ainsi que les fleurs, qui sont roses; — *C. senilis*, tige à aiguillons crépus longs comme des crins et couvrant toute la tige; — *C. repandus*, fleurs blanches, larges de 5 pouces, à tube roussâtre long de 3 pouces et demi; — *C. subrepandus*, fleurs d'un blanc pur, très-grandes, à tube long de 7 à 8 pouces; — *C. undatus*, fl. blanches, larges de 3 pouces, à tube long de 6 pouces.

3° *Tige articulée, à articles ovales, ou presque globuleux, tuberculeux.*

Cereus moniliformis. Fl. de 1 pouce et demi de largeur, rouges, solitaires; — *C. serpens*, tiges rampantes, fl. carnées, tubuleuses.

4° *Tige sans aiguillons, dressée, à articles allongés.*

Cereus serpentinus. Fl. de 6 à 7 pouces de largeur, d'un blanc pur au milieu, rougeâtres sur les bords, à tube long de 5 pouces; — *C. paniculatus*, fl. blanches, striées de rouge.

5° *Tige a rameaux rampants et radicants.*

Cereus grandiflorus. Fleurs ne s'ouvrant que la nuit, à odeur de vanille, larges de 6 à 7 pouces, à pétales d'un blanc pur, et sépales d'un jaune orangé; tube long de 6 pouces; — *C. speciosissimus*, fl. nombreuses, de 5 à 6 pouces de largeur, les pétales internées d'un pourpre bleuâtre, les extérieurs écarlates; — *C. coccineus*, fl. de 6 pouces de largeur, écarlates, à pétales intérieurs bleuâtres au bord. Ces trois dernières espèces sont magnifiques ; — *C. Napoléonis*, fl. larges de 6 pouces, longues de 8, d'un blanc pur ; — *C. extensus*, fl. diurnes, odorantes, longues de 11 à 12 pouces ; — *C. triangularis*, fl. d'un blanc pur, larges de 8 pouces, à tube long de 6 pouces ; — *C. schrankii*, fl. d'un écarlate jaunâtre, larges de 6 pouces ; — *C. leptophis*, tige rampante ; fl. d'un écarlate vif, larges de 2 pouces et longues de 2 1/2.

6° *Tige et rameaux fortement comprimés, élargis au sommet, les bords à deux ailes.*

Cereus ackermani. Fl. larges de 5 à 6 pouces, écarlates ; — *C. hookeri*, fl. odorantes, nocturnes, d'un blanc pur, larges de 4 pouces et tube long de 6 ; sépales écarlates ; — *C. Phillanthus*, fl. odorantes, nocturnes, d'un bleu verdâtre, à tube long de 1 pied ; — *C. latifrons*, fl. larges de 6 pouces, blanches, à sépales linéaires et roses.

CIPURE ENGAINÉE (*Cipura vaginata*). Vivace et du Brésil. D'avril en juillet, fl. grandes, à divisions intérieures panachées de jaune et de bleu, avec les bords et la base ponctués de pourpre ; les divisions extérieures d'un blanc de lait, ponctuées de pourpre à leur base. Terre de bruyère ; multipl. par éclats.

CLAVIJIE A LONGUES FLEURS (*Clavija longiflora*). Arbrisseau de Saint-Domingue ; feuilles grandes, couronnantes. En été, fl. odorantes, orangées, en grappes pendantes. Terre franche, légère ; mult. de boutures étouffées sur couche chaude. Même cult. pour la C. A FEUILLES LANCÉOLÉES (*C. longifolia*), dont les fleurs, odorantes et orangées, sont de la grosseur et de la forme de celles du muguet.

CLÉRODENDRON ODORANT (*Clerodendron fragrans*). Arbuste du Japon. De mai en sept., fl. très-odorantes, très-doubles et très-nombreuses, larges d'un pouce, purpurines en dehors et blanches en dedans. Terre franche légère; arrosements très-modérés en hiver; multipl. par rejetons et par boutures de racines, l'un et l'autre étouffés sur couche chaude. Même cult. pour le C. DE KEMPFER (*C. Kempferi*), à fl. écarlates, en panicule, en juillet et août; — C. ÉCAILLEUX (*C. squamatum*); d'août en oct., fl. d'un écarlate orangé, grandes, en panicule dichotome. — C. BRILLANT (*C. splendens*); de févr. en mars, fl. d'un rouge très-vif. Celui-ci exige la terre de bruyère mélangée, et, pendant l'été, des arrosements plus fréquents.

CLUSIE ROSE (*Clusia rosea*). Arbre des Antilles. En été, grandes et belles fl. blanches, lavées de rose, à 6 pétales. Serre chaude près du jour. Terre graveleuse, légère; arrosements rares en hiver; multipl. de boutures dont on laisse sécher la plaie avant de les planter. Même culture pour le *C. alba*, à fl. blanches de 5 à 8 pétales; il leur succède de grosses capsules écarlates; — *C. flava*, à fl. jaunes, de 5 pétales.

COBURGIE A FLEURS CORNÉES (*Coburgia incarnata*). Très-jolie plante vivace, du Pérou. En juillet et août, hampe de 2 pieds, portant 4 fl. tubuleuses, d'un rouge orangé brillant, à divisions roses avec une bande verte au milieu. Terre substantielle, légère; arrosements fréquents pendant la végétation; multipl. par caïeux, que l'on sépare tous les 2 ou 3 ans.

COLOMNÉE GRIMPANTE (*Columnea scandens*). Arbrisseau grimpant, de l'Amér. mérid. Presque toute l'année, fleurs écarlates, distillant une liqueur sucrée. Terre de bruyère; arrosements soutenus en été, rares en hiver. Même cult. pour les *C. aurantiaca*, à fl. grandes, d'un orangé vif; — *C. crassifola*, à fl. très-grandes, d'un rouge violacé, pubescentes en dehors.

COMBRÈTE A GRANDES FLEURS (*Combretum grandifloum*). Arbrisseau grimpant, volubile, de Sierra-Léone. En juin et juillet, fl. pourpres, longues de près de 2 pouces, nombreuses. Terre légère, mélangée à de la terre de bruyère; arrosements soutenus, mais modérés; multipl. de boutures étouffées et de marcottes.

COULTERIE PECTINÉE (*Coulteria tinctoria*). Arbrisseau de Carthagène. Au printemps, grappe longue de 6 pouces, de fl. jaunes à pétales ponctués. Terre substantielle, légère; mult. de graius semés sur couche chaude, au printemps, ou de marcottes.

COUTARI ÉLÉGANT (*Coutarea speciosa*). Arbrisseau de la Guyane. En été, fl. nombreuses, grandes, rouges, en entonnoir. Terre de bruyère; arrosements fréquents en été; multipl. de boutures étouffées.

CRATÉVA ODORANT (*Cratæva fragrans*). Arbrisseau volubile, de Sierra-Léone. De juillet en août, fl. blanches, à 4 pétales tournés du même côté opposé aux étamines. Terre légère; mult. de graines semées sur couche chaude ou sous châssis, de marcottes et de boutures étouffées.

CRINOLE ROUGEATRE (*Crinum erubescens*). Belle plante vivace du Brésil; hampe de 2 pieds. En juin et juillet, 6 à 8 fl. très-odorantes, très-longues, blanches, lavées de pourpre. Terre franche, substantielle. Multipl. par caïeux séparés tous les 2 ou 3 ans. Même cult. pour le C. POURPRE (*C. cruentum*), magnifique plante de l'Inde. En juillet, 6 à 7 fl. odorantes, longues de 10 à 12 pouces, d'un pourpre vif; — C. D'ASIE (*C. Asiaticum*); en automne, ombelle d'une soixantaine de fleurs blanches et longues de 6 pouces; — C. AGRÉABLE (*C. amabile*); ognon de la grosseur de la tête d'un homme; feuilles de 4 à 6 pieds de longueur. De mars en juillet, ou de sept. en oct., hampe de 2 à 3 pieds, terminée par une ombelle de 30 fl. très-grandes, d'un pourpre rose, odorantes.

CROSSANDRE A FEUILLES ONDULÉES (*Crossandra undulæfolia*). Arbuste de l'Inde. Tout l'été, fl. d'un jaune safrané, en épi. Plein air en été. Terre substantielle, légère; multipl. de boutures sur couche chaude.

CROTON **baumier** (*Croton balsamiferum*). Arbuste des Antilles, odorant dans toutes ses parties. En sept., fl. en chaton, blanches. Terre franche légère ; multipl. de boutures sur couche chaude au printemps.

CUMINGIE **a trois taches** (*Cumingia trimaculata*). Plante vivace, du Chili, à racines bulbeuses. Au printemps, fl. penchées, très-jolies, d'un bleu pâle, avec une tache d'un bleu noirâtre à la base des pétales extérieurs. Terre de bruyère ; arrosements pendant la végétation seulement ; multipl. par la séparation des caïeux tous les deux ans. Même cult. pour la C. **campanulée** (*C. campanulata*), à fl. d'un bleu violâtre, taché de violet noirâtre à la gorge.

CYMBIDIER **pourpre** (*Cymbidium purpureum*). Vivace, des Antilles. En été, fl. orchidées, grandes, d'un pourpre vif, avec 5 lignes jaunes au milieu de la labelle. Terre franche légère, mêlée à moitié de terre de bruyère ; arrosements modérés, nuls en hiver ; multipl. par ses bulbes que l'on détache quand les tiges sont desséchées.

CYPELLE **de Herbert** (*Cypella Herbertii*). Belle plante vivace, du Mexique ; tige droite, de 2 pieds. De juin en août, grandes fl. à divisions externes d'un jaune orangé, bleues et ponctuées de pourpre à la base, avec une bande d'un pourpre foncé au milieu ; les divisions intérieures de même, mais la bande pourpre est remplacée par une tache blanche. Terre légère, substantielle ; arrosements modérés ; multipl. par caïeux que l'on replante de suite.

DAUBENTONE **a calice pourpre** (*Daubentonia punicæa*). Arbuste de la Plata. En été, grappes pendantes de fl. écarlates. Terre franche légère ; multipl. de boutures, de marcottes ou de graines semées sur couche en févr. Elle a une variété à fl. plus grandes, dont l'étendard est taché de jaune.

DESMODE **oscillant** (*Desmodium gyrans*). Plante vivace, très-curieuse, du Bengale. En été, fl. bleuâtres teintées d'orangé sur les ailes et la carène. Les folioles latérales de ses feuilles font continuellement, chacune de leur côté, par un mouvement brusque et irrégulier, un demi-tour de torsion sur leur attache, tandis que, par un autre mouvement tout aussi singulier, elles s'abaissent et s'élèvent, et s'écartent ou se rapprochent de la foliole terminale; cette dernière s'élève et s'abaisse alternativement. Quelquefois une foliole se repose, tandis que l'autre s'agite. Ces mouvements continuent dans une feuille que l'on a détachée de la plante. Serre chaude dont la chaleur ne descend jamais au-dessous de 20 degrés centigrades. Terre légère et substantielle; mult. de graines semées sur couche chaude et sous cloche au printemps.

DICKIE A FLEURS ÉCARTÉES (*Dickia remotiflora*). Plante vivace, du Brésil. En été, hampe de 18 pouces à 2 pieds, portant une grappe de fl. d'un rouge orangé. Terre franche légère; arrosements fréquents pendant la végétation seulement; multipl. d'œilletons ou de graines semées sur couche chaude au printemps.

DIEFFENBACHIA VÉNÉNEUX (*Dieffenbachia seguine*). Arbrisseau de 2 à 3 pieds, de la famille des *Arums*; feuilles souvent panachées ou tachetées de blanc; spathe d'un vert pâle en dehors, d'un beau pourpre en dedans. Terre franche légère; multipl. par boutures et par drageons; arrosements modérés.

DIPLADÉNIE A FEUILLES EN QUEUE (*Dipladenia urophylla*). Arbuste du Brésil; feuilles portant à leur sommet une pointe brusque et très-allongée. En été, fl. d'un rose vif, marquées à la gorge d'une longue étoile jaune. Serre chaude près des jours. Terre légère; arrosements modérés; multipl. de boutures faites avec des rejetons coupés contre le tubercule, ou par la séparation de ses tubercules. Même culture pour la D. ROSE DES CHAMPS (*D. rosa campestris*), à fl. en bouquets, d'un joli rose, ayant une étoile de carmin vif au centre; — D. REMARQUABLE (*D. illustris*), fl. roses à gorge pourpre; — D. D'UN POURPRE NOIR (*D. atropurpurea*), d'un pourpre très-foncé.

DIPTÉRACANTHE DE **PURDIE** (*Dipteracanthus Purdicanus*). Petit arbuste de la Nouvelle-Grenade. En été, fl. géminées, d'un lilas pourpre vif. Terre substantielle, franche légère; arrosements fréquents pendant la végétation; multipl. de boutures étouffées sur couche chaude, ou de graines semées sur la même couche. Même cult. pour la D. LILACÉE (*D. schanerianus*), à fl. blanchâtres à la base du tube, et limbe pourpre.

DRAGONIER ODORANT (*Dracœna fragrans*). Arbrisseau droit, de 8 à 10 pieds; feuilles longues, réfléchies. En février et mars, fl. très-odorantes, blanchâtres. Terre légère; arrosements abondants; multipl. de drageons, de boutures étouffées, ou de graines qui, semées sur couche, lèvent facilement. Même cult. pour le D. A FEUILLES RÉFLÉCHIES, dont les fl. blanches et odorantes paraissent en juin.

DRYMONIE PONCTUÉE (*Drymonia punctata*). Vivace, de Guatimala; tige charnue. De juin en sept., fl. d'un jaune pâle, ponctuées de pourpre, à limbe frangé. Terre légère, constamment humide; multipl. de stolons, de boutures et de graines.

ÉCHÉVERIE ÉCARLATE (*Echeveria coccinea*). Arbuste charnu, du Mexique. En janvier, fl. jaunâtres en dessus et d'un rouge safrané en dessous. Terre franche légère; arrosements très-modérés; multipl. de graines et de boutures étouffées sur couche chaude. Même culture pour l'*E. pulverulenta;* grappe de fl. d'un jaune d'or au sommet, et d'un rouge écarlate à la base.

ÉCHINOCACTE D'OTTO (*Echinocactus Ottonis*). Cactus du Mexique; tige globuleuse ou ovale, à 10 ou 12 côtes, 10 à 12 aiguillons; point d'axe florifère; fl. larges de 2 à 3 pouces, jaunes, à tube très-court. Terre franche, mêlée à moitié terre de bruyère; arrosements fréquents pendant la végétation, presque nuls en hiver; multipl. par boutures des rameaux. Même cult. pour l'E. A GRAND DISQUE (*E. macrodiscus*). Tige courte, déprimée en forme de disque, large de 18 pouces ; 16 côtes, 12 aiguillons ; fl. pourpres, presque campanulées ; — E. AIGU (*E. acutissimus*). Cactus du Chili. Tige globuleuse ; 18 côtes tuberculeuses, 13 à 14 aiguillons ; fl. écarlates, solitaires.

ÉPHÉMÉRINE DISCOLORE (*Tradescantia discolor*). Plante vivace, presque sans tige ; feuilles violettes en dessous. En été, fl. blanches à divisions externes d'un rose foncé. Terre franche légère ; multipl. d'œilletons séparés au printemps.

ÉPIDENDRE A LONG PÉDONCULE (*Epidendrum elongatum*). Plante vivace, des Caraques ; tige simple. En été, fl. orchidées, roses, passant au rouge vermillon. Terre de bruyère ; multipl. de bulbes enracinées. Même cult. pour l'E. EN COQUILLE (*E. cochleatum*). De nov. en avril, fl. renversées, à sépales verdâtres et labelles d'un violet rayé de blanc.

ÉPISCIE BICOLORE (*Episcia bicolor*). Plante vivace, de la Nouvelle-Grenade. De mai en sept., fl. grandes, blanches, à limbe bordé de pourpre. Terre légère ; arrosements fréquents pendant la végétation, rares en hiver ; de l'ombre ; multipl. par la séparation des racines.

ÉRANTHÈME ÉLÉGANT (*Eranthemum pulchellum*). Arbuste de l'Inde. En hiver, fl. grandes, d'un pourpre bleuâtre très-brillant. Terre franche légère, substantielle ; vase un peu petit ; multipl. de marcottes, et de boutures étouffées sur couche chaude. Même cult. pour les *E. strictum*, à fl. d'un bleu vif, en hiver ; — *E. bicolor*, à fl. blanches, en été.

ÉRYTHRINE SUPERBE (*Erythrina speciosa*). Arbrisseau de l'Amér. mérid. Au printemps, fl. longues de 3 pouces, pourpres. Terre légère, substantielle ; arrosements rares pendant l'hiver ; multipl. de boutures, en juin, faites avec du jeune bois et étouffées, ou de graines semées au printemps sur couche chaude et sous châssis. Même cult. pour les *E. fulgens*, à fl. d'un rouge brillant ; — *E. coralloden-*

dron, à fl. écarlates, longues de 2 pouces ; — *E. carnea*, à fl. couleur de chair, longues de 2 à 3 pouces.

EUGÉNIE piment (*Eugenia pimenta*). Arbre des Antilles, aromatique dans toutes ses parties. En juillet, fl. petites, en grappes ; il leur succède de petites baies qui constituent le **Piment de la Jamaïque**. Terre franche légère, terreautée ; arrosements fréquents en été, modérés en hiver ; mult. de boutures étouffées et de marcottes. Même cult. pour l'*E. brasiliensis*, à fl. blanches, et à baies mangeables, de la grosseur d'une cerise, et d'un violet noirâtre.

EUPHORBE brillante (*Euphorbia splendens*), Arbuste de l'Ile de France ; tige charnue, tuberculeuse ; fl. à involucre d'un rouge éclatant. Terre franche ; arrosements modérés ; multipl. de boutures, ou de graines semées sur couche chaude. Même cult. pour les *E. fulgens*, à fl. d'un orangé vif, petites, très-nombreuses, unilatérales à l'extrémité de chaque rameau ; — *E. punicea* ; en janvier, ombelles de fl. à involucre d'un rouge vif ; — *E. heterophylla* ; en été, bractées très-grandes, avec une large tache écarlate.

EURYCLÈS couronné (*Eurycles coronatu*). Vivace, des Moluques. En sept. et oct. 15 à 20 grandes fl. blanches et odorantes. Serre chaude sur les tablettes les plus éclairées. Terre légère, substantielle ; arrosements fréquents pendant la végétation, très-rares ou nuls pendant le repos de la plante, car son ognon, très-délicat, craint beaucoup la pourriture ; multipl. par la séparation des caïeux tous les 2 ou 3 ans.

FRAGRÉE obovale (*fragræa obovata*). Arbrisseau de l'Inde. En été, panicule terminale de grandes fl. jaunâtres, très-odorantes. Serre chaude et tannée. Terre substantielle, franche légère ; arrosements soutenus pendant l'été ; multipl. de boutures étouffées sur couche chaude. Même cult. pour la F. **auriculée** (*F. auriculata*.) Magnifique arbrisseau de Java, à fl. blanches, de la grandeur de celles du *Datura arborescens*, paraissant en été.

FRANGIPANIER ROUGE (*Plumeria rubra*). Arbrisseau des Antilles. En août, fleurs grandes, d'un rouge plus ou moins foncé, exhalant une odeur agréable. Serre chaude et tannée. Terre de bruyère ou sablonneuse et légère ; arrosements très-modérés pendant la végétation, presque nuls en hiver ; multipl. de boutures étouffées sur couche chaude. Même cult. pour les *P. alba*, à fl. blanches et odorantes ; — *P. carinata*, à fl. grandes, rougeâtres sur les bords, blanches vers le milieu et jaunes au centre ; — *P. lutea*, fleurs d'un jaune pâle, très-odorantes.

FROMAGER A CINQ FEUILLES (*Bombax ceiba*). Arbre de Carthagène. En été, fl. assez grandes, en entonnoir, blanches. Serre chaude et tannée ; arrosements rares en hiver ; multipl. de boutures étouffées et de marcottes.

GANDASULI MAGNIFIQUE (*Hedychium coranarium*). Vivace et de l'Inde ; tige de 3 pieds. En sept. et oct., fl. odorantes, blanches ou d'un blanc jaunâtre. Serre chaude et tannée. Terre franche et substantielle, ou mieux, terre à orangers mélangée à deux tiers de terre de bruyère ; arrosements abondants pendant la végétation seulement ; multipl. par éclats des racines en mars. Même cult. pour le G. A FEUILLES ÉTROITES (*H. angustifolia*). En juin, fl. d'un rouge orangé foncé ; étamines longues et écarlates.

GARDÉNIE DE STANLEY (*Gardenia Stanleyana*). Arbrisseau de Sierra-Léone. En été, fl. nombreuses, solitaires, grandes, très-odorantes, à tube pourpre et limbe blanc, ponctué de pourpre à la gorge. Terre substantielle, légère ; arrosements fréquents en été ; dépotage annuel, après la floraison ; multipl. de marcottes, de boutures étouffées, ou de graines sur couche chaude et sous châssis. Même cult. pour les G. DE DEVON (*G. Devoniana*), à fl. très-grandes, blanches, à tube assez grêle, long de 10 à 11 pouces, et limbe comme celui d'un lis blanc ; —

G. enneandra, fl. très-odorantes, larges de 3 à 4 pouces, d'abord blanches, puis passant au jaunâtre; baies de la grosseur d'un œuf de poule; — *G. thunbergiana*, fl. larges, odorantes, blanches.

GEISSOMÉRIE **a longues fleurs** (*Geissomeria longiflora*). Arbuste du Brésil. Au printemps, épi de très-belles fleurs jaunes en dedans, d'un pourpre écarlate en dehors. Terre franche légère; arrosements soutenus pendant la végétation; multipl. de boutures étouffées sur couche chaude.

GÉNIPAYER **d'Amérique** (*Genipa Americana*). Arbre des Antilles. En juin, fl. blanches, odorantes; fruit mangeable, de la grosseur d'un citron. Serre chaude et tannée. Terre substantielle, franche légère; multipl. de marcottes et de boutures étouffées sur couche chaude.

GESNÈRE **de Cooper** (*Gesneria Coopertii*). Plante vivace, du Brésil. De mai en juillet, fl. verticillées, grandes, rouges. Serre chaude et tannée. Terre substantielle, fraîche; dépotage annuel; arrosements fréquents pendant la végétation; multipl. par la séparation de ses tubercules, ou par éclats. Même cult. pour les *G. claussenii*, à fl. en grappes pendantes, à tube d'un rouge orangé et limbe carmin; — *G. pardina*, à fl. solitaires, tube jaune à la base, lavé de rouge au sommet; limbe d'un rouge terne, ponctué et taché, ainsi que le tube, de rouge foncé. On cultive de même, mais on multiplie de boutures étouffées sur couche chaude les espèces *G. mollis, digitaliflora, melitifolia, elongata, velutina*.

GIROFLIER **aromatique** (*Caryophillus aromaticus*). Arbrisseau des Moluques, très-aromatique dans toutes ses parties. En été, fl. blanches, en corymbe. Ce sont les boutons desséchés de ses fl. qui sont les clous de girofle du commerce. Serre chaude et tannée. Terre substantielle, franche légère; multipl. de boutures étouffées ou de marcottes étranglées. Il lui faut beaucoup de chaleur.

GLOXINIE BRILLANTE (*Gloxinia speciosa*). Plante vivace, du Brésil. Presque tout l'été, fl. d'un beau bleu, bordées de violet. Variétés : 1° à fl. d'un bleu pâle ; 2° à fl. blanchâtres ponctuées de bleu ; 3° à fl. blanches nuancées de violet à l'intérieur, et gorge avec une étoile d'un bleu violacé. Terre de bruyère ; arrosements très-fréquents pendant la végétation, nuls quand les tiges sont desséchées ; dépotage au printemps ; multipl. par la séparation des racines, ou de boutures étouffées sur couche chaude. Même cult., mais terre de bruyère mélangée à un tiers de terre légère et un tiers de terreau de feuilles, pour la G. ARBRISSEAU (*G. caulescens*), à fl. grandes, d'un bleu clair et violacé. Variété à fl. très-grandes et très-larges, d'un blanc rosé extérieurement, à limbe blanc et à gorge entourée de carmin.

GRATOPHYLLE PEINTE (*Gratophyllum hortense*). Arbrisseau de l'Inde ; feuilles persistantes, tachées de jaune. En mars, fl. d'un beau rouge écarlate, en grappes terminales. Terre franche légère, substantielle ; arrosements fréquents pendant la végétation ; multipl. de boutures sur couche chaude.

GRISLÉE COTONNEUSE (*Grislea tomentosa*). Arbuste de l'Inde. De juin en août, fl. écarlates, en grappes courtes ; calice panaché de vert et de pourpre. Terre légère ; arrosements modérés ; multipl. de boutures étouffées, et même cult. pour la *G. floribunda*, à pétales très-courts, écarlates ; étamines de la même couleur, longues de 12 à 18 lignes ; calice panaché de vert et d'écarlate.

GUSMANNIE TRICOLORE (*Gusmannia tricolor*). Vivace et de l'Amér. mérid. Hampe d'un pied, à bractées écailleuses et noirâtres. En été, fl. d'un rouge écarlate. Serre chaude et tannée. Terre de bruyère ; arrosements abondants pendant la végétation seulement ; multipl. par la séparation des œilletons.

HAMÉLIE VELUE (*Hamelia patens*). Arbrisseau de l'Amérique mérid. De juin en août, fl. tubuleuses, écarlates, pubescentes et veloutées à l'extérieur. Terre substantielle, franche; arrosements abondants en été, modérés en hiver; multipl. de marcottes et de boutures étouffées sur couche chaude.

HÉLICONIA NOIRE (*Heliconia humilis*). Vivace et de l'Amér. mérid.; feuilles très-grandes; tige de 6 pouces; spathes écarlates, vertes au sommet; spadice long, d'un écarlate vif. Terre tourbeuse, tenue constamment humide; multipl. de rejetons. Même culture pour l'H. DES PERROQUETS (*H. psittacorum*), à fl. d'un jaune orangé taché de noir, et spathes d'un jaune carminé.

HÉTÉROPTÈRE A FEUILLES DORÉES (*Heteropteris chrysophylla*). Arbrisseau grimpant, de la Nouvelle-Grenade. En juin et juillet, fl. en ombelle, d'un jaune orangé rougeâtre. Terre légère mêlée à moitié de terre de bruyère ou de terreau de feuilles; multipl. de boutures étouffées sur couche chaude, de marcottes, ou par la séparation de ses tubercules.

HOYA IMPÉRIALE (*Hoya imperialis*). Arbrisseau volubile, des Moluques. En été, fleurs odorantes, larges de 3 pouces, d'un beau violet, à couronnes d'un blanc jaunâtre. Terre de bruyère; arrosements abondants pendant la végétation, rares en hiver; multipl. de marcottes et de boutures étouffées sur couche chaude. Même cult. pour les *Hoya carnosa, bella, coriacea, campanulata, cinnamomea, purpurea.*

HYPOXIDE GÉMINIFLORE (*Hypoxis decumbens*). Plante vivace, de la Jamaïque; hampe biflore. En juin et juillet, fleurs pendantes, verdâtres en dehors, et d'un joli jaune en dedans. Terre légère ou de bruyère; multipl. de caïeux séparés tous les deux ans.

HYPOCYRTE A FEUILLES RUDES (*Hypocyrta scabrida*). Vivace, du Brésil. En été, fl. rouges en forme d'outre, à limbe très-petit et d'un jaune pâle; serre chaude et humide, et culture des orchidées parasites. Terre de bruyère brute et en motte ; arrosements fréquents ; multipl. de boutures.

IGNAME GLOBULEUSE (*Dioscorea globosa*). Plante vivace de l'Inde ; racines consistant en des tubercules très-gros et comestibles. En été, fl. odorantes. Terre substantielle ; multipl. par boutures de ses tubercules, portant chacun un bourgeon. Même cult. pour l'IGNAME AILÉE (*D. alata*), dont les tubercules sont très-gros et également comestibles ; et pour l'I. ROUGEATRE (*D. rubella*), dont les fl. sont très-odorantes.

IXORE ÉCARLATE (*Ixora coccinea*). Arbuste de l'Inde. En juillet et août, corymbes de fl. nombreuses, écarlates. Terre franche légère ; arrosements soutenus en été ; multipl. de boutures étouffées sur couche chaude, de marcottes et de rejetons. Même cult. pour les *I. banduca*, à fl. d'abord écarlates, puis d'un pourpre foncé, à tube long et grêle. — *I. odorata*, à fl. odorantes, en grande panicule, d'un blanc rosé, à tube très-long. On cultive encore de même les *I. fulgens, rosea, stricta, crocata, salicifolia, incarnata, barbata, griffithii.*

JAMBOSIER DE MALACCA (*Jambosa Malaccensis*). Arbre de l'Inde. En juillet, fl. odorantes, grandes, d'un beau pourpre. Terre franche légère, substantielle ; arrosements fréquents pendant la végétation, rares en hiver ; multipl. de boutures étouffées sur couche chaude, de marcottes et de graines. Ne dépoter que lorsque le vase est bien tapissé de racines, et ne pas toucher à ces dernières. Même cult. pour le *J. venosa*, à grappes terminales de fl. rougeâtres.

JASMIN DE L'ILE DE FRANCE (*Jasminum Mauritianum*). Arbrisseau volubile. En automne, fl. blanches, grandes et odorantes. Terre de bruyère, mélangée à moitié de terre légère ; multipl. de boutures sur couche.

JUGA A FLEURS PURPURINES (*Iuga purpurea*). Arbrisseau non épineux, de l'Amér. mérid. En été, fl. rouges, en êtes pédonculées. Terre de bruyère; multipl. de graines emées en potelots sur couche chaude et sous châssis, de marcottes, de boutures, de racines, ou de jeune bois, touffées sous un entonnoir de verre.

KEMPFÉRIE LONGUE (*Kœmpferia longa*). Plante vivace, e l'Inde. En mai, fleurs radicales, odorantes, à spathes ayées, divisions intérieures grandes, les deux supérieures droites et blanches, l'inférieure pourpre. Terre substan- ielle, légère ; arrossements abondants en été, rares en iver; multipl. de rejetons. Même cult. pour la K. GA- LANGA (*K. galanga*), à fl. d'un blanc bleuâtre, tachées de pourpre foncé.

KETMIE A FLEURS CHANGEANTES (*Hibiscus mutabilis*). Arbrisseau de l'Inde. De sept. en décemb., fleurs larges de 3 à 4 pouces, d'abord blanches, puis passant dans la même journée à l'incarnat, au rose et au pourpre. Terre ranche légère; multipl. de graines semées en terrine sur couche chaude. Arrosements fréquents en été, rares en hiver. Même cult. pour les *H. liliiflorus*, à fleurs écarlates ou orangées, larges de 4 pouces. — *H. lambertianus*, fleurs pourpres de 4 à 5 pouces. — *H. cannabinus*, fleurs larges de 3 pouces, d'un jaune pâle taché de pourpre noirâtre. — *H. splendens*, fleurs larges de 5 pouces, d'un rose pâle, nervées de blanc, avec trois taches pourpres au centre. — *H. abelmoschus*, fleurs grandes, d'un jaune de soufre, pourpres au centre. — *H. cameroni*, fleurs grandes, d'un jaune cuivré, tachées d'un rouge de sang à la base des pétales, et teintées de rose à leur sommet.

LAGHETTO BOIS-DENTELLE (*Lagetta lintearia*). Arbris- seau des Antilles. Au printemps, fleurs d'un blanc jau- nâtre. Le liber de son écorce se sépare facilement en feuillets semblables à des réseaux de dentelle, dont les habitants font des manchettes. Terre légère, substantielle; arrosements fréquents pendant la végétation ; multipl. de marcottes.

LASIANDRE ARGENTÉ (*Lasiandra argentea*). Arbrisseau du Brésil, à feuilles d'un blanc argenté. En juin et juillet, fleurs grandes, d'un beau bleu. Terre légère ou de bruyère; arrosements modérés, rares en hiver. Beaucoup de chaleur; multipl. de boutures étouffées, de rejetons et de marcottes. Même cult. pour les *L. fontanesiana*, à fleurs grandes, d'un rose vif. — *L. langsdorfiana*, à fleurs grandes et pourpres.

LIMODORE DE TANKERVILLE (*Limodorum Tankervillœ*). Vivace et de la Chine. En mars et avril, grappe de fleurs orchidées, grandes, d'un roux brunâtre en dedans, et d'un blanc pur en dehors. Labelle en capuchon, d'un pourpre brun. Serre chaude toute l'année sur les tablettes ombragées. Terre de bruyère mélangée à moitié de terreau de feuilles. Arrosements très-modérés. Mettre les racines entièrement à nu lors du rempotage; multipl. par drageons.

LOCHNÈRE ROSE (*Loehnera rosea*). Plante vivace de Madagascar. De juillet en août, fleurs d'un rouge carné plus foncé au centre, quelquefois entièrement blanches ou à cœur rouge et vert. Terre franche légère, substantielle; dépotage annuel; arrosements soutenus en été; multipl. de marcottes et boutures, et de graines semées sur couche au printemps.

MALESHERBIE COURONNÉE (*Malesherbia coronata*). Plante vivace du Chili. En été, fleurs analogues à celles des passiflores, d'un joli bleu de ciel; filets comprimés aussi longs que les pétales; couronne blanchâtre, denticulée. Terre légère, substantielle, renouvelée tous les deux ans. Arrosements soutenus pendant la végétation; multipl. de graines semées sur couche au printemps, de marcottes et de boutures étouffées.

MAMMILAIRE A LONGS MAMELONS (*Mammillaria longimamma*). Cactus du Mexique. Tige simple ou branchue, ovoïde; 7 à 8 aiguillons par touffe couronnant les mamelons. En été, fleurs larges d'un pouce et demi, à divisions extérieures rougeâtres, les intérieures d'un jaune vif. Terre légère, substantielle; arrosements très-modérés pendant l'hiver; multipl. par boutures des rameaux qui poussent à sa base, ou de graines semées sur couche en terrine et terre de bruyère.—M. VOISINE, (*M. affinis*). Tige ovale oblongue; 4 ou 5 aiguillons, fleurs larges de 6 à 7 lignes, écarlates, nombreuses. — M. DE ZUCCARINI, (*M. zuccariniana*). Tige presque globuleuse; 4 ou 5 aiguillons; fleurs à pétales d'un rose pourpre et sépales d'un pourpre brunâtre. — M. A ÉPINES GÉMINÉES. (*M. geminispina*). Tige presque globuleuse; 24 aiguillons; fleurs d'un pourpre lilas, assez grandes. — M. A AIGUILLONS DE ROSIER (*M. rhodacantha*). Tige souvent bifurqcé; 16 à 20 aiguillons; fleurs nombreuses, roses.— M. COURONNÉE (*M. coronaria*). Tige de 6 pouces d'épaisseur et de 3 pieds de hauteur; 15 à 16 aiguillons; couronne terminale de fleurs larges d'un pouce, et écarlates. — M. A GRANDES FLEURS (*M. grandiflora*). Tige simple; 16 à 20 aiguillons; fleurs roses, larges de 2 pouces.

MANGUIER COMMUN (*Mangifera indica*). Arbre de l'Inde, produisant un fruit comestible de la grosseur d'une poire, connu dans l'Inde sous le nom de MANGUE; fleurs en panicule, petites, d'un vert rougeâtre. Terre légère, substantielle; multipl. de boutures étouffées sur couche chaude.

MAUVISQUE EN ARBRE (*Malvaviscus arboreus*). Arbrisseau des Antilles. En juillet et août, fleurs grandes, écarlates. Terre substantielle, franche, légère; multipl. de graines semées au printemps en terrine sur couche chaude, et de boutures étouffées.

MÉDICINIER ACCUMINÉ (*Jatropha panduræfolia*). Arbrisseau de Cuba, à feuilles ayant un peu la forme d'un violon. En été, corymbes de fleurs d'un écarlate très-vif. Terre franche; arrosements modérés; multipl. de boutures et marcottes. Même culture pour les *jatropha multifida*, à fleurs écarlates en juin et en août;—*integerrima*, en été, grappe de fleurs écarlates, grandes, larges de près d'un pouce; — *Napœifolia*, à fleurs blanches ; feuilles hérissées en dessous de poils piquants, à blessures brûlantes comme celles des orties.

MELASTOME des moluques (*Melastoma malabathricum*). Arbrisseau à rameaux tétragones. En novembre et décembre, fleurs grandes, pourpres. Terre de bruyère ; arrosements modérés, rares en hiver ; multipl. au printemps, de rejetons plantés en potelots et étouffés comme des boutures, sur couche chaude. Même culture pour les *M. cymosa*, à fleurs ouvertes en étoile, d'un pourpre clair. — *M. sanguineum*, fleurs grandes, lilas, à 6 pétales. — *M. rubrolimbatum*, fleurs blanches à calice bordé de rouge.

MÉLIER a trois nervures (*Blakea trinerva*). Arbrisseau de la Jamaïque. En juillet et en août, fleurs grandes, roses, solitaires. Serre chaude, près des jours ; terre légère ; peu d'arrosements ; multipl. de boutures étouffées et de marcottes.

MÉLOCACTE commun (*Melocactus communis*). Cactus des Antilles. Tige globuleuse ou ovale, à 12 côtes ; 8 à 9 aiguillons ; axe laineux, élevé en forme de pompon, florifère ; fleurs nombreuses d'un rose vif. Terre franche mêlée à moitié de terre de bruyère ; arrosements très-modérés en hiver ; multipl. par boutures des rameaux qui poussent à la base, ou de graines semées sur couche. Même culture pour le **M. violet** (*M. violaceus*), à fleurs écarlates.

MÉTHONIQUE superbe (*Methonica superba*). Magnifique plante vivace, à racines tubéreuses et tige grimpante. De juillet en octobre, fleurs grandes, penchées, à pétales ondulées, jaunes à la base, à sommets recourbés, et d'un rouge aurore à l'extrémité. Serre chaude et tannée jusque après la floraison ; terre franche légère ; arrosements modérés pendant la végétation, nuls pendant le repos de la plante. En février, multipl. par la séparation des caïeux.

Même cult., mais sans tannée, pour la M. A FLEURS VARIA·
BLES (*M. simplex*), dont les fleurs, plus grandes, sont d'a-
bord vertes, puis passent au jaune et ensuite au rouge.

MOGORI TRIFOLIOLÉ (*Mogorium trifoliatum*). Arbrisseau
de l'Inde. En été, fleurs de la grandeur d'une rose, blanches, très-odorantes. Serre chaude, mais air libre de juillet en août. Terre légère ou de bruyère; arrosements
abondants pendant la végétation; multipl. de marcottes
longues à s'enraciner, de boutures sur couche chaude, ou
par la greffe sur le jasmin commun. Même cult. pour le
M. sambac à fleurs blanches, très-odorantes.

MORELLE DE QUITO (*Solanum quitoense*). Plante vivace
de la Guyane. Tige de 4 à 5 pieds, épineuse. En été, fleurs
d'un beau bleu. Terre franche légère, mêlée à moitié de
terreau très-consommé; arrosements soutenus pendant
l'été; multipl. de graines semées en mars sur couche
chaude, ou de boutures étouffées sur la même couche.

MOUREILLER A GRANDES FEUILLES (*Malpighia macrophylla*). Arbrisseau des Antilles. En été, fleurs blanches ou
roses, auxquelles succède un fruit mangeable de la grosseur d'un œuf. Terre substantielle, franche légère; multipl.
de marcottes, de graines semées sur couche chaude et sous
châssis, et de boutures étouffées. Même cult. pour le *M.
urens*, à fleurs blanches ou purpurines; fruit rouge, mangeable, de la grosseur d'une cerise.

MURRAYA, BUIS DE CHINE (*Murraya exotica*). Arbuste
de l'Inde. En été, corymbes de fleurs blanches et odorantes. Terre substantielle, franche légère; multipl. de graines et de boutures.

MURUCUJA OCÉLLÉE (*Murucuja occellata*). Arbrisseau
grimpant, de la Guyane. En été, fleurs analogues à celles
des passiflores, larges de 2 pouces, d'un écarlate vif, à couronne soudée en tube. Terre légère, substantielle; vase
très-grand; multipl. de boutures étouffées, de marcottes
et de rejetons.

MUSSENDE CORYMBIFÈRE (*Mussœnda corymbosa*). Arbrisseau de l'Inde. En été, fleurs orangées en dessus, verdâtres en dessous. Terre légère mélangée à un tiers de terre de bruyère. Arrosements fréquents pendant la végétation ; multipl. de boutures étouffées sur couche chaude. Même cult. pour la *M. frondosa*, à fleurs odorantes, grandes, à tube rouge ou jaunâtre.

NAPOLÉONE IMPÉRIALE (*Napoleona imperialis*). Très-bel arbrisseau de l'Oware. En été, fleurs très-singulières, composées d'un calice court à 5 lobes ovales lancéolés, acuminés ; d'une corolle extérieure large de 2 pouces, bleue ; d'une corolle intérieure un peu moins large ; au centre se trouve une couronne large de 6 lignes, violette, formée par les filets des étamines ; une étoile bleue formée par le stigmate se voit au milieu de tout cet ensemble. Terre de bruyère mêlée à un tiers de terre franche, tenue constamment humide ; arrosements à la seringue sur les feuilles ; multipl. de boutures étouffées sur couche chaude.

NYCTANTHE ARBRE-TRISTE (*Nyctanthes arbor-tristis*). Arbrisseau à feuilles persistantes, coriaces. En été, fleurs très-odorantes, jaunâtres, ne s'ouvrant que la nuit. Serre chaude, et air libre de juillet en août. Terre légère ou de bruyère ; arrosements abondants pendant la végétation ; multipl. de marcottes longues à s'enraciner, et de boutures sur couche chaude.

OPUNTIA (*Opuntia*). Genre très-nombreux de plantes grasses, de la famille des cactées, presque toutes remarquables par la beauté de leurs fleurs. On peut les cultiver en serre tempérée et même les conserver en orangerie sèche et éclairée, mais elles ne fleurissent bien et ne mûrissent leurs fruits qu'en serre chaude. Terre franche, substantielle ; arrosements soutenus pendant la végétation, très-rares en hiver ; multipl. de boutures, ou de graines en terrine de terre de bruyère, sur couche chaude.

1°. *Tige à articles arrondis ou linéaires lancéolés, un peu comprimés et divergents.*

Opuntia aurantiaca. Tige de 2 pieds; fleurs jaunes, larges de 2 pouces. — *O. foliosa,* fleurs grandes, jaunes.

2° *Articles comprimés arrondis, ovales ou lancéoles, munis d'aiguillons ou de soies.*

Opuntia lanceolata. Articles longs de 5 à 6 pouces et larges do 12 à 18 lignes; fleurs d'un jaune très-brillant, larges de 4 pouces. — *O. monacantha.* Fleurs larges de 3 pouces, à pétales intérieurs jaunes, les extérieurs pourpres en dessous. — *O. vulgaris.* Fleurs larges de 2 pouces, jaunes; fruit écarlate, mangeable. — *O. stricta.* Fleurs larges de 3 pouces, jaunes. — *O. decumbens.* Fleurs rouges. — *O. crinifera.* Articles portant au sommet un long faisceau de soies pendantes, blanches, imitant des crins.

3° *Tige droite, rameuse, cylindrique, ainsi que les rameaux.*

Opuntia salmiana, fleurs blanches. — *O. rosea,* fleurs larges de 18 lignes, roses. — *O. cylindrica,* fleurs larges de 18 lignes, écarlates.

OXALIDE CRISTALLINE (*Oxalis carnosa*). Plante vivace, du Chili. En juin et juillet, hampe de 7 à 10 pouces, portant 3 fleurs jaunes larges de 12 à 15 lignes. Ses folioles charnues sont couvertes en dessous de vésicules cristallines semblables à celles de la ficoïde glaciale, mais jaunâtres. Terre de bruyère ou terre très-légère, mélangée à du terreau de feuilles très-consommé; arrosements abondants en été, rares en hiver; multipl. par la séparation de ses bulbes, ou de graines semées sur couche au printemps.

OXISTELME COMESTIBLE (*Oxistelma esculentum*). Plante vivace, volubile, de l'Inde. En juin et juillet, fleurs grandes, blanches, teintées de rose et veinées de pourpre.

Terre de bruyère mélangée à moitié de terreau; arrosements modérés en hiver; multipl. de boutures étouffées sur couche chaude, et de graines semées sur la même couche.

PACHYSTACHYS ÉCARLATE *(Pachystachys coccinea)*. Arbrisseau de Cayenne. En été, jolies fleurs rouges, longuement tubulées, en épis. Terre franche légère; arrosements abondants; multipl. de boutures étouffées sur couche.

PALICOURÉE DE LA GUYANE *(Palicourea Guyanensis)*. Arbrisseau de 7 à 8 pieds. En été, fleurs odorantes, écarlates. Terre légère, substantielle; arrosements soutenus en été, modérés en hiver; multipl. de marcottes et de boutures étouffées sur couche chaude.

PANCRATIER ÉLÉGANT *(Pancratium speciosum)*. Plante vivace, des Antilles. Feuilles distiques, presque toute l'année, hampe d'un pied et demi, terminée par des fleurs odorantes, blanches et nombreuses; godet à six lanières filiformes. Terre substantielle, légère; arrosements fréquents pendant la végétation; multipl. par caïeux que l'on sépare tous les 2 ou 3 ans. Même culture pour les P. DISCIFORME (*P. disciforme*), à fleurs blanches et couronne très-évasée. P. du PÉROU (*P. amancaes*), à fleurs très-grandes, d'un jaune jonquille très-brillant, paraissant au printemps. P. LITTORAL (*P. littorale*), à fleurs blanches, odorantes, paraissant en juillet et août.

PAPAYER A FRUIT COMESTIBLE *(Carica papaya)*. Arbrisseau de l'Inde. Pendant une partie de l'année, fleurs mâles odorantes, jaunâtres; fruit plus gros qu'une orange, mangeable. Serre chaude et tannée; terre franche, substantielle; arrosements soutenus pendant la végétation, très-rares en hiver; multipl. de boutures étouffées et de marcottes. Même cult. pour les *Carica cauliflora*, fruit de la grosseur d'une pomme, à pulpe odorante et blanche. — *C. microcarpa*, à fruit d'un jaune orangé, de la grosseur d'une noix. — *C. monoica*, fruit mûrissant en novembre, de la grosseur d'un œuf, jaune.

PASSIFLORE A FEUILLES DE LAURIER *(Passiflora glauca)*. Arbrisseau grimpant, de Surinam. En juin et juillet, fleurs larges de 3 pouces, à pétales roses; couronne panachée de violet, de blanc et de pourpre; calice pourpre en dessus; fruit mangeable, de la grosseur d'un œuf. Terre légère, substantielle, que l'on renouvelle tous les 2 ans; arrosements soutenus pendant la végétation; multipl. de graines semées sur couche au printemps, de boutures étouffées, et de rejetons. — Même cult. pour les espèces : *P. coccinea*, fleurs larges de 2 pouces, brunâtres en dessus, écarlates en dessous, à couronne orangée; — *P. maliformis*, fleurs verdâtres, larges de 2 à 3 pouces, à couronne panachée de pourpre et de violet; fruit mangeable, de la grosseur d'une pomme; — *P. ligularis*, fleurs larges de 3 pouces, verdâtres en dessus, d'un rose pâle en dessous, à couronne panachée de blanc et de pourpre; fruit mangeable, de la grosseur d'une orange; — *P. tiliæfolia*, fleurs larges de 2 pouces, rouges, à couronne d'un pourpre vif panachée de blanc; fruit mangeable; — *P. quadrangularis*, fleurs larges de 3 à 4 pouces, pourpres, à couronne panachée de blanc, de pourpre et de violet; fruit de la grosseur d'un œuf d'oie, mangeable, d'une saveur agréable; — *P. amabilis*, fleurs grandes, d'un rouge écarlate en dessus; couronne d'un bleu pur. — On cultive encore en serre chaude les *Passiflora brasiliensis, longipes, perfoliata, rubra, punctata*, à fruits mangeables, *loudonii, rotundifolia, racemosa, stipulata, cuneifolia, hirsuta, ciliata*.

PATATE ÉLÉGANTE *(Batatas paniculata)*. Plante volubile, vivace, de l'île de France. En juillet et septembre, fleurs d'un joli rose, à gorge d'un rouge pourpre. Terre franche légère, mêlée à moitié de terreau consommé; arrosements fréquents en été, rares en hiver; multipl. de boutures étouffées sur couche chaude.

PAVETTA DE L'INDE *(Pavetta Indica)*. Arbuste de 1 à 2 pieds. D'août en octobre, large cime de fleurs odorantes, à longs tubes, d'un blanc jaunâtre. Terre franche légère; arrosements soutenus en été; multipl. de boutures étouffées sur couche chaude, de marcottes et de rejetons. — Même cult. pour le *P. ternifolia*, à fleurs d'un écarlate foncé.

PAVONIE ÉCARLATE *(Pavonia coccinea)*. Arbrisseau du Brésil. De juin en octobre, fleurs écarlates, larges d'un pouce. Terre franche légère, mélangée à égale partie de terre de bruyère; arrosements soutenus en été seulement; multipl. de graines semées au printemps sur couche chaude, et de boutures étouffées. — Même cult. pour la *P. spinifex*, à fleurs d'un jaune foncé, larges de 2 pouces; elle exige la tannée.

PERESKIA A AIGUILLON *(Pereskia aculeata)*. Plante grasse, des Antilles. Fleurs larges de 18 lignes, blanches ou jaunâtres. Terre franche, substantielle; arrosements rares en hiver; multipl. de boutures dont on laisse sécher la plaie. Même cult. pour les *P. spatulata*, à fleurs rouges; — *P. horrida*, à rameaux très-épineux, et fleurs petites, rouges;—*P. portulacæfolia*, à fleurs pourpres, larges de 18 lignes; — *P. rotundifolia*, fleurs larges de 18 lignes, jaunes et panachées d'écarlate; — *P. lychnidiflora*, à fleurs solitaires, larges de 2 pouces, d'un jaune orangé. Toutes ces plantes peuvent se conserver en serre tempérée, mais elles y fleurissent mal. Il en est de même des genres : *epiphyllum, rhipsalis, hariota, lepismium*, appartenant à la famille des cactées.

PÉRISTROPHE ÉLÉGANTE *(Péristrophe speciosa)*. Arbuste du Bengale. En automne, grandes fleurs d'un pourpre violacé vif, à lèvre supérieure marquée à la base de taches plus foncées. Terre franche légère, substantielle; vase un peu petit; multipl. de marcottes et de boutures étouffées sur couche chaude.

PÉTRÉE VOLUBILE *(Petræa volubilis)*. Arbrisseau grimpant, de l'Amérique mérid. En été, grappe terminale de fleurs entièrement bleues, ou à corolle blanche et calice bleu. Dans l'endroit le plus chaud de la serre chaude, car il lui faut beaucoup de chaleur pour fleurir. Terre légère, dans un vase très-grand; arrosements soutenus; multipl. de marcottes et de boutures.

PITCAIRNIE A LARGES FEUILLES *(Pitcairnia latifolia)*. Plante vivace, de l'Inde, ayant de l'analogie avec l'ananas. En août, tige de 2 à 3 pieds, terminée par une grappe de fleurs d'un rouge très-brillant. Serre chaude et tannée. Terre de bruyère mélangée à moitié de terre franche; multipl. par drageons plantés en pots enfoncés dans la tannée. On peut aussi la multiplier de graines semées au printemps sur couche chaude et sous châssis.

PITTONE A FLEURS CHANGEANTES *(Tournefortia mutabilis)*. Arbuste des Antilles. Au printemps, fleurs d'abord blanches, puis noires, en cime. Serre chaude, et air libre pendant les 3 mois d'été. Terre légère; arrosements rares en hiver; multipl. de graines, de marcottes, et de boutures étouffées.

PLEROMA DE BENTHAM *(Pleroma Benthamianum)*. Arbrisseau du Brésil. En été, panicule de fleurs nombreuses, larges de 18 lignes, d'un joli violet pourpre, à onglets blancs. Terre légère mêlée à partie égale de terre de bruyère; multipl. de boutures étouffées sur couche chaude. Même cult. pour les *P. heteromallum*, à fl. d'un pourpre violet; — *P. elegans*, à fl. très-grandes, d'un pourpre vif.

POINCILLADE ÉLÉGANTE *(Poinciana pulcherrima)*. Arbrisseau de l'Inde. De juin en sept., fl. odorantes, à pétales frangées, écarlates ou d'un jaune safrané, quelquefois variées de pourpre; étamines formant une longue aigrette d'un pourpre violacé. Serre chaude et tannée; terre franche légère, substantielle ; arrosements modérés, rares en hiver. Ne pas toucher aux racines en dépotant. Multipl. de graines semées sur couche au printemps, ou de marcottes. Même cult. pour la *P. regia*, à calice rouge, pétales longs de 2 pouces, les 5 inférieurs écarlates, les supérieurs panachés de jaune et de pourpre; étamines rouges.

POIVRÉE ÉCARLATE *(Poivrea coccinea)*. Arbrisseau grimpant, de Madagascar. En juin et juillet, grappe de fl. d'un écarlate vif. Terre légère mélangée à du terreau de feuilles ou de la terre de bruyère; arrosements fréquents mais peu abondants chaque fois; multipl. de boutures étouffées, ou de marcottes. Même cult. pour les *Poivrea alternifolia*, à fl. blanches, en grande panicule composée d'une dizaine d'épis; — *P. comosa*, à fl. écarlates, en épis grêles.

PORANE PANICULÉE *(Porana paniculata)*. Plante vivace, du Bengale. Au printemps, panicule pendante de fl. petites et blanches. Terre légère, mélangée à moitié de terre de bruyère; arrosements fréquents pendant la végétation; multipl. de marcottes et boutures.

PORTLANDIE A GRANDES FLEURS *(Portlandia grandiflora)*. Arbrisseau des Antilles. De juillet en oct., fl. très-grandes, odorantes, blanchâtres, semblables à celles du *datura arborea*. Terre substantielle, franche; arrosements abondants en été, modérés en hiver; multipl. de marcottes et de boutures étouffées sur couche chaude. Même cult. pour le *P. coccinea* à fl. longues de 3 pouces, solitaires, écarlates.

POSSOQUÉRIE A LONGUES FLEURS *(Possoqueria longiflora)*. Arbrisseau de la Guyane. En été, cimes de 6 fl. blanches, à tube recourbé, pendant, long d'un pied. Terre légère, mêlée à partie égale de terre de bruyère; arrosements soutenus en été; multipl. de boutures étouffées sur couche chaude.

PTÉROSPERME A FEUILLES DE LIÉGE *(Pterospermum suberifolium)*. Arbrisseau de l'Inde. En été, fl. odorantes, blanches, larges de 3 à 4 pouces. Terre franche légère;

multipl. de boutures étouffées. Même cult. pour le *P. ace-rifolium*, à fl. odorantes, blanchâtres, de 6 pouces de lon-gueur.

PUYA D'ALTENSTEIN *(Puya Altensteinii)*. Arbrisseau du Brésil à tige épaisse, courte. En août, hampe de 10 à 12 pouces, munie de bractées d'un rouge cramoisi brillant; fl. jaunâtres, à très-long tube. Serre chaude et tannée; terre de bruyère mélangée à moitié de terre franche; multipl. par drageons plantés en pots enfoncés dans la tannée.

QUASSIE AMÈRE *(Quassia amara)*. Arbrisseau des An-tilles. En juin et juillet, fl. très-rouges, en épis droits; fruits noirs, agrégés. Serre chaude et tannée; terre lé-gère; multipl. de marcottes et de boutures étouffées.

QUISQUALIS DE L'INDE *(Quisqualis Indica)*. Arbrisseau grimpant, volubile. En été, fl. d'abord blanches, passant au rouge vif, de la grandeur de celles du jasmin. Terre légère, douce, substantielle; multipl. de marcottes, de boutures étouffées sur couche chaude, et de graines se-mées au printemps sur la même couche.

RAVENALE DE MADAGASCAR *(Ravenalia Madascarien-sis)*. Magnifique plante vivace, très-remarquable par l'am-pleur de ses feuilles distiques, larges de 2 à 3 pieds, lon-gues de 8 à 9, portées par des pétioles engaînants; fl. enveloppées dans des spathes distiques. Dans les sables brûlants et les déserts de Madasgacar, quand un voya-geur est tourmenté par la soif, il perce la tige d'un rave-nale avec la pointe de son couteau, et il en jaillit aussitôt une eau limpide, fraîche, abondante, dont il se désaltère. Pleine terre de bruyère dans la serre chaude; arrosements fréquents en été, très-modérés en hiver; multipl. de dra-geons.

RAISINIER A GRAPPE *(Coccoluba uvifera)*. Arbre des Antilles. En été, grappes de fl. blanchâtres; fruit rouge de la grosseur d'une petite cerise, mangeable, et d'une saveur agréable. Terre franche, mélangée à de la terre de bruyère; arrosements modérés, surtout en hiver; mult. de boutures étouffées sur couche en avril, et de marcottes.

RHYNCHANTHÈRE A GRANDES FLEURS (*Rhynchanthera grandiflora*). Arbuste de la Guyane. En juin, fl. larges de 2 pouces, d'un beau violet. Terre légère ou de bruyère; arrosements modérés, rares en hiver; multipl. de boutures étouffées, de rejetons et de marcottes.

RIGIDELLE ÉCARLATE (*Rigidella flammea*). Vivace et du Mexique. En été, fl. d'un écarlate orangé taché de pourpre. Terre légère, substantielle; arrosements modérés; multipl. par caïeux que l'on replante de suite.

ROXBURGIE GLORIOSOÏDE (*Roxburghia gloriosoïdes*). Plante vivace, grimpante, à racines tuberculeuses. En été, fl. très-singulière, violacée et jaune en dedans, verdâtre en dehors. Terre légère, mêlée à moitié de terre de bruyère; arrosements fréquents pendant la végétation seulement; multipl. de boutures étouffées sur couche chaude et tannée.

RUELLIE TUBÉREUSE (*Ruellia tuberosa*). Plante vivace, des Antilles, à racines tubéreuses. En août, fl. bleues. Terre franche légère, substantielle; arrosements fréquents en été, rares en hiver; multipl. de boutures étouffées sur couche chaude, ou de graines semées en terrine et terre de bruyère, sur la même couche.

RUSSÉLIE SARMENTEUSE (*Russelia sarmentosa*). Plante vivace, de la Vera-Cruz. Tige d'un pied; en juin et juillet, fl. écarlates, en panicule. Terre de bruyère; multipl. de boutures et de marcottes; pleine terre dans la serre chaude. Même cult. pour les *R. jonciforme, R. juncea,* à fl. écarlates, un peu plus tardives.

SALIQUIER DE MELVILLE (*Cuphea Melvillæ*). Plante vivace, de l'île d'Essequebo. En été, grappe de fl. apétales; calice long de 18 lignes, écarlate, vert au sommet, à 12 dents dont 6 plus grandes. Terre légère, mélangée à partie égale de terre de bruyère; multipl. de boutures étouffées sur couche chaude, ou de graines semées sur la même couche.

SALPIXANTHE ÉCARLATE *(Salpixantha coccinea)*. Arbrisseau de la Jamaïque. En été, fl. d'un écarlate vif, en grappes pendantes. Terre franche légère, substantielle; arrosements fréquents pendant la végétation; multipl. de boutures étouffées sur couche chaude.

SANSÉVIÈRE DE CEYLAN *(Sanseviera Zeylanica)*. Plante vivace. Feuilles nuancées de différents verts, longues de 3 à 4 pieds, et dont on tire dans l'Inde une filasse meilleure que celle du chanvre. En juin, grappes de fl. verdâtres, odorantes, pendant la nuit surtout. Terre franche légère; arrosements fréquents pendant la végétation seulement; multipl. par éclats des pieds au commencement de l'été, ou par graines semées sur couche chaude. Même cult. pour la S. DE GUINÉE, *S. Guineensis*, à fl. blanches et odorantes.

SAUGE ÉCLATANTE *(Salvia splendens)*. Magnifique plante vivace, du Brésil. De sept. en déc., fl. en long épi, grandes, à calice et corolle d'un rouge éclatant. Terre franche mêlée à moitié de terreau très-consommé; arrosements soutenus en été, modérés en hiver; multipl. de boutures et marcottes. Même cult. pour les *S. tubiflora*, à fl. d'un rouge violacé, en février et mars; *S. fulgens*, fl. à calice d'un brun violacé, et corolle velue, d'un rouge brillant.

SCHAUERIE JAUNE *(Schaueria calycotricha)*. Arbuste du Brésil. En mars, épis de fl. grandes, jaunes, imbriquées. Terre franche légère; arrosements soutenus pendant la végétation; multipl. de boutures étouffées sur couche.

SCYPHANTE ÉLÉGANT *(Scyphantus elegans)*. Plante vivace, grimpante, du Chili. En été, fl. d'un jaune vif; les 5 pétales intérieurs en bourse et à 3 cornes; les 5 extérieurs en capuchon. Terre franche légère, mélangée à partie égale de terre de bruyère; multipl. de graines semées sur couche chaude en automne, ou de boutures étouffées sur la même couche.

SEBESTIER ÉLÉGANT *(Cordia speciosa)*. Arbrisseau des Antilles. De mai en juillet, fl. assez grandes, d'un rouge safrané. Serre chaude et tannée; terre franche; dépotage tous les ans; arrosements soutenus en été; multipl. de boutures étouffées sur couche chaude. Même cult. pour le *C. Macrophylla*, à grappes de fl. blanches, en juillet et août.

SECURIDACA EFFILÉ *(Securidaca virgata)*. Arbrisseau grimpant, des Antilles. En été, fl. comme papillonacées, panachées de pourpre, de blanc et de jaune. Terre franche légère ; multipl. de boutures étouffées et de marcottes. Même cult. pour les *S. divaricata*, à fl. d'un orangé rougeâtre; — *S. tomentosa*, à fl. pourpres.

SENSITIVE IRRITABLE *(Mimosa sensitiva)*. Arbrisseau du Brésil. Feuilles irritables. Tout l'été, petites têtes de fl. pourpres. Serre chaude toute l'année; terre de bruyère; multipl. de graines semées en pots sur couche chaude et sous châssis. Même cult. pour la S. COMMUNE, *M. pudica*. Arbuste du Brésil, le plus irritable de toutes les sensitives; au moindre attouchement, les folioles se rapprochent les unes des autres, et le pétiole commun s'abaisse contre la tige. En été, têtes de fl. très-petites, d'un rose violacé.

SIDA A PÉTALES RÉFLÉCHIS *(Sida reflexa)*. Arbuste du Pérou. En été, fl. à pétales réfléchis, d'un écarlate foncé, tachés de brun. Serre chaude; terre franche légère; arrosements fréquents pendant l'été seulement; multipl. de graines en terrine sur couche chaude.

SIPHONACANTHE VELU *(Siphonacanthus villosus)*. Arbrisseau du Brésil. En été, fl. d'un rouge orangé, en épis allongés et munis de bractées. Terre substantielle, franche légère ; arrosements fréquents pendant la végétation seulement; multipl. de boutures étouffées sur couche chaude, ou de graines semées en terrine, et terre de bruyère sur la même couche.

SOLANDRE A LONGUES FLEURS *(Solandra grandiflora).* Arbrisseau grimpant, des Antilles. En mars et avril, fl. un peu odorantes, longues de 9 à 12 pouces, blanches, avec 5 stries verdâtres en dehors, l'intérieur teinté de pourpre. Serre chaude près des vitres ; terre franche légère; arrosements fréquents en été, presque nuls en hiver; multipl. de boutures étouffées sur couche chaude, ou de graines semées au printemps sur la même couche.

SPATHION DE LA CHINE *(Spathium sinense).* Plante vivace. En été, fl. odorantes, enveloppées dans une spathe blanche. Terre tourbeuse; le pot constamment enfoncé dans un baquet d'eau; multipl. par éclats et par drageons.

STACHYTARPHETA CHANGEANT *(Stachytarpheta mutabilis).* Arbuste du Chili. En juillet, épi de fl. d'abord d'un rouge vermillon, puis roses. Terre substantielle, légère; multipl. de marcottes, de boutures étouffées sur couche chaude, ou de graines semées au printemps.

STAPÉLIE VELUE *(Stapelia hirsuta).* Plante vivace, charnue, du Cap. D'avril en juillet, fl. larges de 4 pouces, d'un rouge brun rayé en travers de pourpre noirâtre; à divisions violacées sur les bords et au sommet; elles exhalent une odeur fétide comme toutes les plantes de ce genre. Terre franche légère; arrosements soutenus pendant l'été, très-rares ou presque nuls en hiver; mult. de boutures dont on a soin de laisser sécher la plaie avant de les planter. Même cult. pour la **S. A GRANDES FLEURS** *(S. grandiflora).* En août, fl. planes, larges de 5 pouces, d'un pourpre noir, à divisions ciliées sur les bords; — **S. FLEURS DE CRAPAUD** *(S. variegata),* fl. planes, grandes, glabres, ridées, d'un jaune pâle taché et pointillé de brun.

STÉMONACANTHE A GRANDES FEUILLES *(Stemonacanthus macrophyllus)*. Plante vivace, de l'Amérique mérid. En été, fl. grandes, écarlates, en panicule dichotome. Terre franche légère, substantielle; arrosements soutenus pendant la végétation seulement; multipl. de boutures étouffées sur couche chaude, ou de graines semées en terrine et terre de bruyère, sur la même couche.

STRÉLITZIA ROYALE *(Strelitzia reginæ)*. Très-belle plante vivace, du Cap. Hampe de 2 à 3 pieds; fl. très-grandes, les 3 divisions extérieures d'un jaune d'or, et les 3 intérieures d'un beau bleu. Terre légère, substantielle; arrosements abondants en été; multipl. par l'éclat des touffes. Même cult. pour les S. A FEUILLES OVALES *(S. ovata)*, à fl. semblables à la précédente, mais à feuilles plus courtes; — S. MAGNIFIQUE, S. *(augusta)*, à feuilles longues de 6 pieds, et fl. blanches.

SYMPLOQUE ÉCARLATE *(Symplocos coccinea)*. Arbrisseau du Brésil. En été, fl. roses, doubles, odorantes. Serre chaude ou tempérée, mais il fleurit difficilement dans cette dernière. Terre de bruyère; arrosements modérés, surtout en hiver; multipl. de boutures étouffées sur couche chaude, et qui reprennent assez difficilement.

TALAUME DE PLUMIER *(Talauma Plumieri)*. Arbre de l'Amérique mérid. En été, fl. de la grandeur de celles du *Magnolia grandiflora*, blanches, à 9 ou 10 pétales. Terre franche, mélangée à partie égale de terre de bruyère; multipl. de marcottes.

TASCONIE PECTINÉE *(Tasconia pinnatistipula)*. Arbrisseau grimpant, du Chili. En été, fl. analogues à celles des passiflores, larges de 3 à 4 pouces; pétales roses; couronne bleue; sépales verdâtres et cotonneux en dessous, d'un rose pâle en dessus. Serre chaude (elle fleurit mal ou pas du tout en serre tempérée). Terre légère, substantielle; vase très-grand; arrosements abondants pendant la végétation; multipl. de boutures étouffées sur couche chaude, de marcottes et de rejetons.

TECOMA **a cinq feuilles** *(Tecoma pentaphylla)*. Ar‑ brisseau des Antilles. En été, grappes de grandes fl. pur purines. Terre franche légère; arrosements fréquents en été; multipl. de marcottes ou de boutures étouffées sur couche, et faites avec du bois de 2 ans.

THESPÉRIE **a feuilles de peuplier** *(Thesperia populnea)*. Arbrisseau de la Polynésie. En été, fl. grandes, jaunes, à fond pourpre. Terre franche légère; arrosements rares en hiver; multipl. de graines en terrine, sur couche chaude.

THUNBERGIE **a grandes fleurs** *(Thunbergia grandiflora)*. Arbrisseau grimpant, du Bengale. En été, fl. larges de 3 ou 4 pouces, d'un joli bleu. Terre franche légère; vase très-grand; multipl. de boutures et de drageons. — T. **oeil jaune** *(T. chrysops)*; vivace et grimpante. En été, fl. solitaires, campanulées, à tube jaune et limbe bleu. — T. **ailée** *(T. alata)*, à fl. jaunes ou blanches, ou orangées, d'un pourpre noir au centre. — T. **odorantes** *(T. fragrans)*. En été, fl. odorantes, blanches, assez grandes.

TILLANDSIE **agréable** *(Tillandsia amœna)*. Plante vivace, de l'Amérique mérid., ressemblant à un petit ananas. Tige d'un pied et demi; épis de fl. vertes, à sommet bleu, entourées de grandes bractées d'un rose violacé. Serre chaude et tannée; terre de bruyère; arrosementr abondants pendant la végétation seulement; multipl. pas la séparation des œilletons. Même cult. pour les T. **naine** *(T. stricta)*, à tige rouge et écailleuse, et fl. d'un bleu vif; T. **brillante** *(T. splendens)*, à fl. longues et jaunes, et à bractées d'un rouge écarlate brillant; T. **bulbeuse** *(T. bulbosa)*, à fl. violettes et bractées d'un rouge de corail. Toutes ces plantes sont fort jolies et fleurissent en été, mais elles craignent beaucoup l'humidité stagnante qui les fait pourrir.

TOCOYÉNA **a longues fleurs** *(Tocoyena longiflora)*. Arbuste de la Guyane. En été, fl. longues de 8 à 9 pouces, odorantes, à tube jaune et limbe blanc. Terre légère, mélangée à un tiers de terre de bruyère; arrosements fréquents en été; multipl. de boutures étouffées sur couche chaude.

TURNÈRE ÉLÉGANTE *(Turnera elegans)*. Arbuste d'un pied, du Brésil. Pendant une grande partie de l'année, fl. solitaires, assez grandes, jaunâtres, avec une tache brune au-dessus de l'onglet. Terre légère, mêlée à moitié de terre de bruyère; multipl. de graines et de boutures. Même cult. pour les *T. carpinifolia*, à fl. orangées; *T. sericea*, à fl. jaunes, tachées de violet à la base des pétales.

VANILLE AROMATIQUE *(Vanilla aromatica)*. Plante vivace, grimpante, du Brésil. Fl. grandes, d'un blanc jaunâtre, auxquelles succèdent des gousses longues d'un pied, qui sont la vanille du commerce. Il est remarquable que celles qui croissent dans nos serres sont aussi aromatiques que celles du Brésil. Terre substantielle; arrosements fréquents pendant la végétation. Placer le pot contre un mur, afin que les tiges radicantes de la plante puissent grimper contre sa surface, et s'y accrocher au moyen de ses suçoires; multipl. par drageons enracinés.

XYLOPHYLLE EN FAUX *(Xylophylla falcata)*. Arbrisseau de Bahama. En juin, fl. sessiles sur les dents des rameaux, petites, d'un rouge de sang. Terre de bruyère; arrosements fréquents pendant la végétation; multipl. de boutures sur couche chaude.

XIPHIDION BLEU *(Xiphidium cœruleum)*. Jolie plante vivace, de la Guyane. Tige de 18 pouces à 2 pieds, terminée en automne par une panicule de fl. bleues et panachées. Terre légère ou mieux de bruyère; arrosements soutenus pendant la végétation; multipl. par éclats ou par la séparation des œilletons. Même cult. pour le X. BLANC *(X. albidum)*, à fl. blanches et droites.

CULTURE

DES

PLANTES DE SERRE TEMPÉRÉE.

La culture des plantes de serre tempérée, ou orangerie éclairée, étant beaucoup moins variée que celle de pleine terre, nous avons pensé, pour gagner de la place, à généraliser la culture des espèces, et à renvoyer, au moyen d'un NUMÉRO, à quelques modes de culture peu nombreux, numérotés, dont chacun s'appliquera à la plante qui portera le même numéro. Ainsi, je suppose que je cherche la culture, du *Cactus peruvianus;* son article se termine par l'indication du nᵒ 1, je viens ici chercher ce nᵒ et je lis : cult. nᵒ 1, *terre franche légère, très-peu d'arrosements, mult. de graines, et de boutures après avoir fait sécher la plaie.* Or, comme ce mode de culture convient à toutes les plantes grasses, toutes pourront renvoyer au nᵒ 1, ce qui nous évitera de répéter cent fois et davantage la même chose. Comme nous citons souvent la terre de bruyère, le lecteur se souviendra que faute d'en avoir à sa portée, il pourra, dans tous les cas, la remplacer par la terre factice de bruyère, qui se compose ainsi : deux tiers de terreau de feuilles très-consommé, un tiers de sable très-fin. On mélange parfaitement le tout, et on laisse reposer en tas jusqu'au moment de s'en servir. Nous ferons observer encore que nous n'avons pas indiqué les époques de floraison, parce que ces époques sont un peu variables dans les serres, à raison du plus ou moins de chaleur qu'on donne aux plantes.

On remarquera que dans ces modes de culture, la multiplication des plantes paraît quelquefois contradictoire, par exemple, au n° 7 nous indiquons : « *Multipl. par marcottes, éclats, caïeux, etc.* » On conçoit que les plantes bulbeuses ne peuvent pas se multiplier par marcottes ni boutures, et que les arbrisseaux n'ont ni ognons, ni caïeux : c'est donc au cultivateur à faire un choix sur ces différentes manières de multiplier, et, pour cela, la simple inspection d'un végétal quelconque l'instruira fort aisément.

TABLEAU DE MODES DE CULTURE.

CULTURE N° 1.

Terre franche légère; très peu d'arrosements; multipl. de graines en terrine, et de boutures dont on laisse sécher la plaie avant de les planter; même précaution pour les œilletons.

CULTURE N° 2.

Terre de bruyère, ou composée de moitié terre sablonneuse et moitié de terreau très consommé. Mult. de graines, ou de marcottes, ou de boutures; si ce sont des arbrisseaux, on peut les greffer sur une de leurs espèces.

CULTURE N° 3.

Terre de bruyère mêlée à un tiers de terreau très consommé et un tiers de terre légère; multipl. de graines en pots enfoncés sous la couche chaude d'un châssis, au printemps, ou boutures et marcottes.

CULTURE N° 4.

Terre de bruyère mélangée à moitié terreau de feuilles très consommé; mult. par éclat, ou par drageons, marcottes boutures, ou caïeux.

CULTURE N° 5.

Terre franche, mêlée à moitié terreau de feuilles très consommé; mult. de marcottes, de boutures sous cloche, et de graines sur couche quand elles murissent, ou par caïeux, ou éclats.

CULTURE N° 6.

Terre à orangers, multipl. de graines en terrines; de marcottes; de boutures étouffées, de drageons si la plante en produit, et par la greffe s'il y a plusieurs variétés ou espèces.

CULTURE N° 7.

Terre de bruyère pure, ombragée, fraîche sans humidité; bâches ou châssis, près des vitres; multipl. de marcottes, de boutures, et de graines en terrine, ou de caïeux, ou d'éclats.

CULTURE N° 8.

Terre de bruyère humide ou marécageuse; multipl. de marcottes, boutures, ou d'éclats.

CULTURE N° 9.

Terre franche légère; arrosements abondants pendant la végétation; multipl. de rejetons, ou par séparation des racines ou des tubercules, ou, pour les arbrisseaux, boutures, marcottes, et semis sur couche.

CULTURE N° 10.

Terre à orangers; multipl. de graines en pots sur couche chaude, et de boutures étouffées sur la même couche.

———

ABUTILON STRIÉ (*Abutilon striatum*) ♄. Fleurs pendantes, solitaires, en cloche, d'un jaune doré, rayées et veinées de pourpre. — *A. Bedfortianum*, fleurs plus grandes, moins colorées. Cult. n° 5.

ACACIE TOUJOURS FLEURIE (*Mimosa semperflorens*) ♄. Fleurs jaunâtres, odorantes. — *M. longifolia*, fleurs d'un jaune citron, jolies. — *M. trinervia*, fleurs en beaux épis. — *M. linifolia*, fleurs odorantes. — *M. stricta, trinervia, verticillata, obliqua; suaveolens*, odorante. — *M. floribunda, pendula*. Culture 2.

A. SENSITIVE (*M. pudica*) ☉. Feuilles très irritables, se baissant et se fermant au moindre attouchement. En été, fleurs d'un rouge violet.—*M. leucocephala*, fleurs blanches, odorantes. Cult. 3.

AGATHÉE **bleue** (*Agathea amelloides*) ♃. Fl. à rayons d'un bleu de ciel, et disque jaune. Cult. 5.

AGAVÉ **pitte** (*Agave fœtida*) ♃. Fl. vertes.—*A. filamentosa, geminiflora.* — *A. americana*, superbe plante, à fleurs jaunes, grandes, en candelabre sur une hampe de 6 à 9 pieds. Var. à feuilles bordées. On cultive encore les *A. striata, potatorum, macrantha, elegans, filifera, tuberosa, rumphii, glauca, sobolifera, salmii, brachistatis, saponaria, chloranta, xylinacantha, lurida*, etc. Cult. 1.

AGROSTIC **corne d'élan** (*Agrosticum alcinum*) ♃. Feuilles radicales en forme d'oreilles, très grandes, couchées sur la terre. Effet très pittoresque. Cult. 4

AIL A **fleurs de lis** (*Allium liliiflorum*) ♃. Belle tête de fleurs blanches. — *A. fragrans*, fleurs roses en dehors, blanches rayées de pourpre en dedans, à odeur de vanille. Cult. 5.

AÏTON **du cap** (*Aitonia capensis*) ♄. Fleurs rougeâtres. Fruit curieux. Cult. 5.

ALBUCA **blanc** (*Albuca alba*) ♃. Bulbeuse. Fl. blanches, rayées de vert. — *A. lutea*, fleurs verdâtres, bordées de jaune. — *A. minor*, plus petite que la précédente. Cult. 7.

ALKEKENGE **des barbades** (*Physalis edulis*) ☉. Fruit de la grosseur d'une cerise, jaune, mangeable, d'une saveur assez agréable. Cult. 3.

ALOÈS **soccotrin** (*Aloe soccotrina*) ♃. Épi de fleurs rouges. —*A. ferox*, fleurs d'un rouge sufrané. — *A. umbellata, lingua, plicatilis, disticha, obliqua, angulata, verrucosa, humilis, vulgaris, fruticosa, mitræformis, arachnoïdea, margaritifolia, retusa, variegata, ciliaris, purpurea*, etc. Culture 1. Toutes ces plantes forment un effet curieux par la bizarrerie de leurs formes et de leurs couleurs.

ALONZOA A **feuilles pointues** (*Alonzoa acutifolia*) ♄. Belles fleurs rouges. Cult. 5.

ALSTROEMÈRE **rayée** (*Alstroemeria ligtu*) ♃. Bulbeuse,

fleurs odorantes, rouges, ou mêlées de rouge et de blanc. — *A. venusta, pulchella, hœmanta, pallida* et ses variétés. Cult. 7, sous châssis froid.

AMARYLLIS rose (*Zephyranthes rosea*) ♃. Bulbeuse, fl. unique, rose, très jolie. Cult. 4.

AMARYLLIS de la reine (*Amaryllis reginæ*). Fleurs d'un beau rouge ponceau, à gorge frangée.—Var. *brasiliensis, rutila, joncksoni.* — *A. equestris,* fleurs penchées, striées de rouge, jaunâtres à la base. — *A. longifolia,* fl. grandes, blanches, à bande rouge au milieu des pétales.—*A. orientalis, speciosa.* Cult. 7.

ANAGYRIS fétide (*Anagyris fœtida*) ♄. Beau feuillage, fleurs jaunes. — *A. glauca.* Cult. 3.

ANDREWSIE glabre (*Andrewsia glabra*) ♄. Fleurs blanches, pendantes.— *A. debilis.* — *A. salicifolia.* Cult. 5.

ANGELONE a feuilles de salicaire (*Angelonia salicarifolia*) ♃. Fleurs bleues. Cult. 2.

ANYGOSANTHE jaune (*Anygosanthos flavida*) ♃. Fleurs d'un jaune pâle, teintées de vert, marquées de violet. — *A. rufa,* corymbe de fl. chargé de poils plumeux et roussâtres. — *A. coccinea,* fl. rouges, très belles. Cult. 5.

AOTUS velu (*Aotus villosus*) ♃. Belle plante. Cult. 5.

ARCTOTIS tricolore (*Arctotis tricolor*) ♃. Fleurs à disque pourpre et à rayons d'un jaune pâle en dedans, rouges et bordées de blanc en dehors.—*A. rosea, maculata, undulata, spinosa, grandiflora, fastuosa.* Cult. 5.

ARDUINIE a deux épines (*Arduinia bispinosa*) ♄. Fl. blanches, odorantes. Cult. 5.

ARTHROPODE a vrille (*Arthropodium cirrhatum*) ♃. Beau panicule de fl. blanches. Cult. 5.

ASPALATHE cilié (*Aspalathus ciliatus*) ♄. Très belles fleurs jaunes. Cult. 3.

ASTRAPÉE pendante (*Astrapæa penduliflora*) ♄. Fleurs roses, en tête. Cult. 5.

ASCLEPIAS en arbre (*Asclepias fruticosa*) ♄. Ombelles de fleurs blanches. — *A. incarnata,* à odeur de vanille

— *A. amœna, syriaca, curassavica, salicifolia, tuberosa.* Cult. 5.

ATHANASIE A FEUILLES DE CHRYTMUM (*Athanasia chrytmifolia*) ♃. Fleurs jaunes, radiées ou flosculeuses. Cult. 5.

BANKSIA DENTÉE (*Banksia serrata*) ♄ Fleurs jaunes et velues. — *B. dentata, integrifolia, præmorsa, microstachia, oblongifolia, robur, salicifolia, marginata, oleæfolia, spinulosa, ericæfolia, ilicifolia.* Cult. 2.

BASILÉE PONCTUÉE (*Eucomis punctata*) ♃. Bulbeuse; grappe très longue de fleurs verdâtres. Cult. 5.

BAUERA A FEUILLES DE GARANCE (*Bauera rubiæfolia*) ♄. Fl. pourpres, rayées de blanc. Cult. 5.

BEAUFORTIA EN CROIX (*Beaufortia decussata*) ♄. Fleurs rouges. Cult. 5.

BECKEA EFFILÉ (*Beckea virgata*) ♄. Fleurs blanches, en ombelle. Cult. 6.

BEFARIA PANICULÉE (*Befaria paniculata*) ♄. Fl. roses, odorantes. Cult. 6.

BERMUDIENNE BICOLORE (*Sisyrynchium bicolor*) ♃. Fl. d'un bleu violacé, tachetée de jaune. — *S. convolutum*, fl. d'un jaune jonquille. Cult. 7.

BIGNONE DE NORFOLK (*Bignonia pandorea*) ♄. Grimpante; fl. blanches, rayées de pourpre. — *B. stans*, fl. jaunes. — *B. capensis*, fl. rouges. Cult. 6.

BILLARDIÈRE SARMENTEUSE (*Billardiera sarmentosa*) ♄. Grimpant, fleurs d'un vert jaunâtre. — *B. mutabilis* Cult. 3.

BORBONE A GRANDES FLEURS (*Borbonia cordata*) ♄. Grandes fleurs jaunes. — *B. lanceolata, crenata.* Cult. 2.

BLETIE JACINTHOIDE (*Bletia hyacinthina*) ♃. Magnifique plante, à fl. orchidées. Cult. 4, très difficile.

BORONIE A FEUILLES AILÉES (*Boronia pinnata*) ♄. Fl. odorantes, roses. Cult. 2.

BOSSIÉE SCOLOPENDRE (*Bossiæa scolopendria*) ♄. Ra-

meaux ailés, fl. jaunes, à étendard taché de rouge. Cult. 3.
Racines serrées dans un petit pot.

BOUGAINVILLE DU BRÉSIL (*Bugenvillea spectabilis*) ♄.
Grimpante, très belle plante. Cult. 3.

BOURSIER ÉPINEUX (*Bursaria spinosa*) ♄. Grappes de
fl. blanches. Cult. 6.

BOUVARDIE TRIFOLIÉE (*Bouvardia trifolia*) ♄. Fl. d'un
rouge éclatant, ou blanches. Cult. 3.

BONTIE DAPHNOT (*Bontia daphnoides*) ♄. Fl. d'un jaune
rougeâtre. Cult. 6.

BRACHYSÈME A LARGES FEUILLES (*Brachysema latifolium*) ♄. Très belles fl. rouges. Cult. 2.

BRUGMANSIE ODORANTE (*Brugmansia candida*) ♄. Fl.
en trompette, longues d'un pied, odorantes. — *B. sanguinea.* ♄. Fl. rouges. Cult. 6.

BRUNIE LAINEUSE (*Brunia lanuginosa*) ♄. Tête de fl-
blanchâtres. — *B. nodiflora, paleacea, abrotanoides, superba.*
Cult. 3.

BRUNSWIGIE CANDELABRE (*Brunswigia josephinæ*) ♃.
Bulbeuse; fl. nombreuses, en couronne, d'un rose terne
rayé de rose foncé. Cult. 7.

BRUYÈRE (*erica*). Ces charmants arbustes, dépassant
400 espèces, sont un peu passés de mode, à quelques belles
espèces près. Cult. 7.

BUDLÈJE A FEUILLES DE SAULE (*Budleia salicifolia*) ♄.
Fleurs blanches, pendantes. — *B. salvifolia, glaberrima.*
Cult. 3.

BURCHELLE DU CAP (*Burchellia capensis*) ♄. Très belles
fl. rouges. Cult. 3.

CACTUS. Sous ce nom Linnée avait décrit un grand
nombre de plantes, toutes remarquables par la bizarrerie
de leurs formes et la beauté de leurs fleurs. Depuis on les
a divisées en 8 genres. Mais comme toutes se cultivent
absolument de même (Cult. de notre n. 1), et qu'on en
fait ordinairement collection   nous les rapprocherons
toutes dans cet article.

1° *Pereskia.*

PERESKIA A GRANDES FLEURS, *Pereskia grandiflora.* Fl. roses, de grandeur moyenne.

2° *Opuntia.*

RAQUETTE A COCHENILLE, *Opuntia cochinillifera.* Fleurs rouges, peu ouvertes. — *O. ficus indica,* fl. jaunes, fruits mangeables. — *O. tuna,* fl. d'un blanc cendré et d'un rouge osbcure. — *O. horrida, spinosissima.* — *O. ferox, major, minor.*

3° *Cerèus.*

CIERGE EN BAGUETTE, *Cereus flagelliformis.* Fleurs d'un très beau rouge. — *C. malisonii,* fl. très grandes, couleur de chair. — *C. serpentinus,* fl. d'un blanc rosé. — *C. grandiflorus,* fl. jaunes en dehors, blanches en dedans. — *C. speciosissimus,* fl. très grandes, d'un pourpre écarlate. — *peruvianus,* fl. blanches en dedans, roses en dehors sur les bords. — *C. monstruosus,* fl. comme le précédent. — *C. griseus, Dieppii, obtusus, glaucus, Knightii, miosurus, strigosus, Smithii, virgatus.*

4° *Epiphyllum.*

ÉPIPHYLLE TRONQUÉ, *Epiphyllum truncatum,* fl. roses. — *E. Swartzii,* fl. blanchâtres. — *E. speciosum,* fl. d'un beau rose. — *E. Ackermanni,* fl. grandes, d'un rouge vif. — *E. Quillardeti,* fl. grandes et d'un rouge éclatant. — *E. semperflorens,* fl. rouges, pendant toute l'année. — *E. erubescens,* fl. d'un rouge vif. — *E. phyllanthus,* fl. jaunâtres. — *E. aurantiacum, coccineum, cristatum, eugenium, Desvauxii, hybridum, ignescens, Vandesii, Mackajii, Maurautianum, undulæflorum, superbum, atropurureum, roseum, fulgens.*

5° *Echinocactus.*

Echinocactus Eyriesii, fleurs blanches, tubuleuses, longues de 6 à 8 pouces, à odeur de fleur d'oranger. — *E. oxigonus.* Fl. comme la précédente, mais rose; — *E. multiplex,* fl. violacée; — *E. ottoni,* fl. d'un beau jaune. — *E. sulcatus.*

6° *Melocactus.*

Melocactus communis, spadice poilu, rouge ainsi que les fleurs et les fruits.

7° *Mamillaria.*

Mamillaria simplex, fleurs blanches ; — *M. prolifera ;* — *M. discolor,* fleurs blanches en dedans, rouges en dehors ; — *M. coronaria,* fl. rouges, tubuleuses ; — *M. pusilla, densa, prolifera, retusa.*

8° *Rhipsalis.*

Rhipsalis salicornioides, fl. très petites, d'un jaune roussâtre : — *R. grandiflorus,* fl. blanches. Nota : les rhipsalis aiment la terre de bois pourri que l'on trouve dans les vieux saules ; du reste, même culture que les autres.

CALCÉOLAIRE A FEUILLES DE SAUGE (*Calceolaria salvifolia*). ♄. Fleurs jaunes, comme les suivantes ; *C. excelsa, rugosa, Yongii;* — *C. arachnoidea,* fl. blanches. Cult. 5.

CALLA D'ÉTHIOPIE (*Calla æthiopica*). ♃. Fleur blanche, en cornet, odorante, à spadice jaune. Cult. 3.

CALLICOME A FEUILLES DENTÉES (*Callicoma serratifolia*). ♄. fleurs blanchâtres. Cult. 5.

CALLISTACHYS LANCÉOLÉ (*Callistachys lanceolata*). ♄. Fleur d'un beau jaune. Cult. 2.

CALOMÉRIE AMARANTHOÏDE (*Calomeria amaranthoides*). ♂. Belles fleurs brunes. Cult. 5.

CAMARA A FEUILLES DE MÉLISSE (*Lantana camara*). ♄. Fleurs jaunes ; — *L. fragrans,* fl. blanches, odorantes, — *L. nivea.* fl. blanches, très odorantes ; — *L. violacea,* l. violettes ; — *L. cinerea,* fl. roses ; — *L. involucrata,* fl. d'un blanc rosé. Cult. 6.

CAMÉLÉE A TROIS COQUES (*Cneorum tricoccum*). ♄. Fleurs jaunes ; — *C. pulverulentum.* Cult. 3.

CAMELLIA DU JAPON (*Camellia japonica*). ♄. Tout le monde connaît ce charmant arbrisseau dont on compte aujourd'hui plus de 700 variétés à fleurs doubles, dans toutes les nuances du rouge au blanc, panachées ou non, Cult. 2.

CANARINE campanulée (*Canarina campanulata*). ♃. Grandes fleurs jaunes, rayées de rouge. Cult. 4.

CARMANTINE en arbre (*Justicia adathoda*) ♄. Fl. blanches, en épi. Cult. 6. *J. quadrifida*, fl. rouges; — *J. carnea, coccinea, cristata, bicolor, flavicoma, speciosa* et *pulcherrima*. Cult. 5.

CASSE a grandes fleurs (*Cassia grandiflora*). ♄. Fl. jaunes; — *C. stipulacea, falcata, tomentosa, biflora, italica.* Cult. 6.

CENTAURÉE de raguse (*Centaurea ragusiana*). ♃. Fleurs jaunes. Cult. 5.

CHAMOEPEUCE casabone (*Chamœpeuce casabone*). ♂. Curieuses par les panachures et les épines blanches de leurs feuilles. Cult. 5.

CHAMEROPS nain (*Chamerops humilis*). ♄. Beau palmier, de 15 à 20 pieds. Cult. 5.

CHIRONIE velue (*Chironia frutescens*). ♄. Fl. roses;— *C. alba, decussata, jasminoides, linoides.* Cult. 3.

CHOROZÈME a feuilles de houx (*Chorozema ilicifolia*). ♄. Fl. jaunes, ponctuées de rouge vif, —*C. rhombea, Heuchmannii, cordatum.* Cult. 3.

CHRYSANTHÈME frutescent (*Chrysanthemum frutescens*). ♄. Fleurs blanches; — *pinnatifidum, tanacetifolium, broussonnetia.* Cult. 5.

CINERAIRE pourpre (*Cineraria cruenta*). ♃. Fleurs nombreuses, à rayons d'un pourpre foncé; — *C. populifolia, petasites, lanata, aurita,* et leurs nombreuses variétés. Cult. 3.

CYNOGLOSSE argentée (*Cynoglossum cheirifolium*). ♂. Fleurs rouges, en épi. Ses feuilles infusées se prennent comme le thé. Cult. 5.

CLIVIE noble (*Clivia nobilis*). ♃. Bulbeuse; Têtes de fleurs tubuleuses, d'un rouge ponceau, fort belles. Cult. 4.

CLITORIE de ternate (*Clitoria ternatea*). ♃. Grim-

pante; fleur d'un beau bleu, tachées de blanc. — *C. hete-*
rophylla. Cult. 3.

CONYSE GLUTINEUSE (*Jasonia glutinosa*), ♄. Fleurs
jaunes. Cult. 5.

CONYSE SENEÇON EN ARBRE (*Brachilœna halimifolia*).
♄. Fleurs blanchâtres. Cult. 5.

CORRÊE A FLEURS BLANCHES (*Correa alba*). ♄. Fleurs
blanches, en bouquets. — *C. rubra, virens, speciosa.*
Cult. 5.

COTYLET ORBICULAIRE (*Cotyledon orbicularis*) ♄.
Fleurs rouges, très jolies. — *C. coccinea*, Fl. d'un rouge
safrané. — *C. lutea*, fleurs jaunes. Cult. 1.

CRAPAUDINE DES CANARIES (*Sideritis canariensis*).
♄. Fleurs blanches. Cult. 1.

CRASSULE ODORANTE (*Crassula odoratissima*).♃. Fleurs
jaunes, odorantes; — *C. lactea, coccinea, versicolor, per-*
foliata, cotyledon. Cult. 1.

CROTALAIRE EN ARBRE (*Crotalaria arborescens*), ♄.
Fleur d'un beau jaune.—*semperflorens, turgida, purpurea,*
purpurescens. Cult. 5.

CROWEA A FEUILLES DE SAULE (*Crowea saligna*). ♄.
Fleurs roses, grandes. — *C. neriifolia.* Cult. 4.

CUNONIE DU CAP (*Cunonia capensis*). ♄. Très pittoresque; fleurs blanches. Cult. 3.

CURTISIE A FEUILLES DE HÊTRE (*Curtisia faginea*). ♄.
Fleurs jaunâtres. Cult. 6.

CYPRÈS GLAUQUE (*Cupressus pendula*). ♄. Fleurs d'un
blanc roussâtre. Cult. 6.

DAIS A FEUILLES DE FUSTET (*Dais cotinifolia*). ♄. Fleur
d'un pourpre pâle, en têtes. Cult. 6, et boutures de racines.

DIANELLE BLEUE (*Dianella cœrulea*). ♃. Jolies fleurs
bleues; — *D. divaricata*, fl. bleu-pâle; — *D. nemorosa*, fl.
jaunes. Cult. 4.

DILWINIE LANCÉOLÉE (*Dilwinia lanceolata*). ♄. Fleurs
jaunes. Cult. 3.

DIMORPHOTHEQUE **graminoïde** (*Dimorphotheca gra-minifolia*). ♄. Fleurs grandes, blanches en-dessus, orangées en-dessous, à rayons d'un pourpre violacé à la base ; — *D. chrysanthemifolia*, fl. d'un jaune brillant. Cult. 5.

DIOCLÉE **glycinoïde** (*Dioclea glycinoidea*). ♃. Grimpante ; fl. d'un rouge très vif. Cult. 6.

DAVIESIE **a larges feuilles** (*Daviesia latifiola*). ♄. Fleurs d'un jaune mordoré, lavées de pourpre ; — *D. longifolia*). Cult. 2.

DIDYMOCARPE **a fleurs bleues** (*Didymocarpus rexii*). ♃. Fleur bleue ; fruit en alène, long de 6 pouces. Cult. 4.

DIOSMA **cilié** (*Diosma ciliata*). ♄. Fl. pourpre pâle ; — *D. serratifolia, latifolia, ericoides, imbricata, hirsuta, oppositifolia, tetragona, uniflora, hirta, scandiciodora, capitata, præcox, formosa, umbellata*, et beaucoup d'autres. Cult. 7.

DOLIQUE **ligneux** (*Dolichos lignosus*). ♄. Grimpant ; fleurs pourpres ; — *D. urens*, fleurs jaunes. Cult. 6.

DORYANTHE **élevée** (*Doryanthes excelsa*). ♄. Epi de fleurs pourpres, à bractées colorées. Cult. 4.

DRYANDRE **floribond** (*Dryandra floribunda*). ♄. Fleurs en têtes. Cult. 3.

EBÉNIER **de crète** (*Ebenus cretica*). ♄, Fleurs roses, en épi. Cult. 3.

ECHEANDIE **a fleurs ternées** (*Echeandia terniflora*). ♃. Fleurs jaunes, latérales. Cult. 9.

ELICHRYSE **a grandes fleurs** (*elichrysum speciosissimum*). ♄. Fleurs à disque blanc et fleurons jaunes. — *E. vestitum, fulgidum, retortum, proliferum, canescens, sesamoides, bracteatum, variegatum*. Cult. 4.

EMBOTHRIUM **a feuilles de saule** (*embothrium salicifolium*). ♄. Fl. d'un jaune pâle, odorante ; — *E. sericeum*, fl. lilas ;—*E. speciosissimum*, grosse tête d'un beau rouge. Cult. 7.

EPACRIDE **a longues fleurs** (*Epacris longiflora*). ♄. Fleurs rouges, très jolies. —*E. pulchella*, fl. blanches ; — —*E. purpurea*, fl. pourpres et blanches ; — *E. ruscifolia*, *onosmœflora, impressa, microphylla, heteronema.* Cult. 7.

EPHEMERINE A FLEURS ROSES (*Tradescantia rosea*). ♃. fl. roses, tout l'été. Cult. 5

ERINE LYCHNIDE (*Erinus lychnidea*). ♃. Fleurs blanches en dedans, rougeâtres en dehors. Cult. 4.

ESCALLONIE ROUGE (*Escalonia rubra*). ♄. Fleurs d'un rose pâle en dedans, rouges en dehors ; — *E. floribunda,* Fleurs blanches. Cult. 3.

EUCALYPTUS RÉSINEUX (*Eucalyptus resinifera*). ♄. Branches pendantes ; calice operculé, s'ouvrant pour laisser sortir de nombreuses étamines. — *E. robusta , cordata, piperita, obliqua, corymbosa, paniculata, marginata, angustifolia, oppositifolia, saligna, populifolia, argentea, undulata, pulverulenta.* Cult. 2.

EUGENIA JAMBOSIER (*Eugenia jambos*). ♄. Fl. blanches ; fruit assez gros, mangeable, sucré, à odeur de rose. — *E. elliptica ;* fleurs blanches ; — *E. zeylanica, divaricata.* Cult. 6.

EUPATOIRE GLECONOPHYLLE (*Eupatorium gleconophyllum*). ♃. Fl. blanches. Cult. 5.

EURYBIE MUSQUÉE (*Eurybia argophylla*). ♄. Petites têtes rondes de fl. d'un blanc grisâtre ; feuilles à odeur de musc quand on les froisse. Cult. 5.

EUTAXIE A FEUILLES DE MYRTE (*Eutaxia myrtifolia*). ♄. Fl. d'un jaune orangé. Cult. 5.

FABIENNE IMBRIQUÉE (*Fabiana imbricata*). ♄. Fleurs tubuleuses, blanches. Cult. 5.

FABRICIA GLABRE (*Fabricia lævigata*). ♄. Fl. blanches, rayées de rouge à l'onglet. Cult. 2.

FERRAIRE ONDULÉE (*Ferraria undulata*). ♃. Fl. d'un pourpre brun violâtre velouté, avec un cercle blanchâtre, et des points jaunâtres sur les bords. — *F. minor* ou *ferrariola.* Cult. 9, mais arrosements modérés. L'ognon se repose quelquefois pendant un an.

FICOIDE GLACIALE (*Mesembryanthemum crystallinum*). ☉. Toute la plante est chargée de vésicules transparentes, ressemblant à des petits morceaux de glace; — *M. tricolor*, fl. grandes, blanches et roses. — *M. pomeridianum*, fl. jaunes. — Les suivantes sont ♃. *M. violaceum, bicolor, coccineum, micans, noctiflorum, aureum, acinaciforme, linguiforme, echinatum, hispidum, deltoïdes, dolabriforme, denticulatum, spectabile, fulgidum.* Cult. 1, mais planter les boutures de suite.

FRAGON D'ITALIE (*Ruscus hypophyllum*). ♄. Tiges anguleuses; fl. placées dessus et dessous les feuilles. — *R. androgynus*, fl. d'un blanc jaunâtre, sur les nervures des feuilles. Cult. 6.

FUCHSIE ÉCARLATE (*Fuchsia coccinea*). ♄. Fl. charmantes, à calice écarlate et corolle d'un bleu violacé, roulée. Aujourd'hui on en cultive un très grand nombre de variétés, ou espèces, parmi lesquelles : — *F. macrostemma*, et ses var. *discolor, elegans, globosa, conica, gracilis, recurvata*, etc. — *F. chandlerii, thimifolia, arborescens, fulgens, corymbiflora*, etc. Les collectionneurs en comptent plus de 300 espèces ou variétés. Cult. 2.

GALAXIE A FLEURS D'IXIA (*Galaxia ixiæflora*). ♃. Fl. violettes, lilas ou purpurines; — *G. ovata*, fl. d'un beau jaune. Cult. 7.

GALÉ CIRIER (*Myrica cerifera*). ♄. Feuilles odoriférantes; fl. en chatons; — *M. gale*, aromatique; — *M. pensylvanica, faga, serrata, quercifolia, cordifolia.* Cult. 8.

GAZANIE A FEUILLES AILÉES (*Gazania pectinata*). ♃. Fl. très grandes, blanches en dessous, d'un jaune orangé en dessus, à rayons tachés de violet foncé à la base ; — *G. pavonia*, fl. plus grandes. Cult. 5.

GASTROLOBIER A DEUX LOBES (*Gastrolobium bilobum*). ♄. Fl. jaunes, ponctuées de rouge. Cult. 3.

GEISSOMÉRIE A LONGUES FLEURS (*Geissomeria longiflora*). ♄. Fleurs pourpres. Cult. 3.

GENEVRIER DES BERMUDES (*Juniperus bermudiana*). ♄. Bel arbre; fleurs rouges. Cult. 6.

GERANIUM DE SIBÉRIE (*Geranium sibiricum*). ♃. Fl.

blanches, striées de pourpre. — *G. tuberosum*, fl. d'un bleu clair; — *G. canescens, incanum*. Cult. 3.

GERMAINE A FEUILLES D'ORTIE (*Plecthrantus fruticosus*). ♄. Fl. d'un bleu clair, très odorantes; — *P. nudiflorus*, plus petite. Cult. 5.

GERMANDRÉE ARBRISSEAU (*Teucrium fruticans*). ♄. Fl. violacées, grandes; — *T. marum*, ou herbe aux chats; il faut la défendre de ces animaux, qui se roulent dessus; — *T. massiliense*, fl. roses. Cult. 5.

GLAIEUL VELU (*Gladiolus hirsutus*). ♃. Bulbeux. Fleurs roses, presque régulières; — *G. cardinalis*, fl. écarlates, tachées de blanc; — *G. versicolor*, rouge, taché de jaune et de pourpre noir; — *G. tristis*, fleurs jaunes, ponctuées de pourpre; — *G. pulcherrimus, blandus, albidus, ramosus*, etc., etc. Cult. 7. Chassis des ixia.

GLOBBA PENCHÉ (*Globba nutans*). ♃. Fleurs à pétales blancs; nectaire jaune rayé de rouge vif. — *G. erecta*. Cult. 9.

GLOBULAIRE TURBITH (*Globularia alipum*). ♄. Fleurs bleuâtres. — *G. longifolia*. Cult. 4.

GNIDIENNE A FEUILLES OPPOSÉES (*Gnidia oppositifolia*). ♄. Fl. blanches, jolies; — *G. simplex*, fl. jaunes, odorantes; — *G. pinifolia, aurea*. Cult. 7.

GOODENIE A GRANDES FLEURS (*Goodenia grandiflora*). ♄. Fl. jaunes; — *G. lævigata*. Cult. 3.

GOODIA A FEUILLES DE LOTUS (*Goodia lotifolia*). ♃. Fl. jaunes, tachées de rouge; — *G. retusa*, fl. pourpres. C. 3.

GORTERIE A GRANDES FLEURS (*Gorteria rigens*). ♃. Fl. grandes, d'un jaune orangé, avec une tache d'un pourpre noir et un point blanc au centre de chaque rayon. Cult. 4.

GRENADIER COMMUN (*Punica granatum*). ♄. Fl. rouges, simples, doubles, ou très doubles. — *P. nanum*, et sa jolie variété *nanum racemosum*; — *P. luteum*, à fl. jaunes; — *P. album*. Cult. 6.

GREWIA occidentale (*Grewia occidentalis*). ♄. Fleurs étoilées d'un rose pâle ; — *G. indica.* Cult. 9.

HÉLIOTROPE du pérou (*Heliotropium peruvianum*). ♄. Fleurs petites, bleuâtres, à odeur de vanille ; — *H. grandiflorum.* Cult. 9.

HEMANTHE écarlate (*Hæmanthus coccineus*). ♃. Bulbeuse. Fleurs rouges, à involucre écarlate ; — *H. pubescens*, fl. blanches ; — *H. puniceus*, fl. rouges. Cult. 4.

HEMEROCALLE distique (*Hemerocallis disticha*). ♃. Grandes fl. d'un jaune pâle en dehors, roussâtres en dedans. Cult. 4.

HERMANNIE a longues feuilles (*Hermannia denudata*). ♄. Fl. jaunes, odorantes ; — *H. fulgida, alnifolia, flammea, hytropifolia, splendens, præmorsa.* Cult. 10.

HIBBERTIA grimpant (*Hibbertia volubilis*). ♄. Grimpant. Fl. grandes, jaunes. — *H. grossulariæfolia*, fl. d'un beau jaune bordé de rouge ; — *H. dentata.* Cult. 4.

HYPOXIDE velue (*Hypoxis villosa*). ♃. Fl. jaunes en dedans, verdâtres et bordées de jaune en dehors ; — *H. stellata*, et sa var. *alba.* Cult. 7.

IBÉRIDE de perse (*Iberis semperflorens*). ♄. Fl. très blanches ; var. à feuilles panachées. Cult. 5.

IMMORTELLE globuleuse (*Gnaphalium eximium*). ♃. Très belles fl. jaunes ; — *G. orientale.* Cult. 4.

INDIGOTIER austral (*Indigofera australis*). ♄. Grappes de fl. roses, odorantes ; — *I. macrostachya, juncea.* Cult. 3.

ISOTOME axillaire (*Isotoma axillaris*). ♃. Fl. bleuâtres, à longs pédoncules. Cult. 5.

IXIA maculé (*Ixia maculata*). ♃. Fl. jaune, pourpre, violette, rouge, blanche, verte, etc. — *I. polystachia.* Var. *angolamensis, biriennis, cinnamomea, fusco-citrina, longiflora, patens, filiformis, crocata, hyalina, palmata, tricolor,* etc. Cult. 7. Châssis ou bache.

JASMIN d'Espagne (*Jasminum grandiflorum*). ♄. Fleurs rouges et blanches, odorantes ; var. semi-double. — *J.*

odoratissimum, fl. jaunes; — *J. azoricum*, fl. blanches, odorantes; — *glaucum, volubile, geniculatum, hirsutum, revolutum, heterophyllum, pubigerum*. Cult. 6.

JOUBARBE **en arbre** (*Sempervivum arboreum*). ♃. Panicule de fl. d'un beau jaune; — *S. tortuosum*, fl. jaunes; — *S. tabulæforme, glutinosum*. Cult. 1.

KENNEDIE **a grandes fleurs** (*Kennedia rubicunda*). ♄. Fl. d'un pourpre foncé; — *K. prostrata*, fl. d'un beau rouge; — *K. monophylla, racemosa, macrophylla, ovata, glabrata*. Cult. 3.

KETMIE **pédonculée** (*Hibiscus pedunculatus*). ♄. Fleurs d'un beau rose; — *H. rosa sinensis*, fl. simples ou doubles, rouges, blanches, safranées, jaunes.— *H. puniceus*, fl. grandes, d'un rouge vif; — *H. heterophyllus*, fl. très grandes, blanches, bordées de rose. — *H. africanus, moscheutos, populneus*. Cult. 5.

LACHENALE **tricolore** (*Lachenalia tricolor*). ♃. Bulbeuse. Fleurs pendantes, les 3 divisions extérieures d'un jaune citron bordées de vert foncé, les inférieures plus courtes, verdâtres, bordées de pourpre; — *L. luteola*, fl. jaunes, bordées de vert; — *L. pendula*, fleurs d'un beau rouge, variées de vert et de violet. Cult. 7.

LACHNÉE **eriocéphale** (*Lachnea eriocephala*). ♄. Fl. tubulées, blanches ou roses. Cult. 2.

LAGERSTROEMIE **des indes** (*Lagestrœmia indica*). ♄. Fl. assez grandes, pourpres. Cult. 6.

LAGUNÉE **écailleuse** (*Lagunea squamosa*). ♄. Fl. rosées. Cult. 6.

LAITRON **a grosses fleurs** (*Sonchus macranthos*). ♃. Fl. jaunes. Cult. 3.

LAMBERTIE **gracieuse** (*Lambertia formosa*). ♄. Têtes de fl. roses. Cult. 4.

LAPEYROUSIE **joncée** (*Lapeyrousia juncëa*). ♃. Bulbeuse. Fl. roses. Cult. 7.

LASIOPÉTALE **pourpré** (*Lasiopetalum purpurescens*). ♄. Fl. purpurines.— *L. solanaceum, quercifolium*. Cult. 2.

LAURIER CAMPHRIER (*Laurus càmphora*). ♄. Odeur de camphre. Fl. blanchâtres. — *L. indica*, fl. d'un blanc jaunâtre ; — *L. borbonia*, bois rose ; — *L. carolinensis*. Cult. 6.

LAURIER-ROSE OLÉANDER (*Nerium oleander*). ♄. Fl. roses ; var. à fleurs blanches, à fl. carnées, à fl. doubles, à fl. jaunâtres ; — *N. indicum, ochroleucum, aurantiacum, luteum, odorum, splendens, cupreum*, etc., et leurs variétés. Cult. 6.

LAUROPHYLLE DU CAP (*Botriceras capensis*). ♄. Fleurs jaunâtres, en grands panicules. Cult. 4.

LAVATÈRE DE TÉNÉRIFFE (*Lavatera phœnicea*). ♃. Fl. d'un rouge vermillon. — *L. acerifolia*, fl. grandes, blanches, tachées de rose et de purpurin. Cult. 5.

LECHENAULTIE AGRÉABLE (*Lechenaultia formosa*). ♄. Fl. d'un écarlate pourpré, bilabiées ; — *L. biloba*, fl. bleues. Cult. 7,

LEPTOSPERME A 3 LOGES (*Leptospermum triloculare*). ♄. Fl. comme celles du myrte. — *L. juniperinum, scoparium, thea, pubescens, linifolium, squarrosum, parvifolium, lanigerum, rubricaule, arachnoideum, sericeum, erectum*, etc. Cult. 3.

LIBERTIE ÉLÉGANTE (*Libertia pulchella*) ♃. Fl. blanches, se succédant toute la belle saison. Cult. 5.

LIN ARBORÉ (*Linum arboreum*) ♄. Fl. jaunes ; — *L. suffruticosum*, fl. blanches. Cult. 6.

LIPARIA SPHÉRIQUE (*Liparia sphærica*) ♄. Fl. en grosses têtes jaunes. — *L. lanceolata, villosa*. Cult. 5.

LISERON SATINÉ (*Convolvulus cneorum*) ♄. Fl. blanches. Cult. 5.

LOBELIE CARDINALE (*Lobelia cardinalis*) ♃. Fl. écarlates, à long tube ; — *L. fulgens, ignea* ; — *L. syphilitica*, fl. bleues ; — *L. speciosa*, fl. violettes ; — *L. bicolor, erinus, pubescens ; — ramosa*. Cult. 9.

LODDIGESIE POURPRE (*Loddigesia oxalidifolia*) ♄. Belles fl. pourpres. Cult. 4.

LOMATIE a feuilles de saule (*Lomatia silicifolia*) ♄. Fl. d'un jaune de soufre. — *L. dentata*. Cult. 2.

LOTHOSPERME rose (*Lothospermum erubescens*) ♃. Fl. grandes, roses, tubuleuses, à large calice. Cult. 5.

MALPIGHIER glabre (*Malpighia glabra*) ♄. Fl. d'un rouge pâle; baie grosse et rouge; — *M. punicifolia, macrophylla, urens, coccifera, ilicifolia, angustifolia, nitida.*

MANULÉE a feuilles opposées (*Manulea oppositifolia*) ♄. Fl. lilas, à disque jaune. Cult. 3.

MAUVE rouge (*Malva miniata*) ♄. Fl. rouges; — *M. divaricata*, fl. blanches, rayées de carmin; — *M. capensis, virgata*. Cult. 3.

MELALEUQUE a feuilles de millepertuis (*Melaleuca hypericifolia*) ♄. Goupillon de fl. d'un beau rouge;— *M. ericæfolia, coronata, armillaris, stipheloides, gnidiæfolia, pulchella, nodosa, decussata, diosmæfolia, angustifolia, fulgens, myrtifolia*. Cult. 3.

MÉLANTHE a épi (*Melantium spicatum*) ♃. Bulbeuse. Fl. d'un joli pourpre; — *M. junceum*, fl. bleues, blanches ou roses; — *M. secundum, viride, uniflorum, eucomoides, capense*, etc. Cult. 7.

METROSIDÉROS citron (*Metrosideros citrina*) ♄. Fl. d'un beau rouge foncé; — *M. vera*. Sous le nom de CALLISTEMON, on cultive les *M. lanceolata, crassifolia, saligna, linearis, rigida, viridifolia* et *pinifolia*. Cult. 3.

MICHAUXIE campanuloïde (*Michauxia campanuloides*) ♃. Fl. grandes, en roue, roses ou blanches, à divisions réfléchies. — *M. lævigata, decandra*. Cult. 5.

MONSONIE élégante (*M. speciosa*) ♃. Fl. blanches, tachées de rouge; — *M. lobata, incisa*. Cult. 5.

MORÉE a grandes fleurs (*Moræa virgata*) ♃. Bulbeuse. Grandes fleurs blanchâtres, teintes de bleu, tachées de jaune, et à raies barbues. — *M. lugens, northiana, tricolor, fimbriata*. Cult. 7.

MOURON a feuilles étroites (*Anagallis monelli*) ♃.

Fl. passant du bleu au rouge; var. *superba*, à fleurs plus grandes. — *A. fruticosa*, fl. écarlate. Cult. 5.

MUSSINIE UNIFLORE (*Mussinia uniflora*) ♄. Fl. jaunes, à demi-fleurons rayés de pourpre en dessous. Cult. 4.

MUTISIE ÉLÉGANTE (*Mutisia speciosa*) ♄. Grimpante. Fleur d'un pourpre vif, solitaire au bout des rameaux. Cult. 5.

MYOPORE A PETITES FEUILLES (*Myoporum parvifolium*) ♄. Fl. blanches. *M. tuberculosum, debile, ellipticum.* Cult. 5.

MYRTE COMMUN (*Myrtus communis*) ♄. Odorant. Fleurs blanches; var. à fleurs doubles; romain à grandes ou petites feuilles, *belgica, belgica variegata, tarentina, bætica, italica;* — *M. tomentosa,* Fleurs roses. Cult. 9.

MYRSINE RETUSE (*Myrsine retusa*) ♄. Fleurs pourpres, petites; — *M. africana, capitellata.* Cult. 6.

NANDINE DOMESTIQUE (*Nandina domestica*) ♄. Fleurs blanches, en panicule. Cult. 7.

NEJA GRÊLE (*Neja gracilis*) ♃. Fleurs d'abord jaunes, puis rouges. Cult. 5.

OLEARIA DENTÉE (*Olearia dentata*) ♃. Fleurs blanches, très larges. Cult. 5.

OLIVIER ODORANT (*Olea fragrans*) ♄. Fleurs blanches, odorantes; — *O. salicifolia, glandulifera, americana, excelsa, lancea, undulata.* Cult. 6.

OPHIOPOGON DU JAPON (*Ophiopogon Japonicum*) ♃. Fleurs blanches, en grappes. Cult. 9.

ORANGER (*Citrus*). Tout le monde connaît ces beaux arbres, tous remarquables par leur port, leur feuillage persistant et aromatique, leurs fleurs odorantes, et la saveur de leurs fruits. On en cultive un grand nombre de variétés ou espèces, toutes dignes d'être mentionnées ici.

§ I. ORANGERS A FRUITS DOUX.

Oranger franc de la Chine, à fruit précoce, pyramidal, à feuilles d'yeuse, à feuilles crépues, à fruit pyriforme, à larges feuilles ; de Gênes, à fleurs doubles ; de Nice, à petit fruit, à fruit nain, à fruit bosselé, à fruit cornu ; de Malte, à pulpe rouge ; de Majorque, à fruit cacheté, à fruit mammifère, à fruit limetiforme, à fruit oblong, à fruit elliptique, à fruit toruleux, à fruit charnu, à fruit rugueux, à fruit ridé ; pomme d'Adam des Parisiens, à longues feuilles, noble, à fruit oliviforme, multiflore, à feuilles étroites, à fruit tardif, à fruit sans pepins, de Grasse, à fruit conifère, imbigo, portugais, d'Otaïti, à fruit changeant, turc.

§ II. Bigaradiers,

Ou orangers à fruits acides et amers.

Ceux-ci, ainsi que ceux des divisions qui vont suivre, ayant moins d'utilité que les précédents, nous nous bornerons à citer les espèces les plus remarquables.

Bigaradier à fruit corniculé, à fruit sillonné, à fruit fétifère, à fruit canelé, à fruit cupulé, multiflore, violet, à fleurs doubles, à fruit mamelonné, volcamer, à fruit en grappe, itan, à feuilles de saule, chinois, à feuilles de myrte, bicolore, bizarrerie.

§ III. Bergamotiers.

Bergamotier ordinaire, à fruit toruleux, à petit fruit, mellarose, mellarose à fleurs doubles.

§ IV. Limettiers.

Limettier ordinaire, à petits fruits, à fruit tuberculé, des orfèvres, de Rome, pomme d'Adam.

§ V. Pompelmousses.

Pompelmousse pompoléon. Var. : à feuilles crépues ; — chadec, petit chadec à pulpe excellente, à grappe. — La pulpe des pompelmouses est douce, sucrée, très bonne.

§ VI. Lumies.

Nous ne citerons que les espèces dont la pulpe est mangeable. — Lumie poire du commandeur, de Valence, douce, saccharine, à pulpe d'orange, à pulpe rouge.

§ VII. Limoniers.

Leur pulpe, très acide, analogue à celle du citron, est quelquefois très agréable; nous ne citerons que ces derniers. — Limonier incomparable, à fruit cannelé, à petit fruit, rosolin, ponzin, à fleurs doubles, de la Ligurie, barbadore, à fruit rond, petit cedrat, d'Espagne, perette, perette striée, perette longue, à fruit oblong, de Reggio, amalfi, de Calcédoine, à deux mamelons, à fruit digité.

§ VIII. Citroniers ou Cedratiers.

Cedratier ou citronier ordinaire :

A. *Les poncires.*

Poncire en calebasse, poncire, à gros fruit, à fruit cornu.

B. *Les vrais cedrats.*

Cedratier de Salo, à fleurs doubles, à fruit doux, de Florence, à fruit allongé, à fruit rugueux.

C. *Cedrats limonés.*

Cedratier à fruit à côtes, à fruit glabre, à fruit limoniforme, à fruit sillonné, de Rome.

Cult. 6. Le semis se fait en mars et avril, sur couche chaude et sous châssis, avec des pepins de citrons, qui fournissent les meilleurs sujets pour recevoir la greffe. On soumet ensuite le jeune arbre à une taille régulière pour lui donner une belle forme. Ils réussissent mieux en caisse qu'en pot. A Paris, on les rentre en orangerie avant le 15 octobre, et on les met dehors du 10 au 15 mai.

ORÉODAPHNÉ de Madère (*Oreodaphne maderensis*) ♄. Panicule de fleurs verdâtres. Cult. 6.

ORME de la Chine (*Ulmus sinensis*) ♄. Feuillage petit et luisant. Cult. 6.

ORNITHOGALE thyrsiflore (*Ornithogalum thyrsioides*) ♃. Bulbeuse; fleurs blanches, odorantes. — *O. revolutum*, fleurs blanches, lavées de jaunes, odorantes. — *O. arabicum*, fleurs blanches, tachées de vert brunâtre; — *O. miniatum*, fleurs d'un rouge vermillon; — *O. aureum*, fleurs d'un jaune jonquille. Cult. 7.

OROBE noir pourpré (*Orobus atropurpureus*). ♃. Fl. d'un pourpre foncé. Cult. 2.

OSTEOSPERME a collier (*Osteospermum moniliferum*). ♄. Fl. jaunes; graine osseuse, dont on fait des colliers; *O. pinnatifidum*, fl. d'un bleu de ciel; — *O. pisiferum, spinosum*. Cult. 5.

OXALIDE pompeuse (*Oxalis speciosa*). ♃. Bulbeuse, fl. d'un rouge pourpre, à tube jaune; — *O. purpurea, versicolor*. Cult. 7.

OXYANTHE a longue fleur (*Oxyanthus longiflorus*). ♄. Fl. tubulées, d'abord blanches, passant au rose, puis au violet. Cult. 5.

PASSERINE a grandes fleurs (*Passerina grandiflora*). ♄. Fl. en cloche, soyeuse en dehors, blanchâtre. — *P. filiformis*, à fl. rouge. Cult. 4.

PALMIER dattier (*Phœnix dactylifera*). ♄. Bel arbre, qui produit les *dattes* dont se nourrissent les Arabes. Cult. 1.

PATERSONE a longue hampe (*Patersonia longiscapa*). ♃. Fl. d'un bleu pâle. Cult. 7.

PELARGONIUM (*Pelargonium*). ♃. Genre démembré de celui des géranium. On en possède un très grand nombre de variétés, mais peu tranchées. Nous ne citerons ici que les plus belles espèces, reconnues par les botanistes, et nous renverrons le lecteur, pour les variétés, aux catalogues des jardiniers. — *P. longifolium, longiflorum, dipetalum, radiatum, revolutum, oxalidifolium, bicolor, atrum, melananthon, lineare, triste, flavum*, les fleurs de ces deux derniers exhalent une odeur suave, surtout pendant la nuit. — *P. elegans, odoratissimum*, dont les feuilles froissées exhalent une odeur agréable. — *P. tricolor, hybridum, zonale, cordatum, formosissimum, citriodorum*, et autres, au nombre de plus de 150. Cult. 3,

PERIPLOCA a feuilles étroites (*Periploca angustifolia*). ♄. Grimpant; fl. pourpres tachées de b.anc. Cult. 5.

PERNETTIA MUCRONÉE (*Pernettia mucronata*). ♄. Fl. en grelot, d'un blanc rosé. Cult. 7.

PÉRONIE DE LA CAROLINE (*Thalia dealbata*). ♃. Aquatique; grappe de fl. d'un cramoisi sombre. Tenir le pot submergé pendant la belle saison. Cult. 8;

PETROPHILE TRIFIDE (*Petrophila trifida*). ♄. Tête de fl. jaunes. — *P. triternata*, fl. d'un rose violacé. Cult. 7.

PHILIBERTIE A GRANDES FLEURS (*Philibertia grandiflora*). ♃. Grimpante; fl. en soucoupe, jaunâtres, tigrées de pourpre, à 5 gros nectaires. Cult. 9.

PHILIPPODENDRE ROYAL (*Philippodendrum regium*). ♄. Arbre textile; grappes de fleurs petites et vertes. Cult. 9.

. PHOENIX DATTIER (*Phœnix dactylifera*). ♄. Ce palmier, qui produit les dattes du commerce, passe très bien l'hiver en orangerie éclairée. Il en est de même des palmiers *chamædorea elatior*, id. *elegans, oblongata, lindenniana*; — *chamærops humilis*. Cult. 1.

PHORMION TENACE, LIN DE LA NOUVELLE-ZÉLANDE (*Phormium tenax*). ♃. Fl. tubulées, à divisions extérieures d'un jaune bronzé, les intérieures d'un beau jaune; feuilles en sabre, longues de six pieds, fournissant des fils extrêmement forts. Cult. 9.

PHYLIQUE BRUYÈRE DU CAP (*Phylica ericoïdes*). ♃. Fl. en tête, d'un beau blanc, à odeur d'amande; — *P. plumosa*, fl. id., frangées; — *P. axillaris*, fl. axillaires et solitaires; — *P. rosmarinifolia*, fl. blanches, en épis; — *P. orientalis*, fl. blanches, en panicules; — *P. racemosa, spicata, squarosa, ledifolia, pubescens, nitida, stipularis, buxifolia, myrtifolia, callosa, paniculata, ledifolia*. Cult. 7.

PHYLLOCLADE RHOMBOÏDAL (*Phyllocladus rhomboidalis*). ♄. Arbrisseau à rameaux singuliers, s'aplatissant en forme de feuille au sommet. — *P. trichomanoïdes*, rameaux ressemblant à une feuille de bruyère. Cult. 7.

PHYSIANTHE ARAUJA (*Arauja sericofera*). ♄. Grimpant; fl. grandes, blanches, ondulées, odorantes. Cult. 5.

PIMÉLÉE EN CROIX (*Pimelea decussata*). ♄. Fl. roses, dans un involucre commun, en tête. — *P. linifolia*, fl. blanches ou roses; — *P. Sylvestris*, fl. roses; — *P. drupacea, hypericifolia, lanceolata, pauciflora*. Cult. 3.

PIN DES CANARIES (*Pinus canariensis*). ♄. Cet arbre avec les suivants, est un très bel ornement pour les grandes serres. — *P. longifolia, palustris*. On les greffe sur le *P. sylvestris*. Cult. 5.

PISTACHIER LENTISQUE (*Pistacia lentiscus*). ♄. Il fournit la résine connue sous le nom de MASTIC d'Orient. Fl. purpurines, en grappes. Cult. 5.

PITTOSPORE ONDULÉ (*Pittosporum undulatum*). ♄. Feuilles aromatiques; fl. blanches, à odeur de jasmin; var. à feuilles argentées; — *P. coriaceum*, fl. bleues; — *P. pubescens, revolutum, viridiflorum, ferrugineum, sinense*. Cult. 5.

PINKNEYA PUBESCENT (*Pinkneya pubescens*). ♄. Son écorce, dit-on, a les propriétés médicinales du quinquina; fl. blanches, rayées de pourpre. Cult. 3.

PLATYLOBIER ÉLÉGANT (*Platylobium formosum*). ♄. Fl. d'un beau jaune orangé. — *P. parviflorum*, fl. jaunes; — *P. lanceolatum*, fl. d'un beau jaune; — *P. ovatum*. Cult. 3, racines serrées dans des petits pots.

PODALYRE BIFLORE (*Podalyria biflora*). ♄. Fl. très grandes, d'un beau blanc; calice renflé et couleur de rouille. — *P. sericea*, fl. roses. Cult. 7.

PODOCARPE ALLONGÉ (*Podocarpus elongatus*). ♄. Fl. comme dans les ifs; rameaux presque verticillés. Cult. 5.

PODOLEPIS A FLEURS JAUNES (*Podolepis papillosa*). ♄. Fl. jaunes très belles. Cult. 5.

PODOLOBIUM A FEUILLES DE HOUX (*Podolobium trilobatum*). ♄. Fl. en grappes jaunes. Cult. 3.

POINCILLADE DE GILLIES (*Poinciana Gilliesii*). ♄. Grappes de grandes fl. jaunes, à étamines formant l'aigrette. Cult. 4.

POLYGALA A FEUILLES DE MYRTE (*Polygala myrti-folia*). ♄. Fl. d'un beau violet, à carène aigrettée. — *P. oppositifolia*, fl. rouges, grandes; — *P. heisteria*, fl. blanches et pourpres; — *P. lanceolata*, fl. violettes en dedans, pourpre pâle en dehors; — *P. senega, bracteolata, cordifolia, speciosa.* Cult. 3.

POMADÈRE A FEUILLES DE PHYLIQUE (*Pomaderis phyli-cifolia*). ♄. Grappes de petites fleurs d'un blanc jaunâtre; — *P. apetala.* Cult. 7.

PONTÉDÉRIE A FEUILLES CORDIFORMES (*Pontederia cordata*). ♃. Epi de fl. d'un beau bleu. Cult. 8. Pendant la végétation on tient le pot submergé dans un baquet d'eau.

POURPIER A GRANDES FLEURS (*Portulaca grandiflora*). ☉, mais se perpétuant par ses boutures; fl. d'un pourpre violacé superbe, blanches au centre, à anthères dorées; — *P. Gilliesii.* Cult. 1.

PRIMEVÈRE DE PALINURE (*Primula palinuri*). ♃. Tige un peu ligneuse; ombelle de fl. jaunes; — P. DE LA CHINE, *P. sinensis*, fl. roses, à gorge jaune, formant trois verticilles les uns au-dessus des autres. Var. doubles, rose ou blanche. — *P. cortusoides*, fl. pourpres, odorantes. *P. longifolia*, fl. lilas, d'un jaune citron à l'intérieur. Cult. 9.

PROSTANTHERA VELUE (*Prostanthera lasianthos*). ♄. Grappes de fl. blanches, lavées et ponctuées de rose vio-lacé; — *P. incisa*, fl. bleues. Cult. 5.

PROTÉE ARGENTÉ (*Leucodendron argenteum*). ♄. Feuil-les argentées; fl. en tête globuleuse, d'un blanc argenté.

PROTÉE A GRANDES FEUILLES (*Protea longifolia*). Fl. panachées de pourpre, de jaune et de blanc, noires au sommet; var. d'un pourpre ferrugineux, à fl. en sabot. — *P. glomerata*, fl. en têtes hémisphériques, roussâtres, blanches à l'intérieur. — *P. lagopus*, fl. en têtes disposées en épis, blanches en dehors, rouges en dedans; — *P. spicata*, fl. en têtes disposées en épis, blanches, à sommet des écailles rose. — *P. pinifolia*, fl. en grappes, sans calice commun, d'un jaune pâle. *P. florida, patula*, etc.

PROTÉE CYANOÏDE (*Telopea cyanoïdes*), fl. en têtes solitaires, nues, pourpres en dedans, blanchâtres en dehors; — *T. pulchella*, fl. en têtes côniques, d'un blanc pâle, à écailles rougeâtres; — *T. triternata*, fl. en têtes, à calice argenté; — *T. repens*, fl. en têtes terminales, glabres; — *T. grandiflora*, fl. blanches, en têtes glabres; — *T. cordata*, fl. en têtes ovales et tronquées; — *T. speciosa*, fl. en têtes coniques, à écailles variées de noir, de brun et de jaune, barbues au sommet: var. à fl. noires, à fl. rouges. Enfin on possède plus de 10 espèces de ces charmants arbrisseaux. Cult. 3. Pots petits et dépotage annuel.

PSORALÉE THÉ DU PARAGUAY (*Psoralea glandulosa*). ♄. Fl. rouges, en grappes; — *P. aphylla*, fl. bleuâtres, en épis; — *P. verrucosa*, fl. bleuâtres, latérales; — *P. bracteata*, têtes spiciformes de fl. violettes, à carène blanche; — *P. aculeata*, têtes de jolies fl. d'un bleu violâtre; — *odoratissima*, fl. d'un blanc bleuâtre, odorantes; — *pinnata*, fl. à étendard bleu et carène blanche; — *P. spicata, decumbens, bitumosa*. Cult. 5.

PULTENÉE STIPULAIRE (*Pultenœa stipularis*). ♄. Têtes de fl. petites, d'un jaune safrané; — *P. villosa*, fl. axillaires, jaunes; — *P. daphnoïaes*, fl. jaunes, en têtes terminales; — *P. stricta*, têtes de fleurs d'un jaune mordoré; — *P. retusa*, têtes droites de fl. mordorées; — *P. linophylla*, têtes de fl. jaunes, à étendard orangé; —*P. paleacea*, à bractées plus longues que les fleurs. Cult. 4.

PYRETHRE CARNÉE (*Pyretrum carneum*). ♃. Fl. à disque jaune et rayons blancs en dessus, roses en dessous. Cult. 5.

PYROLE MACULÉE (*Pyrola maculata*). ♄. 1 ou 2 fl. terminales, d'un blanc rosé. Cult. 4.

RAFNIA A 3 FEUILLES (*Rafnia trifolia*). ♄. Fl. grandes, d'un beau jaune; — *R. retusa*, fl. d'un rouge pourpre. Cult. 5

REDOUX sarmenteux (*Coriaria sarmentosa*). ♄. Grimpant. Fleurs verdâtres; fruits noirs, mangeables. Cult. 6.

RHAPHIOLEPIS néflier de la Chine (*Rhaphiolepis sinensis*). ♄. Grappes de fl. roses ou blanches; fruits mangeables. Cult. 5.

RHEXIE de virginie (*Rhexia virginiana*). ♃. Fl. grandes, d'un rouge carmin, à étamines jaunes. Cult. 7. Mais terre humide.

RHODOCHITON volubile (*Rhodochiton volubile*). ♃. Grimpante. Fl. à calice en cloche, très grand, rose, et corolle d'un pourpre noir, pointillée. Cult. 5.

RHODODENDRON en arbre (*Rhododendrum arboreum*)- ♄. Var. à fleurs rouges, à fl. blanches doubles. — Variétés hybrides : *barbatum, Bertini, biburgensis, burgravianum, campanulatum, Cavendishii, cinamomeum, conspicuum, Cunin ghami, Fareri, Harringtoni, pulchrum, Ruithii, Smithii, superbum, triumphans, venustum*. Cult. 3. On peut les greffer sur le *ponticum*.

ROCHÉA a feuilles en faux (*Rochea falcata*). ♄. Larges corymbes de fl. écarlates, odorantes. Var. *major*, plus grande. Cult. 1.

ROELLE ciliée (*Roella ciliata*). ♄. Fleurs campanulées, grandes, violettes, à fond bleu foncé. Cult. 4.

ROMARIN commun (*Rosmarinus officinalis*). ♄. On conserve en orangerie ses deux var. *R. argenteus*, et *aureus*. Cult. 5.

RONCE des moluques (*Rubus mollucanus*). ♄. Sans épines; fl. jaunâtres. Cult. 5.

RUDBECKIA de Drummond (*Rudbeckia Drummondii*). ♃. Fl. d'un pourpre noir, avec l'extrémité des rayons jaunes. Cult. 5.

RUELLIE ovale (*Ruellia ovata*). ♃. Fl. grandes, bleues; — *R. persicifolia*, ou *goldfussia anisophylla*, fl. en épis, d'un lilas clair. Cult. 5.

RUSSÉLIE multiflore (*Russelia multiflora*). ♃. Panicules de fleurs écarlates, très jolies. Cult. 4.

SABOT DE VÉNUS BLANC (*Cypripedium candidum*). ♃.
Fl. blanches, à labelle courte; *C. parviflorum*, fl. d'un
vert pâle, tachées de ferrugineux; — *C. pubescens*, fl. d'un
jaune pâle, pointillées de blanc; — *C. spectabile*, fl. roses,
veinées de blanc; — *C. japonicum*, à labelle fendue en devant; *C. insigne*, grande fleur jaunâtre, tachée de pourpre.
Cult. 7.

SALPIGLOSSIS POURPRE (*Salpiglossis atropurpurea*). ♃.
Fl. en entonnoir, d'un pourpre noirâtre; — *S. straminea*,
fl. lavées de blanc, bleu, violet et pourpre. Cult. 5.

SANSEVIÈRE CARNÉE (*Sanseviera carnea*). ♃. Bulbeuse.
Fl. d'un blanc rosé, odorantes; — *S. sessiliflora*, à racines
noueuses; fl. en épi. Cult. 7.

SARRACÉNIE A FLEURS POURPRES (*Sarracenia purpurea*). ♃. Fl. grandes, à pétales d'un rouge pourpre en dedans, verts en dehors; — *S. flava*, feuilles roulées en trompette; fl. jaunes; — *S. rubra*, fl. rouges. Cult. 8. Tenir les
pots submergés pendant la belle saison.

SAUGE POMIFÈRE (*Salvia pomifera*). ♄. Epis de fl.
bleues, tachées de jaunâtre; — *S. coccinea*, fl. d'un écarlate vif; — *S. chamædrioides*, fl. grandes, d'un très beau
bleu; — *S. africana*, fl. violettes ou d'un bleu foncé; —
S. formosa, fl. d'un très beau rouge; — *S. aurea*, fl. jaune
doré, passant au roux; *S. involucrata, tubiflora, Grahami,
floribunda, patens, acuminata, eriocalix*. Cult. 5.

SAXIFRAGE TUBÉREUSE (*Septas capensis*). ♃. Fl. en
étoile, blanches, rayées de rose; calice rouge. Cult. 9.

SCABIEUSE DE CRÈTE (*Scabiosa cretica*). ♃. Fl. d'un
blanc bleuâtre. Cult. 5.

SCHINUS POIVRIER (*Schinus molle*). ♄. Rameaux pendants, à odeur de poivre; fl. blanches, petites. Cult. 5.

SCHOTTIA ÉCARLATE (*Scottia speciosa*). ♄. Grappes de
fl. d'un rouge éclatant; — *S. latifolia*, fl. rouges. Cult. 5.

SCILLE CAMPANULÉE (*Scilla campanulata*). ♃. Bulbeuse.
Grappe d'un joli bleu violacé; — *S. pulverulenta*, corymbe
pyramidal de jolies fleurs bleues. Cult. 7.

SEDUM CRÊTE DE COQ (*S. cristatum*). ♃. Fl. d'un bea[u] rouge ; — *S. sieboldii*, fl. roses ; — *S. spurium*, fl. roses[,] racines odorantes ; — *S. populifolium*, fl. blanches, odoran[-] tes. Cult. 1.

SÉLAGINE BATARDE (*Selago spuria*). ♄. Jolis corymbe[s] de fl. d'un bleu clair ; — *S. fasciculata*, fl. d'un beau ble[u] lilas ; — *S. corymbosa*, fl. blanches. Cult. 5.

SENEÇON LILACÉ (*Senecio lilacinus*). ♄. Grandes fl. [à] disque jaune et rayons pourpres ; — *S. venustus*, fl. comm[e] le précédent. Cul. 5.

SERISSE A FEUILLES DE MYRTE (*Serissa myrtifolia*). ♄ [.] Fl. axillaires, blanches, en cloche. Cult. 5.

SILÈNE A ODEUR DE TAGETÈS (*Silene ornata*). ♃. Fl[.] d'un rouge velouté ; tiges visqueuses. Cult. 5.

SIPHOCAMPYLE DE 2 COULEURS (*Siphocampylus bicolor*)[.] ♃. Fl. tubuleuses, rouges en dehors, jaunes en dedans. Cult. 5.

SOLLYA FUSIFORME (*Sollya fusiformis*). ♄. Panicules pendantes de fl. bleues, et sa var. à feuilles de saule, *sali- cifolia*, à fl. d'un plus beau bleu. Cult. 3.

SOUCHET A PAPIER (*Cyperus papyrus*). ♃. Tiges termi- nées par une large ombelle de feuilles très élégantes. Cult. 8. Tenir le pot submergé dans un baquet d'eau.

SOWERBÉE A FEUILLES DE JONCS (*Sowerbea juncea*). ♃. Jolie tête de fl. pourpres. Cult. 7.

SPARAXIDE A GRANDES FLEURS (*Sparaxis grandiflora*). ♃. Fl. grandes, d'un violet foncé, taché de blanc à la base des divisions ; — *S. bulbifera*, fl. jaunes. Cult. 7.

SPARMANNIE D'AFRIQUE (*Sparmannia africana*). ♄. Fl. d'un blanc pur, à filets pourpres et irritables quand on les touche. — *S. palmata*, fl. blanches. Cult. 5.

SPHEROLOBIER PLIANT (*Spherolobium vimineum*). ♄. longue grappe de fl. jaunes tachées de pourpre. Cult. 3.

SPHOERALCÉE OMBELLÉE (*Sphœralcea umbellata*). ♃. Fl. grandes, d'un rouge pourpre. Cult. 3.

SPRINGELIE ÉTOILÉE (*Sprengelia incarnata*). ♄. Fl. en étoile, d'un rose pâle, en grappes. Cult. 7.

STACHYS ÉCARLATE (*Stachys coccinea*). ♃. Épis verticillés de fl. d'un rouge éclatant ; *S. corsica*, fl. axillaires, roses. Cult. 5.

STACHYTARPHETA CHANGEANT (*Stachytarpheta mutabilis*). ♄. Épi de grandes fl. d'un beau rouge, puis roses. Cult. 5, près des jours.

STATICÉ CRÉPUE (*Statice mucronata*). ♃. Racines odorantes ; épis de fl. d'un violet tendre ; — *S. sinuata*, fl. à calice bleu et corolle blanche ; — *S. arborea*, fl. bleues; — *S. Dicksoni*. fl. roses. Cult. 3.

STHÉNANTHÈRE A FEUILLES DE PIN (*Stenanthera pinifolia*). ♄. Port du pin d'Alep ; fl. tubuleuses, à ouverture verdâtre, limbe d'un blanc jaunâtre ; et tube d'un rouge vif. Cult. 7.

STÉNOCHILE MACULÉ (*Stenochilus maculatus*). ♄. Fl. une fois plus longues que les feuilles, jaunes et tachées de rouge en dedans, d'un rouge rembruni en dehors ; — *S. glaber*, fl. verdâtres en dehors, jaunâtres en dedans. Cult. 2.

STERCULIER A FEUILLES DE PLATANE (*Sterculia platanifolia*). ♄. Fl. peu apparentes ; fruits bons à manger. Cult. 6. Dans le midi de la France, il passe l'hiver en pleine terre.

STEVIA A FEUILLES DE SAULE (*Stevia salicifolia*). ♄. Corymbes de fl. blanches. Cult. 5.

STRATIOTE A FEUILLES D'ALOÈS (*Stratiotes aloeides*). ♃. Ressemblant à un petit ananas ; fl. peu apparentes. Cult. 8. Submerger le pot dans un bassin ou un baquet, pendant l'été.

STRUTHIOLE IMBRIQUÉE (*Struthiola imbricata*). ♄. Fl. tubulées, d'un jaune pâle, très odorantes, tubulées, en ombelles ; — *S. myrtifolia*, fl. blanches, très odorantes ; — *S. ciliata*, fl. roses, également odorantes. Cult. 3.

STYLIDIER GLANDULEUX (*Stylidium glandulosum*). ♄.

Fl. petites, jaunes ou rougeâtres, remarquables par l'irritabilité de leur style. — *S. adnatum*, fl. roses; — *S. fasciculare*. Cult.

STYPHÉLIE A 3 FLEURS (*Styphelia triflora*). ♄. Fl. à tube rouge, à limbe d'un rouge jaunâtre et roulé; — *S. parviflora*, fl. d'un rouge jaunâtre; — *S. polystachis*, fl. blanches. Cult. 4.

TAME PIED D'ÉLÉPHANT (*Tamus elephantipes*). ♃. Grosse souche ovale, émettant des tiges annuelles; fl. verdâtres. Cult. 5.

TEMPLETONE ÉMOUSSÉE (*Templetonia retusa*). ♄. Fleurs grandes, d'un beau rouge pourpré. Cult. 9.

THÉ DE LA CHINE OU THÉ BOU (*Thea sinensis*). ♄. Toujours vert; fl. blanches; — THÉ VERT, *T. viridis*, feuilles plus étroites; — THÉ SASANQUA, *T. sasanqua*, fl. plus blanches; — *T. assan*, à feuilles larges. Cult. 3.

THERMOPSIS DU NÉPAUL (*Thermopsis nepaulensis*). ♄. Fl. grandes, jaunes, en grappe allongée. Cult. 3.

TOURNEFORTIE COUCHÉE (*Tournefortia heliotropoides*). ♃. fl. nombreuses, bleuâtres. Cult. 5.

TRACHELIE BLEUE (*Trachelium cœruleum*). ♂. Fl. petites, tubulées, d'un joli bleu violacé. Cult. 3.

TRISTANIE A FEUILLES DE LAURIER ROSE (*Tristania neriifolia*). ♄. Feuilles luisantes; fl. d'un jaune clair, en corymbe. Cult. 4.

TRITOMA A GRAPPE (*Tritoma uvaria*). ♄. Épi de fleurs grandes et pendantes, d'un rouge vermillon brillant; — *T. media*, fl. à tube safrané et limbe jaune bordé de vert; — *T. pumila*, fl. d'un beau rouge safrané, à tube court. Une singularité de cette plante est que les fl. du haut de l'épi s'ouvrent les premières. Cult. 1.

TUPA DU CHILI (*T. Feuillei*). ♃. Épi de grandes fl. rougeâtres. Cult. 4.

ULLOA ORANGÉ (*Ulloa aurantiaca*). ♄. Fl. tubuleuses, un peu arquées, d'un jaune orangé. Cult. 5. — On fait des boutures avec ses feuilles.

URGINE **du Japon** (*Urginea japonica*). ♃. Bulbeuse. Long épi de jolies petites fl. lilas; — *U. fugax*, fl. blanches, rayées de violet. — Cult. 5.

UVULAIRE **de la Chine** (*Uvularia sinensis*). ♃. Fl. pendantes, d'un rouge brun. Cult. 4.

VAUBIER **en poignard** (*Hakea pugioniformis*). ♄. Feuilles piquantes; fl. petites, blanchâtres; fruit ligneux, ovale, surmonté d'une longue pointe aiguë et munie de deux appendices latéraux. Cult. 3.

VELTHEIMIE **du cap** (*Veltheimia capensis*). ♃. Bulbeuse. Épi de fl. pendantes, longues, tubulées, roses mêlées de pourpre. Cult. 5.

VÉRONIQUE **perfoliée** (*Veronica perfoliata*). ♃. Fl. d'un bleu tendre, en grappe longue et grêle; — *V. speciosa*, fl. bleue, en épis court. Cult. 2.

VERVEINE **gentille** (*Verbena pulchella*). ♃. Corymbe de fl. nombreuses, d'un bleu clair; — *V. venosa*, fl. très jolies, d'un pourpre violacé; — *V. teucrioides*, fl. grandes, blanches; var. nombreuses, toutes jolies. Excepté la V. Gentile, toutes peuvent se cultiver comme annuelles. Cult. 3.

VIEUSSEUXIE **a taches bleues** (*Vieusseuxia glaucopis*). ♃. Bulbeuse. Fl. grandes, les trois grandes divisions blanches, tachées de bleu à leur base. Cult. 7.

VILLARSIE **élevée** (*Villarsia excelsa*). ♃. Fl. assez grandes, jaunes, en corymbe. Cult. 8. Tenir le pot submergé dans un baquet d'eau.

VIPÉRINE **a grandes fleurs** (*Echium formosum*). ♄. Fl. grandes, d'un rose pâle; — *E. candicans*, fl. d'un beau bleu; — *E. giganteum*, fl. d'un bleu de ciel; — *E. cynoglossum*, fl. blanches; elle périt souvent après avoir mûri ses graines. Cult. 5.

VISNÉE **mocanère** (*Visnea mocanera*). ♄. Fl. solitaire, penchée, blanchâtre. Cult. 4.

WACHENDORF **en thyrse** (*Wachendorfia thyrsiflora*). ♃. Bulbeuse. Grandes fleurs jaune-jonquille, à tube évasé, un peu odorantes, en épi ; — *W. graminea*, fl. en panicule ouverte. Cult. 7.

WATSONIE ROSE (*Watsonia rosea*). ♃. Bulbeuse. Longue grappe de grandes fl. roses, en entonnoir ; — *W. Meriana*, fl. d'un rouge sale. Cult. 7.

WESTRINGIE A FEUILLES DE ROMARIN (*Westringia rosmarinifolia*). ♄. Fl. blanches, à divisions longues et inégales. Cult. 4.

WITSENIE EN CORYMBE (*Witsenia corymbosa*). ♄. Fl. en corymbe, nombreuses, d'un bleu d'azur ; — *W. major.* fl. plus grandes. Cult. 4.

YUCCA A FEUILLES D'ALOÈS (*Yucca aloefolia*). ♄. Fl. roses. Var. *Pendula*, à feuilles pendantes ; autre à feuilles panachées de rose, de blanc ou de jaune, — *Y. draconis*, feuilles larges, denticulées ; — *Y. filamentosa.* Cult. 1.

ZIÉRIE TRIFOLIÉE (*Zieria trifoliata*). ♄. Aromatique. Fleurs petites, teintées de rose, en petites panicules, se succédant une grande partie de l'année. Cult. 4.

TABLE ALPHABÉTIQUE DES MATIÈRES.

DIVISION DE L'OUVRAGE.

PLANTES DE SERRE CHAUDE.

PLANTES DE SERRE TEMPÉRÉE.

Imprimerie MAULDE et RENOU, rue de Rivoli, 14.

LIBRAIRIE

DE

PASSARD

ÉDITEUR

7, rue des Grands-Augustins.

CATALOGUE

AVIS

On trouve également ces ouvrages chez les principaux
Libraires de la France et de l'Étranger.

1856.

PASSARD

LIBRAIRE-ÉDITEUR, 7, RUE DES GRANDS-AUGUSTINS

A PARIS

PETITE ENCYCLOPÉDIE RÉCRÉATIVE

Format in-32.

NINON, Mmes DE MAINTENON, DE CAYLUS, ETC

Bibliothèque épistolaire, ou choix des plus belles lettres des femmes célèbres du siècle de Louis XIV, Ninon de l'Enclos, mesdames de Maintenon, des Ursins, de Caylus, de La Fayette, de Villars, et de Coulanges, accompagnées de notes historiques et biographiques. 1 vol. in-32............ 1 50

Nota. La Bibliothèque épistolaire et le volume des lettres de Mme de Sévigné, qui fait partie de cette collection, renferment tout ce qu'ont écrit de plus exquis les femmes célèbres de ce beau siècle de Louis XIV, destiné à demeurer, pour la postérité, un éternel sujet d'admiration.
Nous eussions pu, pour ce volume, de même que pour celui de Mme de Sévigné, faire des recueils plus considérables, mais il nous eût fallu nécessairement tomber dans un ordre secondaire; nous avons préféré la qualité à la quantité. Voyez page 3 de ce Catalogue, article Sévigné.
Il n'existe rien en librairie dans le genre de la Bibliothèque épistolaire.

BALZAC, ALCIDE TOUSEZ, FRÉDÉRIC SOULIÉ, ETC.

Histoires drôlatiques de l'empereur Napoléon Ier, racontées par MM. de Balzac, Alcide Tousez et Frédéric Soulié; suivies de COMME QUOI NAPOLÉON N'A JAMAIS EXISTÉ, etc. 1 vol. in-32.................................... 1 50

Les divers opuscules dont se compose ce volume, qui renferme tout ce qui a été écrit de plus charmant sur Napoléon, étant tous de propriété privée et appartenant à diverses personnes, on concevra sans peine les difficultés que nous avons dû éprouver pour les réunir. Mais nous n'avons reculé devant aucun sacrifice pour atteindre notre but.

Dr MERRYMAN AND HILARIUS LE GAI.

A million of comic Anecdotes or Flowers of wit and humour. 1 vol. in-32.............................. 1 50

Un grand nombre d'ouvrages ont été compulsés pour la composition de ce petit livre, qui contient la quintessence des anecdotes anglaises, puisées dans les originaux anglais mêmes, et qui n'est pas la traduction de l'ouvrage suivant, comme on pourrait le supposer.
Ce petit livre, qui peut être mis dans les mains de la jeunesse, convient dans les maisons d'éducation, pour exercer les élèves à la traduction de l'anglais.

HILAIRE LE GAI.

Un Million de plaisanteries, Calembours, Naïvetés, Jeux de mots, Facéties, Reparties, Saillies, Anecdotes comiques et amusantes, inédites ou peu connues 1 vol. in-32..... 1 50

Nouveau Million de Bêtises et de Traits d'esprit, Bons contes, Bons mots, Bouffonneries, Calembours, Facéties anciennes et modernes, Parades de Bobêche, etc. 1 vol. in-32. Prix. 1 50

Petit Trésor de Poésie récréative. Choix des plus agréables Facéties en vers, anciennes et modernes, Satires, Contes, Epigrammes, Madrigaux, Pièces burlesques et galantes. 1 vol. in-32................................... 1 50

Un Million d'Énigmes, Charades et Logogriphes; suivi d'un choix des plus jolies énigmes italiennes, espagnoles, anglaises et allemandes, avec la traduction en regard. 1 v. in-32. 1 50

Un Million de Calembours, Charges, Lazzi, Bons mots, Quolibets, Parades de Bobêche, etc. 1 vol. in-32.... 1 50

Voyages et aventures du baron de Munchhausen, suivis de L'HISTOIRE D'UN TIGRE, par l'abbé de Savigny; édition illustrée de 27 vignettes sur bois. 1 vol. in-32....... 1 50

Bibliothèque de Voyages amusants, Chapelle et Bachaumont, Racine, La Fontaine, Piron, Lefranc de Pompignan, de Paris à Saint-Cloud par mer avec le retour par terre, Voltaire, Desmahis, etc., etc. 1 vol. in-32.............. 1 50

Petite Encyclopédie des Proverbes français, 1 vol. in-32. Prix.. 1 50

NOTA. — Ce volume diffère totalement du suivant.

G. DUPLESSIS.

La Fleur des proverbes français, recueillis et annotés. 1 vol. in-32................................... 1 50
Le même ouvrage, grand papier vélin fort............ 3 50

RODOLPHE TOPFFER.

Le Presbytère, Élisa et Widmer, 2 vol. in-32............... 3 »

BRILLAT-SAVARIN.

Physiologie du Goût. Edition complète. 1 v. in-32. 1 50

PERRAULT, Mmes D'AULNOY et LEPRINCE DE BEAUMONT

Contes des Fées. 1 vol. in-32.................... 1 50

Mme DE SÉVIGNÉ.

Lettres, nouveau choix. 1 vol. in-32.............. 1 50

Ce choix, qui contient tout ce qu'il y a de plus exquis dans la correspondance de Mme de Sévigné, peut convenir dans les maisons d'éducation.
Voyez Ninon, Mmes de Maintenon, etc., *Bibliothèque épistolaire,* en tête de ce Catalogue.

FLORIAN, ARNAULT, AUBERT, BARBE,

BÉRENGER, CORROZET, DU CERCEAU, FUMARS, GRÉNUS, HOFFMAN, Mme DE LA FERANDIÈRE, LAMOTTE, LEBAILLY, LEMONNIER, PANARD, L'ABBÉ REYRE, VITALIS, VOLTAIRE, ETC.

Fables complètes de Florian, suivies d'un choix des plus jolies fables en vers qui existent en français. 1 v. in-32. 1 50

NOTA. Cette édition des fables de Florian est suivie d'un choix très-bien fait des plus jolies fables en vers de plus de soixante fabulistes français autres que La Fontaine et Florian, choix qu'on ne trouve que dans ce recueil, et qu'on chercherait vainement ailleurs, attendu qu'il n'existe rien de ce genre en librairie.
Ce volume est composé de 564 pages, dont 202 pour Florian et 362 pour le choix des autres fabulistes, dont le recueil se trouve ainsi plus considérable que celui de Florian même.

LA FONTAINE.

Fables complètes, précédées de l'éloge de La Fontaine par Chamfort, couronné par l'Académie de Marseille en 1770. Nouv. édition. 1 vol. in-32........................... ... 1 50

JOHANNÈS TRISMÉGISTE.

Les Jeu des Tarots égyptiens. 78 figures, les seules dessinées d'après l'antiquité égyptienne. Figures noires.. 3 »
Figures coloriées. 4 50

On est prié de faire attention au nom de l'éditeur « Passard » qui se trouve dans l'intérieur de la boîte.
NOTA. On trouve la manière de jouer à ce Jeu, l'un des plus amusants qui se jouent en société, dans le *Manuel du Devin* de Nathaniel Moulth et dans l'art de tirer les cartes, par Johannès Trismégiste.

NATHANIEL MOULTH.

Petit Manuel du Devin et du Sorcier, contenant le traité des songes et visions, l'art de dire la bonne aventure, l'art de tirer les cartes, le traité des tarots, etc. 1 vol. in-32. Prix.. 1 50

Mᵐᵉ DE GENLIS.

Le Siége de la Rochelle. Edition complète, avec la dédicace et les notes de l'édit. originale. 1 vol. in-32. Prix. 1 50

..BERNARDIN DE SAINT-PIERRE.

Paul et Virginie, suivi de la Chaumière indienne, l'Arcadie, le Café de Surate, et des Voyages en Silésie et à l'Ile de France. 1 vol. in-32..................................... ... 1 50

EUGÈNE LE GAI.

Petit Théâtre bouffon, ou choix des plus jolies pièces comiques jouées sur les différents théâtres de Paris. 1 volume in-32... 1 50

Ce petit volume renferme tout ce que nous avons trouvé de plus charmant dans le théâtre comique moderne; aucune pièce, de celles que nous désirions y faire entrer, ne nous ayant été refusée.

Il contient les pièces suivantes:

1° *Le Sourd ou l'Auberge pleine.*
2° *Sbogar, comédie en un acte.*
3° *Le Bourgmestre de Sardam.*
4° *Monsieur Jovial.*
5° *Ma Femme et mon Parapluie.*
6° *La Vie de l'Empereur, par Alcide Tousez.*
7° *La Sœur de Jocrisse.*

Bibliothèque des Calembours. 1 vol. in-32, illustré de 139 vignettes sur bois........................... 1 50

Ce volume contient les six brochures suivantes, qui se vendent séparément chacune 25 centimes.

1° *La Fleur des Calembours.* 25 c.
2° *Le Trésor des Calembours..* 25 c.
3° *Le Jardin des Calembours.* 25 c.
4° *Petite Galerie de Calembours.* 25 c.
5° *Les Mille et un Calembours.* 25 c.
6° *Petit Musée drôlatique......* 25 c.

COMMERSON.

Petite Encyclopédie bouffonne, 1 vol. in-32... 1 50

Ce volume contient :

1° *les Pensées d'un emballeur;*
2° *le Dictionnaire comique;*
3° *les Éphémérides comiques;*
4° *Boutades et bigarrures.*

Un Million de Bouffonneries, 1 vol. in-32..... 1 50

VAN TENAC ᴇᴛ L. DELANOUE.

Bibliothèque des jeux de cartes, ou règles des principaux jeux mixtes et de hasard qui se jouent en société. 1 vol. in-32... 1 50

Ce volume se divise en six parties qui se vendent chacune séparément.

1° Manuel du jeu de piquet. 25 c.
2° Traité du jeu de whist.... 25 c.
3° Manuel des jeux de boston 25 c.
4° Manuel des jeux de bezigue, d'écarté et de reversi........ 25 c.
5° Manuel des jeux de bouillotte, lansquenet, brelan, etc... 25 c.
6° Manuel des jeux d'impériale, triomphe, mouche, ambigu, nain-jaune, rams, vingt-et-un, loterie, tontine, etc., etc. 25 c.

LÉON COSSON, ETC.

Bibliothèque des jeux d'adresse, contenant les règles des jeux de billard, etc.

En vente : **Traité illustré du jeu de billard,** démontré par 23 figures sur le carambolage, la pyramide, etc., intercalées dans le texte. 1 vol. in-32...................... » 25

VAN TENAC, L. DELANOUE, ETC.

Bibliothèque des jeux de combinaisons, contenant les dominos, les échecs, etc., etc.

En vente : **Traité du jeu de dominos.** 1 vol. in-32   » 15

BIBLIOTHÈQUE DU DESTIN

à 1 franc le volume et 1 franc 25 cent. par la poste.

JOHANNÈS TRISMÉGISTE

Les Merveilles du Magnétisme. 1 vol. in-18, illustré de onze vignettes sur bois.   1 »

Ces vignettes représentent les portraits de Mesmer, Deleuze et Puységur, le baquet de Mesmer et les différentes manières de pratiquer des magnétiseurs les plus célèbres.

L'art d'expliquer les Songes et les visions nocturnes, ou Dictionnaire des mystères du sommeil, expliqués par des exemples tirés des prophètes, des mages, de l'histoire et des oracles les plus célèbres de l'Orient. Édition illustrée de 115 vignettes dans le texte. 1 vol. in-18.   1 »

Epigraphe : Les enfants prophétiseront, les jeunes gens auront des visions, et les vieillards des songes,
La Bible, JOEL, ch. II, v. 28.

Cet ouvrage est le seul qui contienne des exemples historiques à la suite des explications des songes.

L'art de tirer les Cartes, suivi de l'Art de connaître l'avenir, ou révélations complètes sur les destinées par les cartes, les tarots, les divinations anciennes, les horoscopes, les signes de la main, le marc de café, etc. 1 vol. in-18, illustré de plus de 150 vignettes.   1 »

ALEXANDRE DAVID

Le petit Lavater français, ou les Secrets de la physiognomonie dévoilés; édition illustrée de 15 portraits de personnages célèbres et autres, gravés sur bois. 1 vol. in-18. 1 »

BIBLIOTHÈQUE FRANÇAISE ET ÉTRANGÈRE

LA FLEUR DES NOUVELLES

contenant :

Marie (1) ou *le Mouchoir bleu*, par Étienne BÉQUET.

L'Abbaye de Maubuisson, par le même.

La Mésange bleue, par Elie BERTHET.

La Romance de Nina, par Mme de BAWR.

Le Neveu de la fruitière, par HÉGESIPPE MOREAU.

La Souris blanche, par le même.

Les Petits Souliers, par le même

RECUEILLIES PAR **Arthur Delanoue.**

Un vol. gr. in–32 (in–18 ancien). Prix : 1 fr. et 1 fr. 25 par la poste

(1) Lorsque parurent ces quelques pages *(Marie)* d'un style si excellent ce fut un ravissement universel. J. JANIN, *Notice sur Et. Béquet.*

CH. PAULTRE DES ORMES

Ancien aide de camp du général Kléber en Egypte.

La Morale primitive, ou Pensées, Maximes, Proverbes e Sentences des Orientaux ; suivie de pensées de Louis XIV extraites de ses ouvrages et de ses lettres manuscrites par Mm la duchesse de Duras. 1 v. in-18. Prix : 1 f., et 1 f. 25 par la poste

Ces maximes, écrites dans le style oriental, et d'une si haute porté morale, devraient être dans toutes les mains et dans toutes les bouches beaucoup ont paru dans ce recueil pour la première fois.

Les maximes arabes ont été données à l'auteur par les membres d divan du Caire, lors de l'expédition d'Egypte : elles existent encore dan ses papiers de famille, écrites en arabe sur papier d'Egypte, par le membres du divan, et telles que ceux-ci les lui ont remises.

BIBLIOTHÈQUE COMMERCIALE

H. LENEVEUX

Guide-Manuel de la tenue des livres de com merce, ou Traité de comptabilité pratique. 1 vol. in-12 Prix : 1 fr., et 1 fr. 25 par la poste.

Quarante-quatre tableaux composent la Tenue des Livres figurée dan ce petit volume; c'est le seul ouvrage où, proportion gardée, on en trouv autant. Il convient pour l'enseignement dans les maisons d'éducation.

CASIMIR DELANOUE

Manuel-Barème de l'escompte à l'usage du commerc de la banque, de l'industrie, etc., etc., nouveaux tableaux o calculs faits des intérêts depuis un franc jusqu'à un million 1 vol. in-12. Prix 1 fr., par la poste 1 fr. 25 c.

La Bibliothèque commerciale se composera de trois volumes, le 3e e sous presse.

BIBLIOTHÈQUE DES CONNAISSANCES UTILES

A 50 cent. le volume et 60 cent. par la poste.

H. LENEVEUX

Manuel d'apprentissage, guide pour le choix d'un état industriel, contenant des renseignements sur l'apprentissage et la législation qui le régit les chômages périodiques, les inconvénients pour la santé, les chances d'établissement, etc., dans toutes les professions manuelles qui s'exercent en France. 1 in-18.............................. .... » 50

LOUIS VERARDI

Manuel du bon ton et de la politesse française, nouveau Guide pour se conduire dans le monde. 1 vol. » 50

RAGONOT-GODEFROY

. **Petit Guide-Manuel du jardinier**, contenant l'Art de cultiver et de décorer les jardins. 1 vol. in-18 illustré. » 50

LOUIS DELANOUE

Manuel du secrétaire français, contenant des modèles de lettres et de pétitions en tous genres, suivis de formules d'actes sous seing privé, billets à ordre, lettres de change, traites, quittances, baux, ventes, pouvoirs, etc. » 50

OUVRAGES DIVERS

THOMAS JOSEPH MOULT et PYTHAGORAS

Prophéties perpétuelles très-curieuses et très-certaines, etc, etc.. 1 vol. in-18. Prix. » 50

HILAIRE LE GAI

Académie des jeux de cartes, de combinaisons et d'exercices. 1 vol. in-18. » 50

Bonapartiana, ou la Fleur des bons mots de l'empereur Napoléon Ier, recueillis par Cousin d'Avallon et H. Le Gai. 1 volume in-18. » 50

Le Jardin de l'Enfance, nouveau **Recueil de Compliments** et de modèles de lettres pour le jour de l'an et les fêtes de famille. 1 vol. in-18. « 50

Aventures drôlatiques du baron de Munchhau-sen, ou la Fleur des gasconnades allemandes. 1 vol. in-18, illustré de 20 vign. sur bois intercalées dans le texte   » 50

EUGENE LE GAI

La Fleur des Gasconnades, ou le nouveau Gasconiana, Hâbleries, Fanfaronnades, etc. 1 vol. in-18.   » 50

Les Mille et une Anecdotes comiques. 1 v. ill.   » 50

Les Mille et un Contes drôlatiques. 1 vol. illust.   » 50

Les Mille et un contes pour rire, 1 vol. illustré.   » 50

NOTA Les divers volumes de cette collection à 50 cent. le vol. ont paru sous différents titres d'almanachs.

Ouvrages de divers prix et de divers formats :

LOUIS DELANQUE, AVOCAT

Guide-manuel des propriétaires et locataires de bâti-ments et des entrepreneurs, constructeurs et maçons 1 vol. in-18. Prix. 1 fr., et 1 fr. 25 c. par la poste.

DOUPHY

Barême national, ou Nouveau tarif complet pour la cuba-ture des bois en grume et équarris, avec ou sans réduction du cinquième ou du sixième de circonférence. 1 volume in-8 de 552 pages.   5 »

M. BOITARD

Collaborateur du *Musée des Familles*.

Guide-Manuel de la bonne compagnie, du bon ton et de la politesse. 1 vol. petit in-8 nouveau, produisant le format Charpentier : 3 fr. et 3 fr. 50 c. par la poste.

Les vingt-six infortunes de Pierrot. 1 vol. format Charpentier : 3 fr. et 3 fr. 50 c. par la poste.

Ouvrage de bonne et fine plaisanterie, qui excite l'hilarité depuis la première jusqu'à la dernière page, et qui devra avoir sa place dans toutes les bibliothèques, à côté de *Jérôme Paturot*.

ELIE BERTHET

Les Mésaventures de Michel Morin, racontées aux enfants. 1 vol. in-12, orné de 4 vignettes.   2 »

Cet ouvrage forme le pendant de *Jean-Paul Choppart*.

La Malédiction de Paris. 1 vol. grand in-18.   2 »

MARC DEFFAUX

Juge de paix, auteur de l'*Encyclopédie des Huissiers.*

Mannel des propriétaires et des usufruitiers, usagers, locataires et fermiers, ou Dictionnaire encyclopédique des lois des bâtiments et des lois rurales de la France. 1 très-fort v. format Charpentier de 712. Prix : 6 fr., par la poste : 7 fr.

Guide-Manuel général du Garde champêtre et du Messier, ou Traité raisonné de leurs fonctions. 1 vol. in-12, 3 fr., et 3 fr. 50 c. par la poste.

Ouvrage honoré de la souscription de Son Excellence *M. le Ministre de l'intérieur,* et recommandé par *M. le Préfet* du département du *Pas-de-Calais,* depuis préfet de *la Somme.*

Rien n'a été négligé pour rendre cet ouvrage utile; plus de deux cents formules l'accompagnent, et la compétence des gardes champêtres, qui est d'une si grande importance, l'auteur la définit de la manière la plus nette, la plus claire, et la plus précise, qui en fait le meilleur ouvrage de ce genre; il distingue les délits et contraventions pour lesquels les gardes champêtres doivent verbaliser, ceux qu'ils n'ont mission que de dénoncer ou de constater; ceux dont ils doivent donner avis aux maires, ceux pour lesquels ils doivent prêter main-forte à l'autorité, et ceux enfin pour lesquels ils ne peuvent, devant les tribunaux, être entendus que comme témoins. On conçoit quels services un semblable livre peut rendre, non-seulement aux gardes champêtres, mais aussi aux maires, aux juges de paix, avocats, avoués, huissiers, propriétaires, etc., etc.

Le mérite et la supériorité de cet ouvrage sont tellement incontestables qu'il peut soutenir et défier toute espèce de comparaison avec les autres ouvrages du même genre.

LOUIS DESNOYERS

Les Aventures de Robert-Robert et de son fidèle compagnon, Toussaint Lavenette. 4ᵉ édition, entièrement refondue. 2 vol. format anglais 6 fr. ; et 7 fr. par la poste.

Ce charmant livre, d'une lecture excessivement attrayante, tient à la fois du Gulliver et du Robinson; il a le double mérite de convenir à la fois aux enfants et au grandes personnes.

Les Mésaventures de Jean-Paul Choppart. Edition refondue. 1 vol. format anglais, orné de 4 vignettes, 3 fr. ; et 3 fr. 50 c. par la poste.

Cet ouvrage, qui depuis vingt ans fait les délices des enfants, est trop connu pour qu'il soit besoin d'en parler.

Mᵐᵉ LA DUCHESSE DE DURAS

Edouard et Ourika, précédés d'une notice sur l'auteur, par G. Duplessis. 1 vol. format Charpentier......... 3—50

PUBLICATION NOUVELLE

ŒUVRES COMPLETES

D'HÉGÉSIPPE

MOREAU

SUIVIES DES

ŒUVRES CHOISIES DE GILBERT

ET DE LA

BIOGRAPHIE DES AUTEURS MORTS DE FAIM

PAR

CHARLES COLNET

Un Volume in-32. — Prix : 1 fr. 50.

Imprimerie MAULDE ET RENOU, rue de Rivoli, 144.